# 固定翼无人机控制律和状态观测器的设计
## ——仿真和试验

# Design of Control Laws and State Observers for Fixed - Wing UAVs
## Simulation and Experimental Approaches

[墨] A. T. 埃斯皮诺萨·弗雷尔（A. T. Espinoza - Fraire）
A. E. 朱尔·洛佩兹（A. E. Dzul López）
R. P. 帕拉达·摩拉多（R. P. Parada Morado）
J. A. 塞恩斯·埃斯奎达（J. A. Sáenz Esqueda） 著
陈小庆　王　波　孟志鹏　单上求　译

中国宇航出版社
·北京·

*Design of Control Laws and State Observers for Fixed - Wing UAVs: Simulation and Experimental Approaches*, first edition.
Arturo Tadeo Espinoza - Fraire, Alejandro Enrique Dzul López,
Ricardo Pavel Parada Morado, José Armando Sáenz Esqueda
ISBN: 978 - 0 - 323 - 95405 - 1(English edition).

Authorized Chinese translation published by China Astronautic Publishing House Co., Ltd.
《固定翼无人机控制律和状态观测器的设计——仿真和试验》
(陈小庆,王波,孟志鹏,单上求 译)
ISBN: 978 - 7 - 5159 - 2382 - 6(Chinese edition)


**图书在版编目（CIP）数据**

固定翼无人机控制律和状态观测器的设计 ：仿真和试验 / （墨）A.T.埃斯皮诺萨·弗雷尔等著 ；陈小庆等译. -- 北京 ：中国宇航出版社，2024.5

书名原文：Design of Control Laws and State Observers for Fixed - Wing UAVs: Simulation and Experimental Approaches

ISBN 978 - 7 - 5159 - 2382 - 6

Ⅰ.①固… Ⅱ.①A… ②陈… Ⅲ.①无人驾驶飞机—飞行控制 Ⅳ.①V279

中国国家版本馆 CIP 数据核字(2024)第 086172 号

**责任编辑** 舒承东　　**封面设计** 王晓武

| | |
|---|---|
| **出版发行** | 中国宇航出版社 |
| **社址** | 北京市阜成路 8 号　**邮编** 100830 |
| | (010)68768548 |
| **网址** | www.caphbook.com |
| **经销** | 新华书店 |
| **发行部** | (010)68767386　(010)68371900 |
| | (010)68767382　(010)88100613 (传真) |
| **零售店** | 读者服务部　(010)68371105 |
| **承印** | 北京中科印刷有限公司 |

| | |
|---|---|
| **版次** | 2024 年 5 月第 1 版 |
| | 2024 年 5 月第 1 次印刷 |
| **规格** | 787 × 1092 |
| **开本** | 1/16 |
| **印张** | 14.5　**彩插** 12 面 |
| **字数** | 371 千字 |
| **书号** | ISBN 978 - 7 - 5159 - 2382 - 6 |
| **定价** | 148.00 元 |

# 序　言

本教材适用于对无人机感兴趣的本科生、研究生和相关研究人员，它甚至可用于空气动力工程和自动控制理论课程。

我们希望通过本书实现两个目标。一是展示如何有效地使用固定翼无人机的简化解耦气动模型来设计线性和非线性控制律以及状态观测器。二是介绍基于简化解耦模型设计的线性和非线性控制律及状态观测器的若干仿真（数值计算）和实际飞行试验结果，这对于任何学生或研究人员而言都是有帮助的，因为基于固定翼无人机开展这些试验非常复杂，甚至可为该类无人机的飞行试验提供必要信息。

本书为一学期的课程提供了足够的材料，全书结构如下：

第 1 章简要介绍了无人机的分类及固定翼无人机的非军事应用，以及控制系统和状态观测器的一般描述。

第 2 章介绍了固定翼无人机飞行的空气动力学原理。

第 3 章介绍了固定翼无人机的运动方程，包含设计线性和非线性控制律以及状态观测器的气动模型。

第 4 章和第 5 章分别介绍了线性和非线性控制器的设计以及仿真结果。

第 6 章介绍了线性和非线性状态观测器的设计及仿真结果。

第 7 章介绍了线性和非线性控制律及状态观测器的飞行试验结果。

附录提供了理解本书内容需要的相关素材。

感谢我们的家人以及 Elsevier 团队的 Dennis McGonagle 和 Sara Greco 对本项目的支持和帮助。

A. T. 埃斯皮诺萨·弗雷尔

# 致　谢

A. T. Espinoza-Fraire：致我的妻子 Abril Huizar 以及我的孩子 Mariela 和 Mateo。

A. Dzul：致我的妻子 Rosy 以及我的孩子 Jaime 和 Regina。

R. Pavel：致我的妻子 Alma Lilia 以及我的女儿 Sophia 和 Maia。

J. Sáenz：致我的父亲 Agustín Sáaenz 博士和我的母亲 María Con-Cepción Esqueda。

# 摘 要

目前，无人机技术的迅速发展为许多民用/工业问题提供了较好的解决思路。无人机系统基础理论是设计良好解决方案的前提。

本书介绍了研究固定翼无人机的基础理论，包括对最先进的固定翼无人机的简要介绍，此外还论述了无人机数学模型的发展。

本书讨论了线性和非线性控制器以及状态观测器的设计理论，给出了基于线性/非线性控制器和状态观测器的仿真数据和飞行试验结果，介绍了采用的嵌入式系统及相关电子部件。

附录介绍了理解书中控制律和状态观测器所需要的线性和非线性数学理论、部分线性/非线性控制器和观测器源代码、读取嵌入式系统传感器数据的程序，以及读取飞行试验地面站数据的MATLAB代码。

# 目 录

# 第1章　引　言

本章介绍了固定翼无人机（UAV）领域研究和开发过程中常用的分类方法、应用场景和控制系统等基本概念。

## 1.1　无人机分类

无人机通常分为固定翼和旋翼无人机两类，这两类飞行器都具有独特的特性，从而限制了各自作为自主系统时的性能。而本书仅讨论固定翼无人机。

一般而言，“小型无人机（Small UAV）”指翼展为 1.5～3 m（5～10 英尺）的固定翼无人机，通常采用燃料动力，有的需要滑跑起降，也有采用弹射架弹射起飞，一般设计航时 10～12 h，载重约 4.5～23 kg（10～50 磅）[9]。

“微型无人机（mini UAV：MAV）”指翼展小于 1.5 m（5 英尺）的无人机，通常使用电池动力，采用手抛方式起飞，可能也没有起落架，不需要跑道起飞或着陆。微型无人机设计航时从 20 min 到几小时，有效载重从几十克至两三千克不等，因此，较小的有效载荷严重限制了可用于微型无人机的传感器和控制器的负载，进而对自主系统的设计提出了更严苛的挑战。

## 1.2　固定翼无人机的非军事应用

目前，无人机已广泛应用于很多领域。如在农业中，固定翼无人机被广泛应用于农田植被数据检测、农田土壤分析、病虫害勘测、农田喷洒等方面。在海洋领域用于追踪海洋动物（如鲸鱼、海豚），分析其活动和迁徙规律。配备气体检测传感器的无人机可用于环境监测，如检测二氧化碳、臭氧和浓烟颗粒。

固定翼无人机还应用于地理测绘领域，如对目标区域进行高精度、高效率的拍摄和测量，获取高分辨率的图像和数据，提供准确丰富的地理信息，用于交通分析、城市规划、矿产勘测、建筑物评估等。

此外固定翼无人机还可应用于许多其他方面，本节只是简要介绍了一些非军事应用，使读者对其有一个初步的了解。

## 1.3　固定翼无人机的控制系统

除了结构和航电模块外，为完成设计任务，无人机还需要专门的计算模块来处理各种状态量，这也是无人机控制技术（方法）的切入点。本节介绍了一些适用于固定翼无人机的控制技术。

文献［6］基于自适应反步技术设计了一种在未知侧风中进行轨迹跟踪的算法，提出了估计未知扰动参数的自适应律，并基于李雅普诺夫理论对稳定性进行分析证明，在开发的试验平台上验证了提出的控制器性能。

文献［1］基于线性化方法设计了适用于固定翼无人机的路径跟随控制器，设计基于六自由度模型，其中三自由度代表欧拉角，另外三自由度代表角速度。将反馈控制器与开环的逆动力学相结合，利用闭环系统进行误差调节，通过考虑内部动力学的扰动和激励，反馈增益表示成标称轨迹的函数，从而避免对增益进行编程计算。

文献［26］基于自适应反步控制器对固定翼无人机纵向运动进行控制，利用一个非线性控制器使系统跟踪目标参考迎角，另外一个控制器用于控制空速，并利用升降舵和前置发动机实现了上述控制目标。文中针对非线性模型提出自适应方案，该方案允许使用者在对飞机空气动力学信息了解较少的情况下进行自适应控制器设计。

其他相关技术也可用于航迹跟踪控制，如文献［51］提出了用于固定翼无人机轨迹准确跟踪的方法。该方法基于矢量场的概念生成用于无人机位置控制的控制律所需控制输入，如直线、圆弧，假设风扰动恒定，李雅普诺夫理论证明该航迹跟踪是渐进稳定的。

文献［2］提出了可用于无人机自动驾驶仪的自适应控制律，针对不同飞行条件采用不同的动力学模型，仿真结果验证了参数不确定性条件下自适应控制器的有效性。

线性二次型调节器（LQR）是固定翼无人机中使用的一种控制技术。文献［71］将其用于飞翼无人机的纵向稳定控制。文献［62］研究了固定翼无人机的开环动力学特性和纵向飞行模态，提出了一种最优 LQR 控制器设计方法，设计了用于纵向动力学的 LQR 控制器。为了抑制阻尼振荡，控制器设计考虑了开环时域响应。在文献［71］和［62］中，将 LQR 控制器应用于固定翼无人机的纵向控制。文献［7］使用比例-积分-微分（PID）控制器构建自动驾驶仪。

航迹规划是固定翼无人机研究关注的另一个领域。文献［43］开展了协调时间最优路径规划和航迹管理研究，涉及固定翼、旋翼无人机和地面无人车，基于 B 样条曲线提出了飞行器同时到达的航迹确定算法，其中固定翼无人机以最小速度飞行。

文献［28］针对 GPS 受限场景开展了固定翼无人机控制系统研究，提出了两种不同而又相互补充的控制策略，形成了一个更可靠的飞行控制系统，并通过仿真和飞行试验进行了验证。

文献［15］基于自适应控制和高阶滑模控制技术开展固定翼无人机鲁棒控制器设计，将无人机的位置和角速度作为控制器的输入，对无人机的转动惯量进行估计，通过考虑模型不确定性和外部扰动增强控制系统的鲁棒性。

计算机视觉技术也广泛应用于固定翼无人机的控制，文献［8］利用 MAV 机载光学传感器进行目标定位，展示了四种减少定位误差的技术，讨论了滤波技术并依此选择路径或航迹。

本书介绍了应用于固定翼无人机的线性和非线性控制器。线性控制器包括 PD、PID、LQR 和含离散卡尔曼滤波器的 LQR 控制器。非线性控制器包括嵌套饱和控制、反步控制和滑模控制，图 1－1 给出了本书使用的线性和非线性控制器的框图。利用滑模理论的梯度法提出了 MIT 规则，图 1－2 给出了本书中自适应控制器的框图。

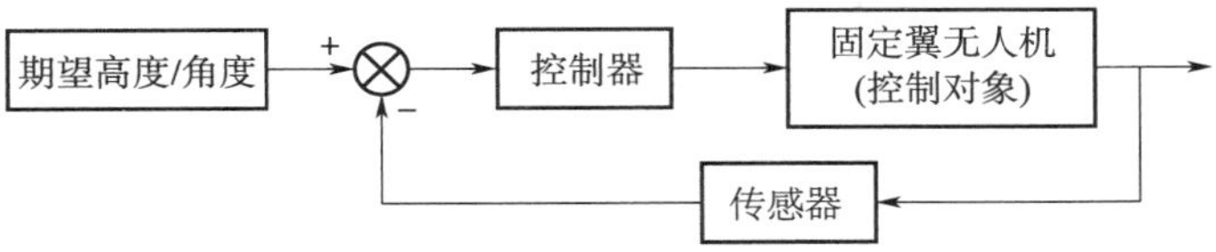


图 1－1　一般控制流程

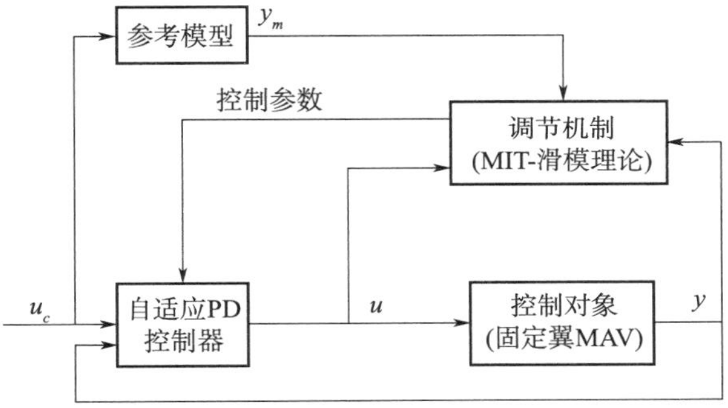


图 1－2　固定翼无人机 MRAS 框图

## 1.4　固定翼无人机状态观测器

自 1966 年 Luenberger 发表观测器研究成果[45]以来，状态观测器在调节类自动控制的任务中已经展现了良好的性能。

状态观测器的设计须基于动力学模型，因此其面临巨大的实际挑战，扰动、未建模动力学和非线性特性的存在均有可能降低观测器的性能。为了提升观测器性能，研究者一直在开展鲁棒状态观测器的设计，目前已经有一些有意义的进展。

Slotine[59]和 Utkin[64]于 1987 年提出了滑模观测器（SMO）。文献［70］设计了考虑有界非线性不确定性的鲁棒状态观测器，并且基于变结构方法设计了观测器。SMO 对于不确定性和干扰的处理展现了较好的性能。R. Sreedhar[53]研究了将 SMO 用于非线性系统的故障检测。F. J. J. Hermans[30]设计了一种包含 SMO 的鲁棒跟踪控制器。但 SMO 不能保证观测状态和真实状态之间（即观测误差）渐近收敛，文献［19］的改进确保了观测误差的指数渐近收敛。

J. Han[31]设计了非线性扩张状态观测器（NESO）。设计 NESO 无需事先知道系统的动态模型，鲁棒性较强，同时也具有很强的创新性。文献［32，24，69］测试了 NESO 在工业控制中的应用。文献［25］利用 Riccati 方程的代数解设计了针对包含扰动的系统的鲁棒状态观测器，文献［5］则证明了在某些条件下观测误差收敛于零。

延时是自动控制中的一个典型问题。不同的采样周期导致了延时，从而降低了控制器和观测器的性能。由于数字采样技术的应用，任何控制系统中都会出现延时，有些情形下可通过操作系统的调整来降低延时，但大多数情况下很难实现。延时会影响控制性能，因而延时是一个重要的研究方向。文献［20－22，57，58，11，66－68，12，54，23，17，61］为延时研究的最新进展。

文献［20］针对时滞系统，从线性矩阵不等式出发推导了观测器的充分条件，并设计了时滞观测器，文献［21］针对相同的情形设计了离散时间下的时滞观测器。

文献［22］针对中立稳定线性系统（neutral linear system）设计了降维观测器，并证明了时滞情况下的稳定性。文献［57］研究了存在未知输入情况下的观测器设计。

文献［58］利用 SMO 解决可变延时的问题，基于延时和相关限制已知这一前提设计了几种状态观测器。大多数研究（如参考文献［67，68］）针对的是线性状态或正常有界线性状态。

本书介绍了线性和非线性观测器在固定翼无人机中的应用，线性观测器为 Luenberger 观测器，非线性观测器是 SMO、NESO 和反步观测器。图 1－3 给出了本书中使用的状态观测器的基本框架。

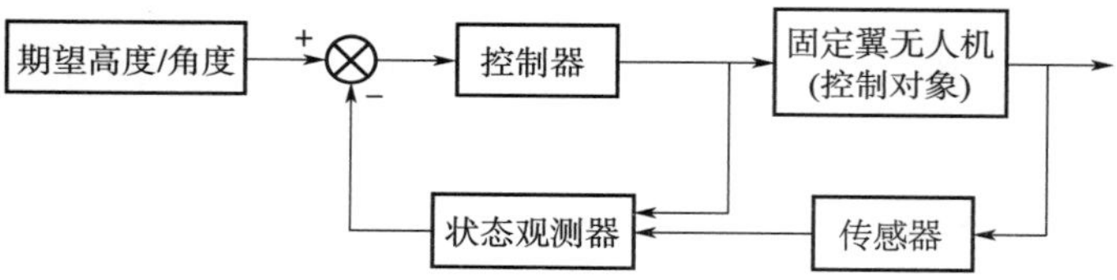


图 1－3　状态观测器框图

# 第 2 章　空气动力学基础

空气动力学基本原理是理解固定翼无人机相关物理特性的基础。本章介绍了空气动力学中的一些基本定义。2.1 节介绍了一些基本概念，如大气的定义、大气压力、标准大气、大气温度、大气密度、飞机机翼、伯努利定理和压心等。2.2 节介绍了飞行器飞行中所受作用力（如阻力、推力和升力）的定义。2.3 节介绍了研究飞机时采用的坐标系、控制面和飞机结构等基本概念。

## 2.1　空气动力学基本原理

飞机的动力学模型通常包含复杂的数学定义，涉及飞行空气动力学的各个方面，如空气湿度、空速、飞机表面压力等，这些参数通常随着飞机在大气层中的运动而变化。

通常需要一系列推导才能建立飞行动力学模型，工程师通常首先基于物理定律建立基本数学模型，再利用试验数据对模型进行修正，从而得到所需飞机动力学模型，通常这是一个反复迭代的过程。

由于飞机制造成本和飞行试验成本高昂，因此建立飞机的动力学模型至关重要，可利用计算机仿真来评估飞机性能。此外，基于模型开发的飞行模拟器还可用于飞行员训练、对飞行事故进行仿真复现，以及对现有设计的改进进行评估。

此外，数学建模也用于飞行器设计的方方面面（例如，用于研究应力分布和疲劳预测的结构模型）。本书重点在设计飞行器线性/非线性控制律和状态观测器，具体内容在对应的章节中介绍。

为了建立合理的数学模型，首先需要介绍空气动力学基本概念，这里介绍相关的基本知识。

为了用最简单的术语和方法解释飞机如何飞行，即为什么比空气重的物体能在空气中飞行，本章介绍了升力、阻力和推力的基本概念，但不深入讨论空气动力学的复杂机理。

### 2.1.1　基本大气

地球被大气层包围，大气的主要成分是空气（其中氮气占 78%、氧气占 21%，其他气体占 1%）。在低层大气中，必须考虑水蒸气的影响，大气中水蒸气含量取决于天气、地理位置等因素，总体而言，水蒸气含量介于 0%和 5%之间。随着水蒸气含量的增加，其他气体含量相应地降低。

空气具有许多基本属性，但要解释飞机为何能够飞行，需要重点研究几个基本特征：大气压强、温度和密度，这三个概念密切相关，对飞机的飞行特性有非常重要的影响[51]。

### 2.1.2 大气压强

压强为单位面积所受力的大小。根据定义，大气压强指大气施加在单位面积上的力，该作用力由包含在假想柱体中空气的重量而产生。

某点的大气压强代表了从该点向上延伸至大气上限的单位截面积空气柱的重量。由于大气密度随着高度的增加而减小，因此除非能够将大气密度的变化表示为高度或压强的函数，否则无法计算该重量。要计算地球表面的大气压强并不容易。

上述定义表明大气压强随海拔高度的增加而降低，降低幅度为 1 mbar/9 m，或 25 mmHg/300 m，因此，飞行在一定高度之上的飞机须配备客舱增压系统。

常用测量大气压强的设备有水银气压计或空盒气压表。飞机上有些仪表设备需基于气压读数进行操作，在航空领域一般使用毫巴或毫米汞柱作为压强单位[51]。

### 2.1.3 标准大气模型

标准大气，也称为国际标准大气（ISA），是一种基于平均气候测量的大气模型，许多重要的常数都是基于海平面的大气参数定义的：

温度：15 ℃（59 ℉）

压强：760 mmHg 或 29.92 inHg（等效于 1 013.25 $kgf/cm^2$）

密度：1.225 $kg/m^3$

重力加速度：9.8 $m/s^2$

声速：340.29 m/s

温度梯度：1.98 ℃/1 000 ft 或 6.5 ℃/1 000 m

压降：1 inHg/1 000 ft，1 mbar/9 m，或 110 mbar/1 000 m

标准大气由国际民航组织（ICAO）定义，是一个参考大气模型，实际飞行中，飞行员基本不会碰到标准大气状态。

### 2.1.4 大气温度

阳光穿过大气层时，并不会显著提升大气温度。地球吸收太阳光能量后，表面温度升高，并将热量通过热辐射传递给与其接触的大气，离地球表面越远的大气接收到的热量越少，因此，大气的第二个特性是大气温度随高度增加而降低，即海拔越高，温度越低。

在 11 000 m（译者注：原文为 1 100 m，有误）或 36 089 ft 以下的对流层，大气温度随高度下降的幅度约为 6.5 ℃/1 000 m 或 1.98 ℃/1 000 ft；在对流层之上的平流层较低区域，温度近似恒定为－56.5 ℃。实际大气并不能精确满足上述变化，但由于空气并非理想气体，通常仍用上述测量值作为空气的特征描述。

正如加热容器中的气体会导致其压强增加一样，大气的温度与压强之间也存在这一关系：暖空气的压强会大于冷空气压强[51]。

### 2.1.5 大气密度

任何材料的密度，无论是固体、液体或气体，其密度都定义为单位体积的质量：$d = m/v$。与水相比，空气密度较低，也正是这种差异使飞行成为可能。

相同质量的气体压缩后体积减小，即相同体积能容纳更多的气体；也就是说，大气密度变化与压强直接相关。由于大气压强随高度降低，意味着高度越高，密度越低。此外，如果对物体加热，它会膨胀，体积增大，因此相同体积中容纳的气体质量会变小，密度降低，因此，温度升高，大气的密度降低。

因此，出现一个悖论：随着高度的增加，一方面，压强降低，密度降低；另一方面，温度降低，密度增加。实际上，压强变化比温度变化的影响更大，随着高度增加，空气密度降低[51]。

### 2.1.6 机翼

工程师建立飞机动力学模型时，通常需要整架飞机的气动数据。下面介绍飞机机翼所受气动力。图 2-1 为机翼的横截面，并对各部分组成进行定义。

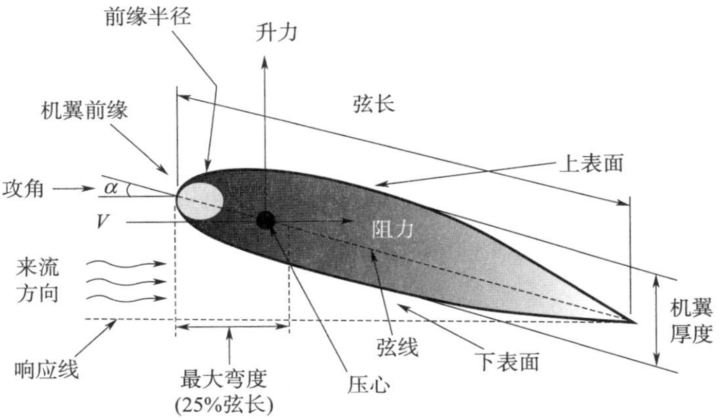


图 2-1　翼型

机翼周围的流场可用图 2-2 中的流线表示，图中显示了相邻的流线，流线流经机翼表面时不会改变流动方向。假设机翼横截面均匀且机翼翼展为无限长，因此不存在展向流动。自由流的速度矢量定义了流场的初始方向，通常选在距离机翼足够远处，不受机翼影响。

机翼的形状决定了空气动力学特性和一些基本的几何参数。弦线是连接前缘和后缘的直线，是用于描述机翼形状的参考线。机翼可以关于弦线对称，但一般是非对称的。

弦线和响应线之间的差异显示了气动作用的量。机翼上下表面形状、弧度、厚度和前缘半径共同决定了机翼的气动特性和飞行速度。

通常将机翼的受力分解为相互垂直的两个力：升力和阻力。升力与自由流速度矢量方向垂直，阻力与自由流速度矢量方向平行。一般而言，升力和阻力都随着攻角 $\alpha$ 的增大而增大。

机翼所受力和力矩取决于升力系数、阻力系数和力矩系数。

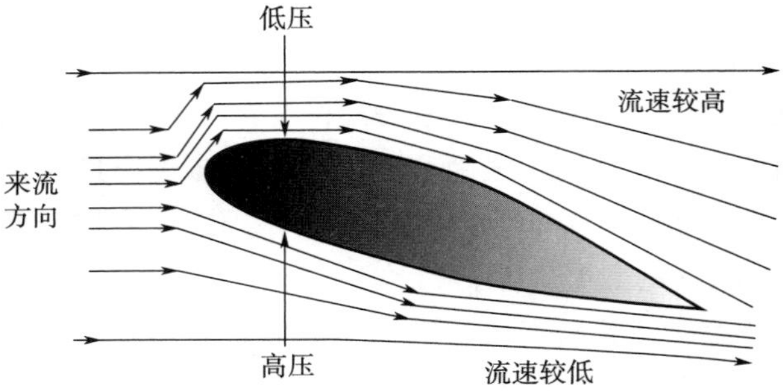


图 2－2　翼型周围流场

### 2.1.7　伯努利定理

丹尼尔·伯努利通过实验验证了流体（液体或气体）内部压强随着流体速度的增大而降低；也就是说，在运动的流体中，任一点的压强 $p$ 与速度 $v$ 之和保持不变，即 $p+v=k$ 。为了保持这个常数 $k$，如果需要增加一个流体微元的速度 $v$，则必须降低其压强 $p$。伯努利定理常用形式为 $p+\overline{q}=k$ ，其中 $p$ 表示静压，$\overline{q}=\frac{1}{2}dv^2$ 表示动压，$d$ 为流体密度。

和任何运动物体一样，压强为 $p$、密度为 $d$ 且以速度 $v$ 流动的空气也具有动能。根据能量守恒定律，两者之和为常数。基于该定律，假设飞机周围的空气具有相同的密度，那么如果速度 $v$ 增加，压强 $p$ 将减小，反之亦然[51]。

### 2.1.8　压心

压心是理论上机翼所受升力合力的作用点。图 2－3 显示了机翼在空气中运动时表面的压力分布。尽管整个机翼表面都受到压力作用，为了分析方便，认为升力作用点位于弦线上。

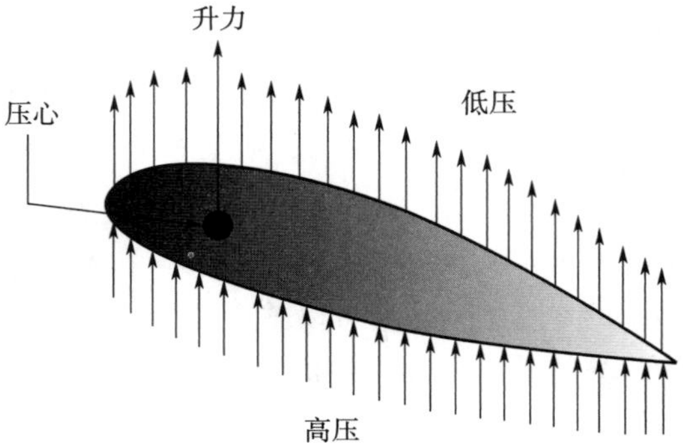


图 2－3　压心

通常用弦线上距离机翼前缘的百分比表示压心位置。机翼周围的压力分布随着攻角的变化而变化，压心位置往往在一定范围内移动，移动范围通常在弦长的 25%～60%之间，由于压心位置会影响飞行器的稳定性，通常取最小值进行分析，如图 2－4 所示。

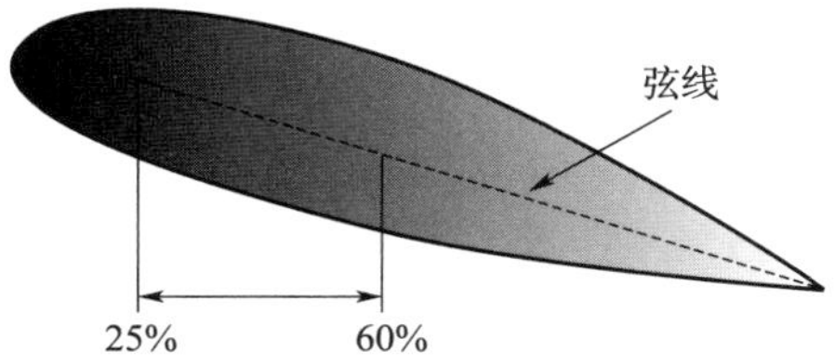


图 2－4　压心变化范围

压心位置往往随着攻角的变化而移动，当攻角的取值使得压心位置超出弦线 25%～60%区间时，飞机将会掉高度而不是爬升，这种现象称之为失速。

## 2.2　飞行中的作用力

飞机飞行过程中会受到一系列作用力，从而对飞机飞行产生各种有利或不利的影响。虽然专家对于气动力有诸多论辩，本文只介绍一些基本概念，如关于飞行中涉及气动力及其影响的定义。

在飞机飞行所受各种力中，最基本和最主要的是升力、重力、推力和阻力，如图 2－5 所示。它们在飞行中起主要作用，使得飞机能够实现各种机动动作。这四个力成对作用：升力和重力，推力和阻力。

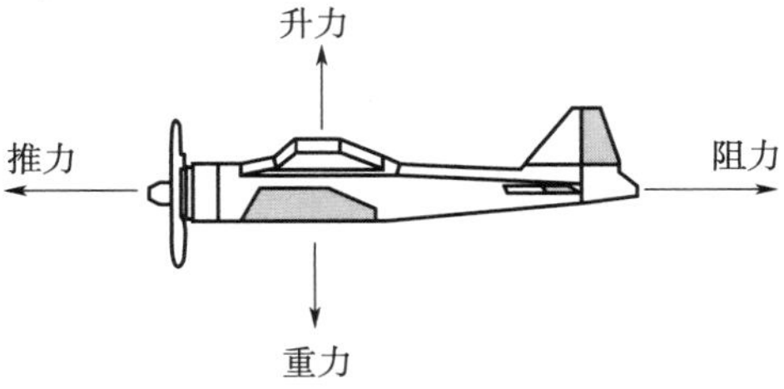


图 2－5　飞行中的作用力

和任何物体一样，飞机在地面上时保持静止主要是由于两种力的作用：重力将其限制于地面上，阻力使得其静止不动。要使飞机飞起来，就必须用另外两个方向相反的力，即升力和推力，来分别抵消重力和阻力的影响。推力克服阻碍飞机前进的阻力，而升力克服飞机的重力，使其保持在空中[14]。

### 2.2.1　阻力

阻力是阻止飞机向前运动的力，飞机受到的阻力与相对气流平行且方向相同；也可以说阻力与飞机运动方向平行且方向相反。从空气动力学的角度来看，机翼在空中飞行时，受到两种阻力作用：1）空气与机翼表面摩擦产生的阻力；2）由于空气压力引起的阻止物体运动的阻力。

摩擦阻力与空气黏度系数（流体对切向变形的反作用力）成正比，由于空气的黏度系数非常低，低速飞行时摩擦阻力可以忽略不计，而压力阻力取决于空气的密度。

两个阻力都与其作用面积以及速度的平方成正比。机翼产生的压力阻力部分取决于其产生的升力，这部分称为诱导阻力，剩下的阻力统称为寄生阻力。

### 2.2.2 推力

为了克服飞机静止时所受的阻力，需要给飞机施加推力或牵引力，使其在跑道上加速、起飞并保持足够的爬升率升空。由于作用力与反作用力相等，因此需要将空气加速到比飞机速度更高并向相反的方向排出，飞机才能向前运动。螺旋桨飞机通过常规发动机或涡轮螺旋桨发动机驱动螺旋桨产生推力。在涡轮飞机中，通过猛烈地排出内部燃烧气体来产生推力。

推力方向与推进系统轴线方向相同，通常平行于飞机纵轴。影响推力大小的主要因素是发动机的功率，其他影响因素有螺旋桨的形状和尺寸、空气密度等。

功率即单位时间内产生的能量，功率越大，加速能力越大。飞机可用功率是决定飞机爬升率的最关键因素。飞机的最大爬升速度与升力无关，而与可用功率有关[51]。

### 2.2.3 升力

升力是飞机在空气中运动时所受到的垂直于运动方向的力，和其他气动力一样，为便于计算和设计，通常采用无量纲的升力系数来表示飞机外形产生升力的能力。

升力是有翼飞机能够在空气中飞行的主要因素，为使飞机能够起飞，需要升力大于飞机的总重量。

升力/升力系数和攻角直接相关：升力/升力系数通常随着攻角的增大而增大，在失速攻角处达到最大值，之后机翼上表面气流分离加剧，升力下降，阻力增大，导致失速。

## 2.3 机体坐标系

飞机机体坐标系的轴线是固定在飞机上的假想线，如图 2－6 所示，各轴名称和绕它们的运动定义如下：

**纵轴。**纵轴与机头机尾的连线平行，通过副翼的差动可实现飞机绕纵轴的转动，该运动定义为滚转运动。

**横轴或侧向轴。**横轴与两侧机翼翼尖连线平行，通过升降舵控制机头向上或向下运动，从而实现飞机绕横轴的转动，该转动定义为俯仰运动。

**垂直轴。**该轴垂直穿过飞机重心，机头绕该轴的向左或向右转动称为偏航。

在笛卡尔坐标轴下，纵轴或滚转轴对应于 $x$ 轴，横轴或俯仰轴对应 $y$ 轴，垂直轴或偏航轴对应 $z$ 轴，坐标系的坐标原点位于飞机的重心[14]。

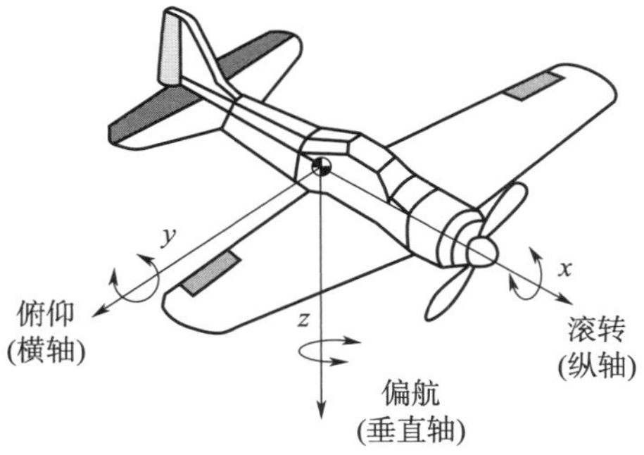


图 2－6　机体坐标系（见彩插）

### 2.3.1　飞机操纵面

对飞机进行控制是通过气动操纵面实现的，飞行员通过驾驶舱内的控制系统驱动操纵面偏转，改变飞机的受力，使得飞机绕体轴转动，进而控制飞机沿期望的航迹飞行。飞机主操纵面有副翼、升降舵和方向舵[14]。襟翼、缝翼和扰流板属于次要操纵面，主要用于提高飞机的稳定性。本书所研究的固定翼无人机不包含次要操纵面。

**副翼。**副翼是安装在机翼外段后缘的操纵面，副翼偏转产生绕纵轴的滚转力矩，位于外段通过增加力臂的方式增大力矩。驾驶员通过左右移动驾驶杆来操纵副翼。

副翼反对称偏转。如向左压杆时，左侧副翼向上偏转，右侧副翼向下偏转，偏转角度与压杆量成正比；向右压杆时，情况相反。向左压杆，左侧副翼向上偏转时，左翼的弯度减小，产生升力减小，右侧副翼下偏，右翼弯度增加，产生升力增加，从而产生左滚转力矩，左侧机翼沿着纵轴向下滚转，右侧机翼沿纵轴向上滚转。

**升降舵。**升降舵是位于飞机平尾后缘的操纵面，偏转时会产生使飞机绕横轴俯仰运动的俯仰力矩。飞机俯仰运动会改变攻角，即可通过升降舵控制飞机攻角。飞行员通过前后推拉驾驶杆来操纵升降舵，通常向上最大偏转 40°，向下最大偏转 20°。

向后拉驾驶杆，升降舵向上偏转，向前推驾驶杆，升降舵（译者注：原文误为方向舵）向下偏转。升降舵向上偏转时平尾弯度下降，升力减小，飞机抬头，攻角增大。升降舵向下偏转时平尾升力增加，飞机低头，攻角减小。飞机俯仰运动即由此产生，进而改变了攻角。

**方向舵。**方向舵是位于飞机垂尾后缘的操纵面。方向舵的偏转产生飞机绕垂直轴的偏航运动，这并不能使飞机转弯，使飞机转弯的是副翼的偏转。方向舵通常用于飞机转弯时的平衡或者使得飞机沿期望航迹运动。最大偏转角度通常为 30°。驾驶员通过脚蹬操纵方向舵偏转。

当踩下右脚蹬时，方向舵向右偏转，垂尾弯度变化导致飞机尾部向左偏转，飞机头部向右偏航。相反地，当踩下左脚蹬时，方向舵向左偏转，尾部向右偏转，飞机头部向左偏航。

次要操纵面有襟翼、缝翼和扰流板。它们总是成对出现且对称偏转，即相应的操纵面会同向偏转，但扰流板除外，扰流板主要配合副翼进行控制。操纵面形状不对称但对称偏转是一个比较严重的缺点。此外，操纵面只在一定的速度范围内才能起作用。商用飞机飞行事故发生通常是由于操纵面的误操作引起的，这推动了操纵面设计的改进，确保其在合适的速度范围内参与控制。

**襟翼。**襟翼主要用于提高机翼升力，改善飞机起飞和着陆时的性能。襟翼一般位于机翼内段后缘，对称向下偏转，从而改变机翼的弯度，上表面比下表面变化明显。襟翼展开时，会增加机翼面积，同时也增加了局部攻角，从而增加升力和阻力。

襟翼可通过操纵杆、电传系统或具有不同配平度（如 10°，15°）的系统进行操纵，操纵指令从驾驶舱发出，与不同的操纵杆杆位或开关对应，襟翼不会一次就操纵到位，而是逐步变化的。一般而言，偏转角较大时会使得增加的阻力大于升力。

**缝翼。**缝翼和襟翼类似，是增加机翼升力的操纵面。缝翼位于机翼前缘。缝翼打开时，下翼面的气流通过产生的缝隙加速流向上翼面，增加了上翼面边界层中的流动速度，降低压强，减缓流动分离，提升了升力性能，同时增加失速攻角。缝翼一般见于大型飞机，用于改善飞机起降时的气动性能，某些轻型飞机也具有缝翼。

大多数情况下，缝翼的操纵是自动完成的：只要缝翼表面的压力足够大，缝翼保持关闭状态，当压力降低到接近失速状态时，缝翼自动打开。由于飞机接近失速时，升力会突然增大或减小，因此配备缝翼的飞机在低速飞行时应更加小心。

**扰流板。**扰流板的作用是降低飞机的升力。它主要见于高速飞行的喷气式飞机，用于降低飞机的速度，利于飞机着陆。在一些飞机上，它还用于辅助副翼进行横向控制和飞行转弯。

图 2-7 显示了飞机机翼的襟翼、缝翼和扰流板的位置。

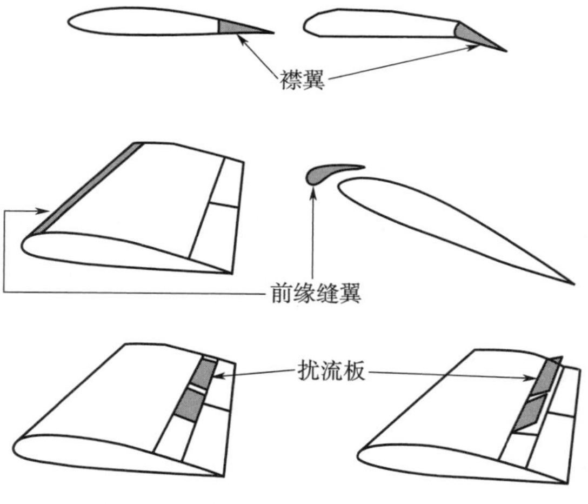


图 2-7　襟翼、缝翼和扰流板位置

## 2.3.2　飞机结构

如图 2-8 所示，其中各个部件均是飞机正常飞行及操控所必需的。

**机身。**机身是飞机的主体结构，主要功能是容纳机组人员、乘客和货物，并支撑飞机其余部件。机身设计必须为飞机的用途提供可接受的性能。气动阻力较小的机身截面一般为圆形、椭圆形或卵形，并拥有细长圆锥形外形[50]。

**机翼。**机翼是飞机的基本要素，正是机翼使得飞行成为可能。机翼的设计需考虑多方面因素：最大起飞重量、阻力、失速性能等，目的在于提高飞机的综合性能，如最大航程、最低油耗、最佳速度等。

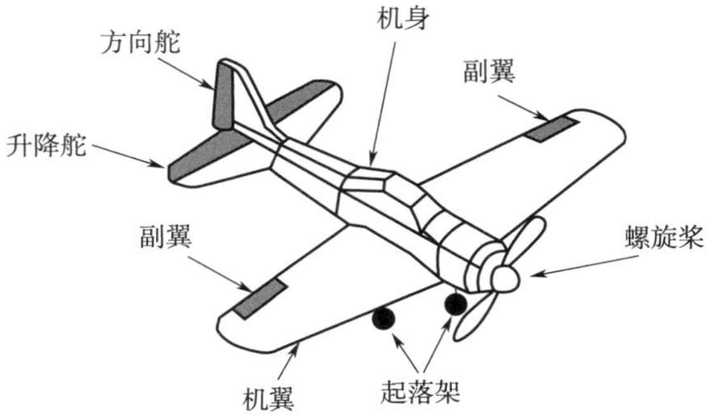


图 2-8　常规机身构型

**增稳系统。**通常包含一个垂直安定面和一个水平安定面（升降舵），正如名称所指，其作用是增加飞机在垂直和水平方向的稳定性。

**起落架。**用于缓冲飞机着陆时的冲击，使飞机可在地面移动。起落架可以是固定的，也可以是可收放的，一般为前三点式起落架和后三点式起落架。

**推进系统。**推进系统提供必要的动力，抵消飞机在地面和飞行中受到的阻力，推动机翼前进产生升力，并提供所需的加速度。推进系统通常包含一台或多台发动机，如活塞发动机、反推发动机、涡轮螺旋桨发动机等。螺旋桨可以具有不同的尺寸、形状和叶片数量。

**辅助系统。**包括对上述各系统进行支撑的系统，或者为飞机提供更舒适或更好控制性能的系统，如液压系统、电气系统、增压系统、供油系统等。

## 2.4　小结

本章介绍了理解本书提出的理论所必需的空气动力学的基本概念，通过这些概念，读者可以理解固定翼无人机的飞行原理，当然，这些概念不仅仅适用于无人机，也适用于有人飞机。

# 第 3 章　固定翼无人机运动方程

固定翼无人机飞行环境与民用/军用飞机相同，无人机飞行时受到同样的天气条件（如阵风、温度变化等）的影响，因此，固定翼飞机的气动模型也可以用于描述固定翼无人机。本章提出了一个简化的气动模型，以此推导出数学模型，该数学模型可用于设计各种控制律的动力学模型，且不需要额外计算气动参数。

本章介绍了定义固定翼无人机的气动模型。3.1 节介绍了主要控制面，3.2 节介绍了相关坐标系，3.3 节讨论了固定翼无人机的状态变量和控制变量，3.4 节介绍了刚体运动模型，3.5 节介绍了固定翼无人机的运动学模型，3.6 节介绍了固定翼无人机的解耦模型，给出了三个简化的动力学模型：3.6.1 为纵向动力学模型，3.6.2 为侧向动力学（偏航角）和横向动力学（滚转角）模型，3.6.3 节介绍了简化气动模型。

## 3.1　固定翼无人机的控制面

固定翼无人机的控制变量主要是发动机的油门和由变量 $\delta$ 表示的主要控制面偏角，控制面通过改变气流流向从而产生气动力和力矩[50]。

本书讨论的固定翼无人机配置为：推进电机；升降舵控制俯仰，舵偏角定义为 $\delta_e$；副翼控制滚转，舵偏角定义为 $\delta_a$；方向舵控制偏航，舵偏角定义为 $\delta_r$，如图 3 - 1 所示。

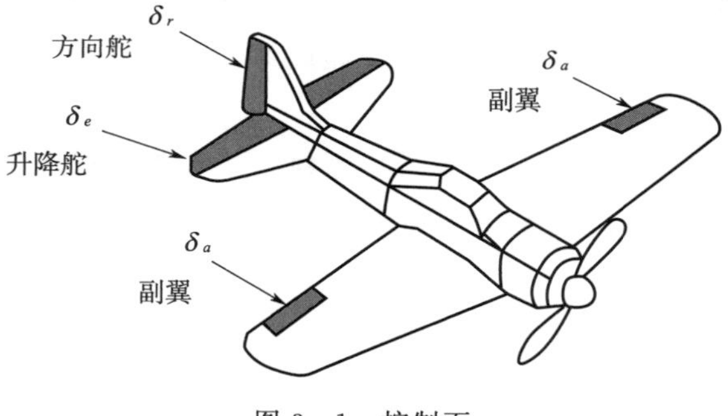


图 3 - 1　控制面

## 3.2　固定翼无人机常用坐标系

通常用于描述无人机运动的坐标系是以地球为中心的地心惯性系 $E$ 和机体坐标系 $B$，如图 3 - 2 所示，地心惯性系中各坐标轴指向为北-东-地，可方便描述无人机的位置和运动方向。在机体坐标系中，原点位于无人机重心，$x$ 轴沿对称面指向飞机前部，$y$ 轴指向飞机右侧，$z$ 轴向下[50]，在该坐标系中，无人机的惯性矩矩阵是常量，可用于描述旋转角度。

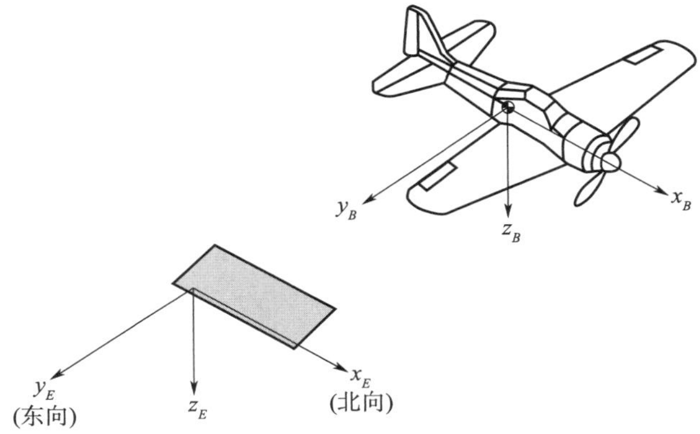


图 3-2　地心惯性系 $E$ 和机体坐标系 $B$

## 3.3　固定翼无人机的状态变量

如图 3-3 所示，将飞机视为刚体，可用位置参数描述其运动、方位、线速度和角速度。对于飞机动力学而言，忽略任何柔性结构，可将其视为刚体；相对于飞机飞行的距离而言，地球的曲率影响可以忽略。由于将其视作惯性系统，因此可以运用牛顿第二定律来研究其运动。

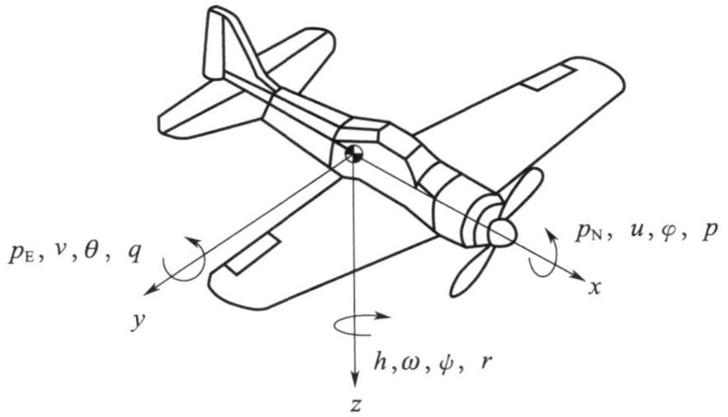


图 3-3　固定翼无人机运动参数

$\boldsymbol{p}=(p_N, p_E, h)^T$，在地心惯性系中，用向量 $\boldsymbol{p}$ 表示飞机位置，$p_N$ 为北向坐标，$p_E$ 为东向坐标，$h$ 为飞机飞行高度。

$\boldsymbol{v}=(u, v, w)^T$，向量 $\boldsymbol{v}$ 为飞机在机体坐标轴上的线速度，分量 $u$、$v$ 和 $w$ 分别代表机体坐标系中的轴向速度、横向速度和法向速度。

$\boldsymbol{\Phi}=(\varphi, \theta, \psi)^T$，符号 $\boldsymbol{\Phi}$ 用于描述欧拉角，即飞机相对于地心惯性参考系姿态角，其中 $\varphi$ 为滚转角，$\theta$ 为俯仰角，$\psi$ 为偏航角。这些角度表示地心惯性系与机体坐标系之间的旋转关系。

$\boldsymbol{\omega}=(p,\ q,\ r)^{\mathrm{T}}$，向量 $\boldsymbol{\omega}$ 描述了机体坐标系中的角速度，$p$、$q$ 和 $r$ 分别是机体坐标系中 $x$、$y$ 和 $z$ 轴方向上的角速度分量。

## 3.4　刚体的运动

如前所述，分析力和力矩影响时将无人机视为刚体，因此可以应用牛顿运动定律[50]。根据牛顿第二定律，在体坐标系 $B$ 下无人机线速度 $\boldsymbol{v}$ 和角速度 $\boldsymbol{\omega}$ 的方程如下

$$\boldsymbol{F}=m(\dot{\boldsymbol{v}}+\boldsymbol{\omega}\times\boldsymbol{v}) \tag{3-1}$$

$$\boldsymbol{T}=\dot{\boldsymbol{H}}+\boldsymbol{\omega}\times\boldsymbol{H} \tag{3-2}$$

式中，$\boldsymbol{F}$ 和 $\boldsymbol{T}$ 分别为飞行器所受总外力和总外力矩，$m$ 为飞行器质量，$\boldsymbol{H}$ 为飞行器的角动量（动量矩），其定义为

$$\boldsymbol{H}=\boldsymbol{I}\boldsymbol{\omega} \tag{3-3}$$

$$\boldsymbol{I}=\begin{pmatrix} I_x & 0 & -I_{xz} \\ 0 & I_y & 0 \\ -I_{xz} & 0 & I_z \end{pmatrix}$$

式中，$I_{ii}$ 表示惯性矩，$I_{ij}$ 为惯性积（$i\neq j$）；由于飞机关于 $xz$ 平面对称，因此在机体坐标系中 $I_{xy}=I_{yz}=0$。力和力矩主要是由重力、推力和气动力作用产生的[50]，分别在合力 $\boldsymbol{F}$ 和合力矩 $\boldsymbol{T}$ 中予以考虑。在机体坐标系中，惯性矩（矩阵 $\boldsymbol{I}$）是常数。

推力由发动机提供，气动力和气动力矩是由于机体和周围气流之间的相互作用产生的。展开方程（3-1），可得

$$\begin{aligned}\boldsymbol{F}&=m(\dot{\boldsymbol{v}}+\boldsymbol{\omega}\times\boldsymbol{v})\\&=m\begin{pmatrix}\dot{u}\\ \dot{v}\\ \dot{w}\end{pmatrix}+m\begin{pmatrix}0 & -r & q\\ r & 0 & -p\\ -q & p & 0\end{pmatrix}\begin{pmatrix}u\\ v\\ w\end{pmatrix}\\&=m\begin{pmatrix}\dot{u}\\ \dot{v}\\ \dot{w}\end{pmatrix}+m\begin{pmatrix}-rv+qw\\ ru-pw\\ -qu+pv\end{pmatrix}\end{aligned} \tag{3-4}$$

另一方面，合力 $\boldsymbol{F}$ 可分解为

$$\begin{aligned}\boldsymbol{F}&=\begin{pmatrix}F_x\\ F_y\\ F_z\end{pmatrix}+\begin{pmatrix}F_{gx}\\ F_{gy}\\ F_{gz}\end{pmatrix}\\&=\begin{pmatrix}F_x\\ F_y\\ F_z\end{pmatrix}+mg\begin{pmatrix}-\sin\theta\\ \cos\theta\sin\varphi\\ \cos\theta\cos\varphi\end{pmatrix}\end{aligned} \tag{3-5}$$

将式（3－4）和式（3－5）相结合，可得

$$
\begin{aligned}
F_x - mg\sin\theta &= m(\dot{u} - rv + qw) \\
F_y + mg\cos\theta\sin\varphi &= m(\dot{v} + ru - pw) \\
F_z + mg\cos\theta\cos\varphi &= m(\dot{w} - qu + pv)
\end{aligned}
\tag{3-6}
$$

最后，通过分离角加速度，可得到形如文献［56］中定义的方程

$$
\begin{aligned}
\dot{u} &= rv - qw - g\sin\theta + \frac{F_x}{m} \\
\dot{v} &= -ru + pw + g\sin\varphi\cos\theta + \frac{F_y}{m} \\
\dot{w} &= qu - pv + g\cos\varphi\cos\theta + \frac{F_z}{m}
\end{aligned}
\tag{3-7}
$$

转动动力学方程（3－2）

$$
\boldsymbol{T} = \boldsymbol{I}\dot{\boldsymbol{\omega}} + \boldsymbol{\omega} \times \boldsymbol{I}\boldsymbol{\omega} \tag{3-8}
$$

其中

$$
\boldsymbol{I}\dot{\boldsymbol{\omega}} = \begin{pmatrix} I_x & 0 & -I_{xz} \\ 0 & I_y & 0 \\ -I_{xz} & 0 & I_z \end{pmatrix} \cdot \begin{pmatrix} \dot{p} \\ \dot{q} \\ \dot{r} \end{pmatrix} = \begin{pmatrix} \dot{p}I_x - \dot{r}I_{xz} \\ \dot{q}I_y \\ -\dot{p}I_{xz} + \dot{r}I_z \end{pmatrix} \tag{3-9}
$$

$$
\boldsymbol{\omega} \times \boldsymbol{I}\boldsymbol{\omega} = \begin{pmatrix} 0 & -r & q \\ r & 0 & -p \\ -q & p & 0 \end{pmatrix} \cdot \begin{pmatrix} pI_x - rI_{xz} \\ qI_y \\ -pI_{xz} + rI_z \end{pmatrix} = \begin{pmatrix} -rqI_y - q(pI_{xz} - rI_z) \\ r(pI_x - rI_{xz}) + p(pI_{xz} - rI_z) \\ -q(pI_x - rI_{xz}) + pqI_y \end{pmatrix} \tag{3-10}
$$

$\boldsymbol{T}$ 为作用在飞机上的总力矩，各分量为

$$
\boldsymbol{T} = \begin{pmatrix} \overline{L} \\ M \\ N \end{pmatrix} \tag{3-11}
$$

$\overline{L}$ 、$M$ 和 $N$ 分别为滚转力矩、俯仰力矩和偏航力矩。为了获得滚转、俯仰和偏航力矩分量，将式（3－9）和式（3－10）相加

$$
\begin{aligned}
\overline{L} &= I_x\dot{p} - I_{xz}\dot{r} + qr(I_z - I_y) - I_{xz}pq \\
M &= I_y\dot{q} + pr(I_x - I_z) + I_{xz}(p^2 - r^2) \\
N &= I_z\dot{r} - I_{xz}\dot{p} + pq(I_y - I_x) + I_{xz}qr
\end{aligned}
\tag{3-12}
$$

此外，飞机飞行动力学还涉及气动力，如升力 $L$ 、阻力 $D$ 和侧向力 $Y$ 。通常气动力在机体坐标系中定义，需要指出的是，本书设计控制律和状态观测器时未考虑气动力。气动力的数学表达式为

$$
D = \bar{q}SC_D \tag{3-13}
$$

$$
\overline{Y} = \bar{q}SC_Y \tag{3-14}
$$

$$
L = \bar{q}SC_L \tag{3-15}
$$

其中 $\overline{q}$ 为动压

$$\overline{q}=\frac{1}{2}\rho V_T^2 \tag{3-16}$$

式中，$\rho$ 为空气密度；$V_T$ 表示风速；$S$ 为机翼面积；$C_D$，$C_Y$，$C_L$ 分别为阻力系数、侧向力系数和升力系数。气动力系数对飞机和无人机的动力学特性影响显著，但很难进行直接建模，可以通过风洞试验或数值模拟得到。通常，各个系数都定义为所有分量的总和。

一种常用的方法是将它们存储在数据表中，使用时通过插值获得。另一种近似方法是用函数进行拟合。图 3－4 给出了机体坐标系中各个方向的气动力和力矩。

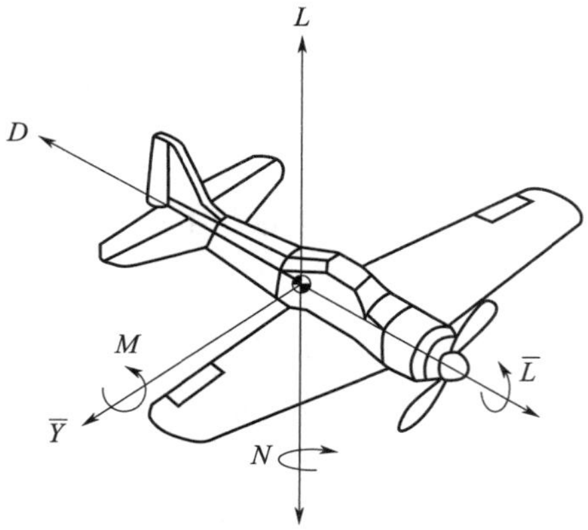


图 3－4　飞机各方向气动力和力矩

## 3.5　运动学模型

一般在刚体固连坐标系中研究刚体的运动，因此有必要研究惯性坐标系和刚体固连坐标系之间的转换关系。任意两个坐标系之间的变换均可通过三个平移和三个旋转变换实现，基于不同的旋转顺序可得到不同的欧拉角定义。

本书中采用如下顺序：首先将惯性坐标系绕 $z$ 轴旋转 $\psi$ 角，再绕新坐标系 $y$ 轴旋转 $\theta$ 角，最后绕该坐标系 $x$ 轴旋转 $\varphi$ 角。

每次旋转均沿前一次旋转变换后的坐标系进行逆时针方向旋转[56]，先后绕 $z$、$y$、$x$ 轴进行三次旋转，这些旋转角度称为欧拉角，如图 3－5 所示[13]。假设需将惯性坐标系 $I$ 中的向量（$x_I$，$y_I$，$z_I$）转换至非惯性坐标系 $B$（$x_B$，$y_B$，$z_B$）中，可按照已定义的欧拉角来实现。首先，将惯性坐标系 $o-x_Iy_Iz_I$ 绕 $z_I$ 轴旋转 $\psi$ 角得到坐标系 $o-x_1y_1z_1$（$z_1$ 轴与 $z_I$ 轴重合），对应的旋转变换矩阵为

$$\boldsymbol{R}_{1I}=\begin{pmatrix}\cos\psi & \sin\psi & 0\\ -\sin\psi & \cos\psi & 0\\ 0 & 0 & 1\end{pmatrix} \tag{3-17}$$

将坐标系 $o-x_1y_1z_1$ 绕 $y_1$ 轴旋转 $\theta$ 角，得到坐标系 $o-x_2y_2z_2$（$y_2$ 轴与 $y_1$ 轴重合），

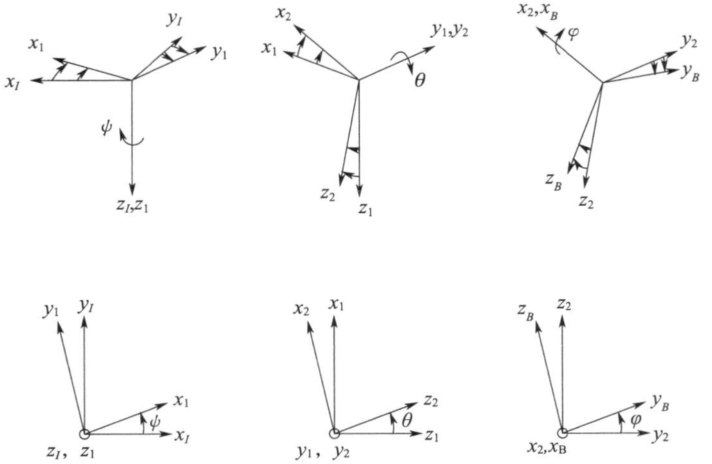

图 3-5　$z-y-x$ 顺序欧拉角

旋转矩阵为

$$\boldsymbol{R}_{21}=\begin{pmatrix}\cos\theta & 0 & -\sin\theta\\ 0 & 1 & 0\\ \sin\theta & 0 & \cos\theta\end{pmatrix} \tag{3-18}$$

最后，将坐标系 $o-x_2y_2z_2$ 绕 $x_2$ 轴旋转 $\varphi$ 角，得到坐标系 $o-x_By_Bz_B$，旋转矩阵为

$$\boldsymbol{R}_{B2}=\begin{pmatrix}1 & 0 & 0\\ 0 & \cos\varphi & \sin\varphi\\ 0 & -\sin\varphi & \cos\varphi\end{pmatrix} \tag{3-19}$$

从惯性坐标系到机体坐标系的完整变化可由三个旋转变化得到

$$\begin{aligned}\boldsymbol{R}_{BI}&=\boldsymbol{R}_{B2}\boldsymbol{R}_{21}\boldsymbol{R}_{1I}\\&=\begin{pmatrix}\cos\theta\cos\psi & \cos\theta\sin\psi & -\sin\theta\\ \cos\psi\sin\theta\sin\varphi-\cos\varphi\sin\psi & \cos\varphi\cos\psi+\sin\theta\sin\varphi\sin\psi & \cos\theta\sin\varphi\\ \cos\psi\sin\theta\cos\varphi+\sin\varphi\sin\psi & -\sin\varphi\cos\psi+\sin\theta\cos\varphi\sin\psi & \cos\theta\cos\varphi\end{pmatrix}\end{aligned} \tag{3-20}$$

逆变换为

$$\boldsymbol{R}_{BI}=\boldsymbol{R}_{IB}^{-1}=\boldsymbol{R}_{IB}^{\mathrm{T}} \tag{3-21}$$

利用欧拉角速率计算飞行器旋转角速度时，假设三次旋转变换独立，将其分别分解到机体坐标系，再相加。假设绕 $z_I$ 轴旋转角速率为 $\dot{\psi}$，则其对体坐标系下角速度的贡献为

$$\boldsymbol{R}_{BI}(\dot{\psi}_{zI})=\boldsymbol{R}_{BI}\begin{pmatrix}0\\0\\\dot{\psi}\end{pmatrix}_I=\dot{\psi}\begin{pmatrix}-\sin\theta\\ \cos\theta\sin\varphi\\ \cos\theta\cos\varphi\end{pmatrix}_B \tag{3-22}$$

欧拉角速率中，绕 $y_1$ 轴旋转角速率 $\dot{\theta}$ 对体坐标系下角速度的贡献为

$$\boldsymbol{R}_{BI}(\dot{\theta}_{y1}) = (R_{\varphi}R_{\theta})(\dot{\theta}_{y1}) = R_{\varphi}(\dot{\theta}_{y2})$$
$$= \begin{pmatrix} \cos\theta & 0 & -\sin\varphi \\ \sin\varphi\sin\theta & \cos\varphi & \sin\varphi\cos\theta \\ \cos\varphi\sin\theta & -\sin\varphi & \cos\varphi\cos\theta \end{pmatrix} \begin{pmatrix} 0 \\ \dot{\theta} \\ 0 \end{pmatrix}_2 = \dot{\theta}\begin{pmatrix} 0 \\ \cos\varphi \\ -\sin\varphi \end{pmatrix}_B \tag{3-23}$$

$x_2$ 轴与 $x_B$ 重合，因此绕 $x_2$ 轴旋转角速率对体坐标系下角速度的贡献为

$$\boldsymbol{R}_{\varphi}(\dot{\varphi}_{x2}) = (\dot{\varphi}_{x2})\begin{pmatrix} 1 \\ 0 \\ 0 \end{pmatrix}_B \tag{3-24}$$

因此，在机体坐标系下飞机姿态角速度为

$$\boldsymbol{\omega} = \begin{pmatrix} p \\ q \\ r \end{pmatrix}_B = \dot{\varphi}\begin{pmatrix} 1 \\ 0 \\ 0 \end{pmatrix}_B + \dot{\theta}\begin{pmatrix} 0 \\ \cos\varphi \\ -\sin\varphi \end{pmatrix}_B + \dot{\psi}\begin{pmatrix} -\sin\theta \\ \cos\theta\sin\varphi \\ \cos\theta\cos\varphi \end{pmatrix}_B$$
$$= \begin{pmatrix} 1 & 0 & -\sin\theta \\ 0 & \cos\varphi & \cos\theta\sin\varphi \\ 0 & -\sin\varphi & \cos\theta\cos\varphi \end{pmatrix} \begin{pmatrix} \dot{\varphi} \\ \dot{\theta} \\ \dot{\psi} \end{pmatrix} \tag{3-25}$$

将从欧拉角速率变换至体坐标系下姿态角速度的变换矩阵称为 $\boldsymbol{L}_{BI}$ ，即

$$\boldsymbol{L}_{BI} = \begin{pmatrix} 1 & 0 & -\sin\theta \\ 0 & \cos\varphi & \cos\theta\sin\varphi \\ 0 & -\sin\varphi & \cos\theta\cos\varphi \end{pmatrix} \tag{3-26}$$

$\boldsymbol{L}_{BI}$ 的行列式为

$$\det(\boldsymbol{L}_{BI}) = \cos\theta \tag{3-27}$$

$\theta \neq \pm\dfrac{\pi}{2}$ 时，飞机姿态角速度和欧拉角速率之间可以进行逆变换，此时

$$\begin{pmatrix} \dot{\varphi} \\ \dot{\theta} \\ \dot{\psi} \end{pmatrix} = \boldsymbol{L}_{BI}^{-1}\boldsymbol{\omega} \tag{3-28}$$

其中

$$\boldsymbol{L}_{IB} = \boldsymbol{L}_{BI}^{-1} = \begin{pmatrix} 1 & \tan\theta\sin\varphi & \tan\theta\cos\varphi \\ 0 & \cos\varphi & -\sin\varphi \\ 0 & \dfrac{\sin\varphi}{\cos\theta} & \dfrac{\cos\varphi}{\cos\theta} \end{pmatrix} \tag{3-29}$$

式（3-28）即为

$$\begin{pmatrix} \dot{\varphi} \\ \dot{\theta} \\ \dot{\psi} \end{pmatrix} = \begin{pmatrix} 1 & \tan\theta\sin\varphi & \tan\theta\cos\varphi \\ 0 & \cos\varphi & -\sin\varphi \\ 0 & \dfrac{\sin\varphi}{\cos\theta} & \dfrac{\cos\varphi}{\cos\theta} \end{pmatrix} \begin{pmatrix} p \\ q \\ r \end{pmatrix} \tag{3-30}$$

展开式（3－30），可得动力学方程为

$$\dot{\varphi}=p+\tan\theta(q\sin\varphi+r\cos\varphi) \tag{3-31}$$

$$\dot{\theta}=q\cos\varphi-r\sin\varphi \tag{3-32}$$

$$\dot{\psi}=\frac{q\sin\varphi+r\cos\varphi}{\cos\theta} \tag{3-33}$$

综上，可以得到固定翼飞机或固定翼无人机的动力学方程如下：

运动方程

$$\dot{u}=rv-qw-g\sin\theta+\frac{F_x}{m} \tag{3-34}$$

$$\dot{v}=-ru+pw+g\sin\varphi\cos\theta+\frac{F_y}{m} \tag{3-35}$$

$$\dot{w}=qu-pv+g\cos\varphi\cos\theta+\frac{F_z}{m} \tag{3-36}$$

动力学方程

$$\dot{\varphi}=p+\tan\theta(q\sin\varphi+r\cos\varphi) \tag{3-37}$$

$$\dot{\theta}=q\cos\varphi-r\sin\varphi \tag{3-38}$$

$$\dot{\psi}=\frac{q\sin\varphi+r\cos\varphi}{\cos\theta} \tag{3-39}$$

力矩方程

$$\overline{L}=I_x\dot{p}-I_{xz}\dot{r}+qr(I_z-I_y)-I_{xz}pq \tag{3-40}$$

$$M=I_y\dot{q}+pr(I_x-I_z)+I_{xz}(p^2-r^2) \tag{3-41}$$

$$N=I_z\dot{r}-I_{xz}\dot{p}+pq(I_y-I_x)+I_{xz}qr \tag{3-42}$$

导航方程

$$\dot{p}_N=\dot{x}=u\cos\theta\cos\psi+v(-\cos\varphi\sin\psi+\sin\varphi\sin\theta\cos\psi)+w(\sin\varphi\sin\psi+\cos\varphi\sin\theta\cos\psi) \tag{3-43}$$

$$\dot{p}_E=\dot{y}=u\cos\theta\sin\psi+v(\cos\varphi\cos\psi+\sin\varphi\sin\theta\sin\psi)+w(-\sin\varphi\cos\psi+\cos\varphi\sin\theta\sin\psi) \tag{3-44}$$

$$\dot{h}=\dot{z}=u\sin\theta-v\sin\varphi\cos\theta-w\cos\varphi\cos\theta \tag{3-45}$$

## 3.6　固定翼无人机的解耦模型

上一节介绍了描述飞机运动的方程，本书设计固定翼无人机控制律时，参考文献[50，56]中的定义，将模型视为非耦合模型。

本节中共推导了三个模型，分别用于描述固定翼无人机的纵向（俯仰）、偏航和滚转通道的动力学模型。

### 3.6.1 纵向（俯仰）运动

在纵向运动中，飞行员可以通过控制升降舵的偏转来使飞机抬头或低头，从而控制俯仰角和纵向速度，进而控制飞机的纵向运动。

通过建立升降舵、飞机位置、攻角、飞行高度、飞行速度等变量之间的关系，可以分析并预测飞机的操纵性能。飞机设计人员所建立的飞行器响应分析技术也可用于飞控系统设计、飞行模拟器的开发验证等。

和其他飞行器相比，固定翼飞机的一个不同之处在于其纵向运动可以与横向运动（滚转）和侧向运动（偏航）分离，因此可以单独分析纵向性能[14]。

由于固定翼飞机相对于机体坐标系 $xoz$ 平面对称（图 3－7），因此这种简化是有效的，可以认为偏航角和滚转角对电机推力的垂直方向分量影响可忽略，即滚转角 $\varphi$ 和偏航角 $\psi$ 为零，侧向力为 0。这种简化有助于分析固定翼无人机的动力学特性，但对于旋翼飞机而言，旋翼对飞行器的影响很难用这种思路进行分析。

图 3－6 给出了描述飞机纵向运动所涉及的参数[56]，基于该模型可开展前向和高度方向的控制。绕 $x$ 轴和 $z$ 轴的旋转分别称为滚转和侧向运动，此时不予考虑。图 3－8 和图 3－9 分别展示了飞机在 $z$ 轴和 $x$ 轴方向的运动。

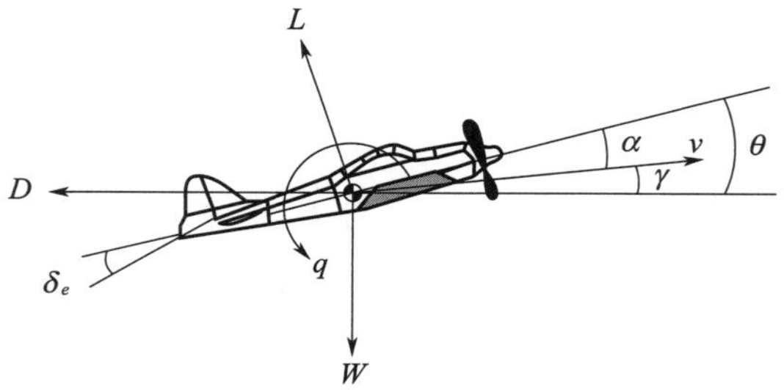


图 3－6 纵向运动

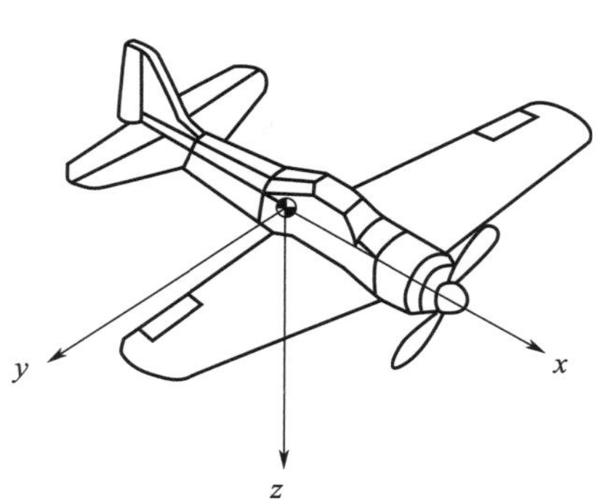


图 3－7 机体坐标系

飞机的高度与爬升角相关，爬升角的符号代表飞机头部是向上还是向下运动。俯仰角 $\theta$ 是飞机 $x$ 轴与水平面之间的夹角。通常，控制飞机使其缓慢上升，使得气动升力和重力

平衡，此时，飞机高度控制器的模型为一阶微分方程组

$$\dot{\theta}=q \tag{3-46}$$

$$\dot{q}=M_q q+M_{\delta_e}\delta_e \tag{3-47}$$

$$\dot{h}=V\sin\theta \tag{3-48}$$

式中，$\theta$ 为俯仰角；$q$ 为角速度在体坐标系下 $y$ 轴上的分量，即俯仰角速率；$h$ 为飞机飞行高度；$\delta_e$ 为升降舵舵偏角；$M_q$ 为稳定性导数；$M_{\delta_e}$ 为升降舵操纵导数；$V$ 为飞机空速。

气动稳定性导数定义为

$$M_q=\frac{\rho VS\bar{c}^2}{4I_y}C_{m_q} \tag{3-49}$$

$$M_{\delta_e}=\frac{\rho V^2 S\bar{c}}{2I_y}C_{m_{\delta_e}} \tag{3-50}$$

式中，$\rho$ 为大气密度（1.05kg/m$^3$）；$S$ 为参考面积（0.09 m$^2$）；$\bar{c}$ 为平均气动弦长（0.14 m）；$I_y$ 为飞机绕 $y$ 轴的转动惯量（0.17 kg·m$^2$）；$C_{m_q}$ 为无量纲纵向稳定系数（−50）；$C_{m_{\delta e}}$ 为无量纲升降舵操纵系数（−0.25）。上述括号内为本书中研究时所采用的参数。

### 3.6.2 横侧向运动

假设飞机的侧向和横向运动与纵向运动互相独立，该简化有助于开展偏航角和滚转角的控制器和状态观测器的设计。

飞机侧向机动转弯会导致飞行速度和高度的变化。然而，侧向运动产生的滚转角变化会带来偏航运动，反之亦然，即滚转和偏航之间存在耦合关系。假设动力学分析时这些变量的差异较小，可以忽略。本书设计控制律和状态观测器时，不考虑发动机推力的影响。

进一步简化分析的目的是将飞机横侧向运动解耦，以便分别设计控制器。因此，在设计航迹跟踪试验中，控制偏航角时，将滚转角视作小扰动，飞行试验表明设计的控制律和状态观测器具有较好的鲁棒性[50]。

(1) 侧向运动（偏航角）

偏航角通过方向舵（垂直安定面）操纵面来控制。偏航角控制方程为

$$\dot{\psi}=r \tag{3-51}$$

$$\dot{r}=N_r r+N_{\delta_r}\delta_r \tag{3-52}$$

式中，$\psi$ 为偏航角；$r$ 为绕质心的偏航角速率；$\delta_r$ 为方向舵舵偏角；$N_r$ 为稳定性导数；$N_{\delta_r}$ 为控制导数。

和偏航角相关的稳定性的导数定义为

$$N_r=\frac{\rho VSb^2}{4I_z}C_{n_r} \tag{3-53}$$

$$N_{\delta_r}=\frac{\rho V^2 Sb}{2I_z}C_{n_{\delta_r}} \tag{3-54}$$

式中，$b$ 为翼展（0.914 m）；$I_z$ 为飞机绕 $z$ 轴的转动惯量（0.02kg·m$^2$）；$C_{n_r}$ 为无量纲航

向阻尼系数（−0.01）；$C_{n\delta_r}$ 为无量纲航向操纵系数（0.000 5）。图 3－8 给出了偏航角运动方程中的参数示意图。

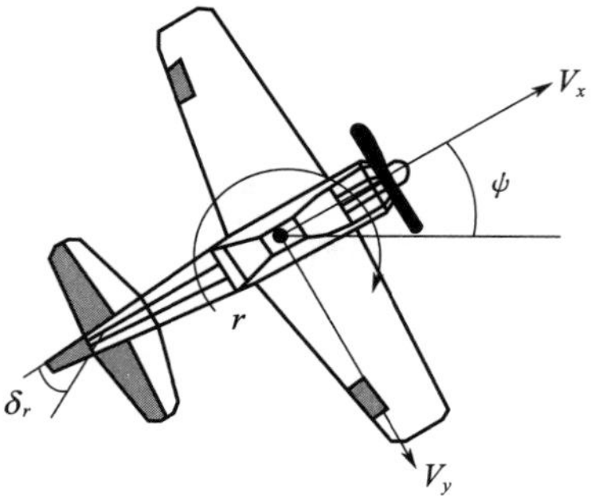


图 3－8　偏航角

（2）横向运动（滚转角）

滚转角通常由副翼控制，相互之间为非线性关系，且通常与偏航角耦合[50]。考虑到滚转角和偏航角之间的耦合关系，在对倾侧角（bank angle）控制的试验中将偏航角当作扰动，从而验证滚转角控制器和状态观测器的鲁棒性。将滚转角运动方程与偏航角运动方程和纵向动力学方程之间解耦，滚转角的动力学方程为

$$\dot{\varphi}=p \tag{3-55}$$

$$\dot{p}=L_p p+L_{\delta_a}\delta_a \tag{3-56}$$

式中，$\varphi$ 为滚转角；$p$ 为相对重心的滚转角速度；$\delta_a$ 为副翼舵偏角；$L_p$ 为稳定性导数；$L_{\delta_a}$ 为控制导数。

图 3－9 给出了滚转通道动力学方程中涉及的参数。

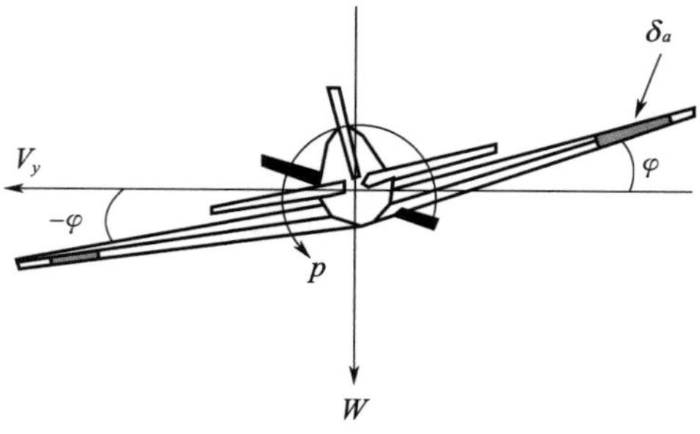


图 3－9　滚转角

和滚转角相关的稳定性的导数定义为

$$L_p=\frac{\rho V S b^2}{4I_x}C_{l_p} \tag{3-57}$$

$$L_{\delta_a}=\frac{\rho V^2 S b}{2I_x}C_{l\delta_a} \tag{3-58}$$

式中，$I_x$ 为飞机绕 $x$ 轴的转动惯量（$0.16\mathrm{kg\cdot m^2}$）；$C_{l_p}$ 为无量纲滚转阻尼系数（−0.15）；

$C_{l_{\delta_a}}$ 为无量纲滚转操纵系数（0.005）。

### 3.6.3　变量的替换

截至目前，我们已经完成了描述飞机在纵向、偏航和滚转方向相互解耦的动力学控制方程，用于本书后续线性和非线性控制器以及状态观测器的设计。如前所述，三组动力学方程是相似的，通过抽象变量，可以避免重复设计控制律和状态观测器。纵向动力学方程（3-46）～（3-48）改写为

$$\dot{x}_{1\theta}=x_{2\theta} \tag{3-59}$$

$$\dot{x}_{2\theta}=C_{1\theta}x_{2\theta}+C_{2\theta}u_{\theta} \tag{3-60}$$

$$\dot{h}=V\sin(x_{1\theta}) \tag{3-61}$$

偏航动力学方程（3-51）～（3-52）改写为

$$\dot{x}_{1\psi}=x_{2\psi} \tag{3-62}$$

$$\dot{x}_{2\psi}=C_{1\psi}x_{2\psi}+C_{2\psi}u_{\psi} \tag{3-63}$$

滚转动力学方程（3-55）～（3-56）改写为

$$\dot{x}_{1\varphi}=x_{2\varphi} \tag{3-64}$$

$$\dot{x}_{2\varphi}=C_{1\varphi}x_{2\varphi}+C_{2\varphi}u_{\varphi} \tag{3-65}$$

## 3.7　小结

在本章中，运用牛顿-欧拉方法建立固定翼无人机的运动模型，将相互耦合的全状态数学模型分解成分别描述俯仰、偏航和滚转的三组运动方程，以分别设计高度、偏航和滚转通道的控制器和状态观测器。三组运动方程保留了关键的气动导数，即稳定性导数和控制导数。

在后续章节中，将基于建立的数学模型开展控制律和状态观测器设计，并用于固定翼无人机的博弈论的研究。

# 第 4 章 线性控制器

近年来，关于无人机相关的控制律和稳定性研究一直是自动控制理论中有待探索的分支。本章设计的线性控制律能够实现固定翼无人机的稳定飞行，即高度保持、控制滚转角为零、控制偏航角且不产生奇点。

全章安排如下：4.1 节基于经典控制理论设计了 PD 和 PID 控制器，4.2 节开发了 LQR 控制器，4.3 节讨论了具有离散卡尔曼滤波器的 LQR 控制器。

基于 3.6 节建立的俯仰、偏航和滚转解耦模型进行控制器的设计，并给出了各线性控制器的仿真结果。

## 4.1 PD 和 PID 控制器

基于 PD 和 PID 理论设计高度控制器时，定义控制误差为 $\tilde{e}_h = h_d - h$ ，$h_d$ 为期望飞行高度，$h$ 为无人机当前飞行高度，可通过式（3-61）积分获得。高度控制可通过改变俯仰角 $\theta$ 实现。为了控制俯仰角，定义 $\tilde{e}_\theta = \theta_d - \theta$ ，其中 $\theta_d = \arctan(\tilde{e}_h/\zeta)$ 为期望俯仰角，$\zeta$ 为无人机质心到头部的距离。

控制偏航角时，定义控制误差 $\tilde{e}_\psi = \psi_d - \psi$ ，$\psi_d$ 为期望偏航角，$\psi$ 为当前偏航角，由式（3-62）积分获得。对于滚转角的控制，定义控制误差 $\tilde{e}_\varphi = \varphi_d - \varphi$ ，$\varphi_d$ 为期望滚转角，$\varphi$ 为当前滚转角，由式（3-64）积分获得。设计 PD 控制器形式为

$$u_l = k_{pl}\tilde{e}_l + k_{vl}\dot{\tilde{e}}_l \tag{4-1}$$

式中，$k_{pl}$ 和 $k_{vl}$ 为反馈正增益，下标 $l$ 代表不同的通道，即 $l=\theta,\ \varphi,\ \psi$ ，在线性和非线性控制器中其含义相同。设计 PID 控制器[52]的形式为

$$u_l = k_{pl}\tilde{e}_l + k_{il}\int_0^t \tilde{e}_l(t)\mathrm{d}t + k_{vl}\dot{\tilde{e}}_l \tag{4-2}$$

式中，$k_{pl}$ ，$k_{il}$ 和 $k_{vl}$ 分别是为比例、积分和微分项的增益，均为正值[42]。表 4-1 给出了仿真过程中各 PD 控制器增益，表 4-2 给出了仿真过程中各 PID 控制器的增益。通过调整控制器增益可获得过阻尼响应，输出参数均能在 10 s 内跟踪参考指令。上述控制目标是在控制量变化不大的情况下实现的，控制量决定了固定翼无人机各操纵面的舵偏角的大小。升降舵（$\delta_e$）用于高度控制，方向舵（$\delta_r$）用于偏航角控制，副翼（$\delta_a$）用于滚转角控制。对于 3.6.3 节中描述的变量变化，$\delta_e = u_\theta$，$\delta_r = u_\psi$，$\delta_a = u_\varphi$ 。

**表 4－1　PD 控制器增益**

| 通道 | $k_{pl}$ | $k_{vl}$ [s] |
|---|---|---|
| 高度 | 10 | 8 |
| 偏航 | 4 | 3.5 |
| 滚转 | 2 | 2.5 |

仿真过程中各线性、非线性控制器和观测器的增益值主要通过启发式搜索的方法获得。飞行试验时，各增益值初值选取为仿真参数值，飞行试验之后，再对各增益进行调整以获得所需的飞行性能。

**表 4－2　PID 控制器增益**

| 通道 | $k_{pl}$ | $k_{il}$[1/s] | $k_{vl}$[s] |
|---|---|---|---|
| 高度 | 10 | 5 | 0.025 |
| 偏航 | 4 | 3.5 | 0.000 1 |
| 滚转 | 2 | 2.5 | 0.000 1 |

图 4－1 为 PD 控制器在高度跟踪控制中的仿真结果。从响应曲线可以看出，无人机在 8 s 内达到所需高度（图 4－1 的上图），PD 控制器对高度的控制输出如图 4－1 的下图所示。

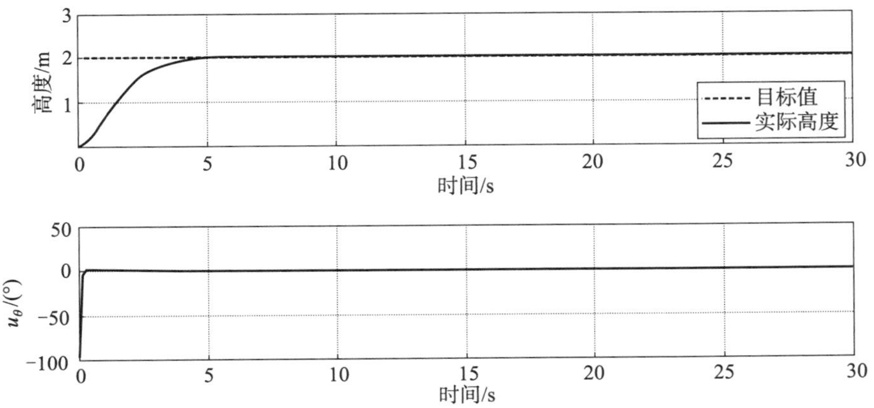


图 4－1　PD 控制器高度仿真结果

图 4－2 为 PID 控制器在高度跟踪控制中的仿真结果。与 PD 控制器相同，其在 8 s 内达到期望高度（图 4－2 的上图）。图 4－2 的下图显示了 PID 对高度的控制输出。

对偏航通道控制器进行仿真时，不论是线性还是非线性控制器，其跟踪指令为一个非恒定阶跃信号：指令偏航角从 1.9°开始，30 s 时变为 2°，60 s 时变为 5°，90 s 时变为 2°。设计这个变化规律是因为在高度保持和目标滚转角为零的情况下，固定翼无人机需要在不同的偏航角度下保持稳定。

图 4－3 为偏航通道使用 PD 控制器的仿真结果，上图为偏航角跟踪收敛至阶跃信号的变化历程，下图为该控制器输出的方向舵舵偏角变化。

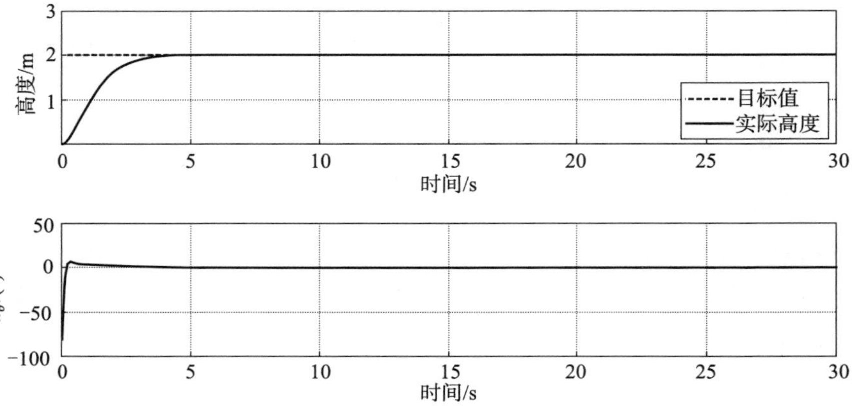


图 4－2　PID 控制器高度仿真结果

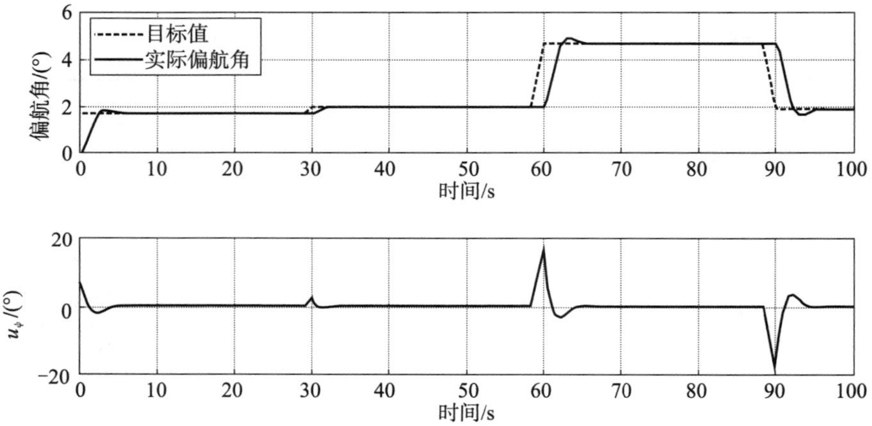


图 4－3　PD 控制器偏航仿真结果

图 4－4 为偏航通道使用 PID 控制器的仿真结果，其跟踪指令和 PD 控制器相同（上图），下图为控制器输出的方向舵舵偏角变化。

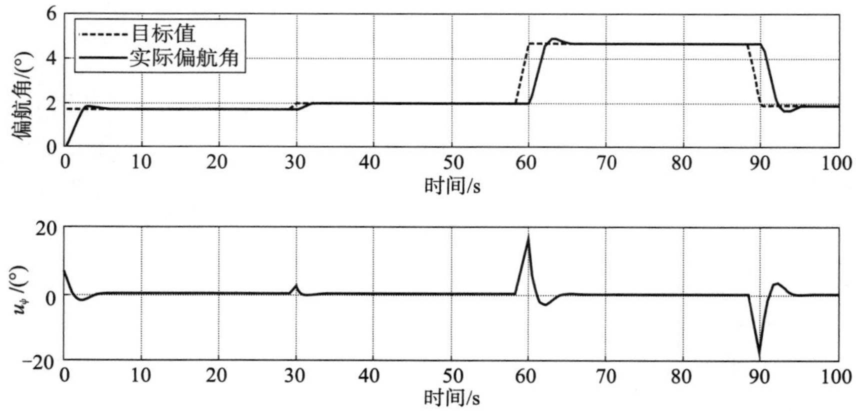


图 4－4　PID 控制器偏航仿真结果

图 4－5 为滚转通道 PD 控制器的仿真结果。仿真时，设置无人机初始滚转角为 5°，目标滚转角为 0°并保持该滚转角。上图表示无人机在不到 10 s 的时间内即达到目标状态，下图为 PD 控制器的控制输出。

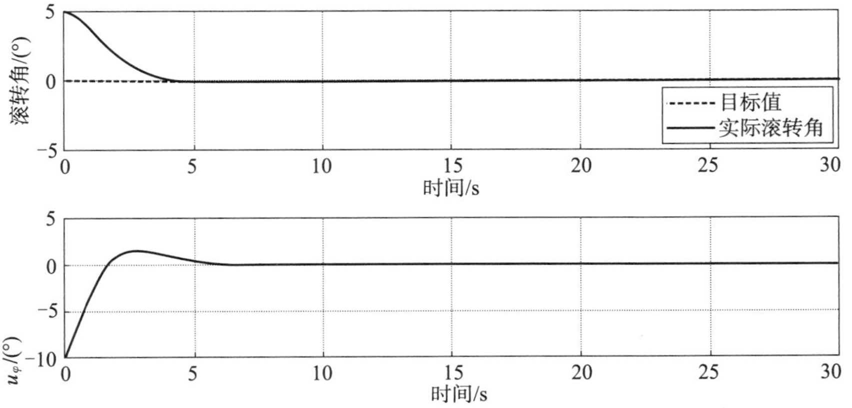


图 4－5　PD 控制器滚转仿真结果

图 4－6 为滚转通道 PID 控制器的仿真结果，其跟踪信号和初始条件与 PD 控制器相同，无人机在 10 s 内达到了所需的滚转角，其下图为 PID 控制器的控制输出。

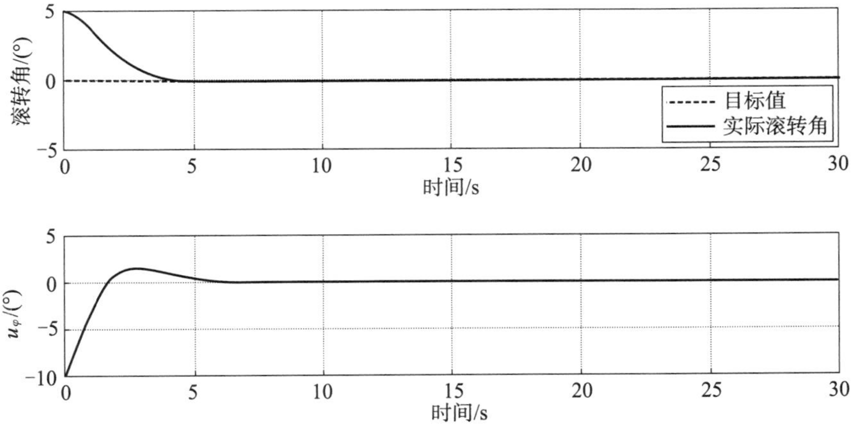


图 4－6　PID 控制器滚转仿真结果

## 4.2　LQR 控制器

设计最优 LQR 控制器时，高度通道主要考虑方程（3－59）～（3－61），偏航通道主要考虑方程（3－62）～（3－63），滚转通道主要考虑方程（3－64）～（3－65）。每组方程可以用如下形式改写[29]

$$\dot{\boldsymbol{x}} = \boldsymbol{A}\boldsymbol{x} + \boldsymbol{B}\boldsymbol{u}$$

其中

$$\boldsymbol{A}=\begin{pmatrix}0 & 1\\ 0 & C_{1l}\end{pmatrix},\quad \boldsymbol{B}=\begin{pmatrix}0\\ C_{2l}\end{pmatrix}$$

用下标 $l$ 区分 LQR 控制器的设计通道，即 $l\in\{\theta,\ \psi,\ \varphi\}$ 。控制器的设计目标是确定最优控制向量的矩阵 $\boldsymbol{K}$

$$\boldsymbol{u}(t)=-\boldsymbol{Kx}(t) \tag{4-3}$$

用于最小化成本函数

$$J=\int_0^{\infty}(\boldsymbol{x}^{\mathrm{T}}\boldsymbol{Qx}+\boldsymbol{u}^{\mathrm{T}}\boldsymbol{Ru})\mathrm{d}t \tag{4-4}$$

注意方程（4-4）右侧的第二项一般认为是控制信号的能量成本。$\boldsymbol{Q}$ 和 $\boldsymbol{R}$ 分别为状态偏差和控制输入能量成本的相对权重，$\boldsymbol{Q}$ 为正定（半正定）Hermitian 矩阵，$\boldsymbol{R}$ 为正定 Hermitian 矩阵，Hermitian 矩阵是一个复数矩阵，对角线上元素为实数，为自共轭矩阵，即与自身共轭转置相等。

对于本书所研究的固定翼无人机控制而言，假设控制向量 $\boldsymbol{u}(t)$ 不受约束。由式（4-3）获得的线性控制律为最优控制律。通过最小化式（4-4）中的成本函数 $J$ 可确定矩阵 $\boldsymbol{K}$ 中未知量，则对于任何初始状态 $\boldsymbol{x}(0)$，$\boldsymbol{u}(t)=-\boldsymbol{Kx}(t)$ 都是最优的。矩阵 $\boldsymbol{Q}$ 和 $\boldsymbol{R}$ 为

$$\boldsymbol{Q}=\begin{pmatrix}1 & 0\\ 0 & 1\end{pmatrix},\quad \boldsymbol{R}=(1)$$

采用 $u_l$ 作为控制输入

$$u_l=-\boldsymbol{K}_l\boldsymbol{x}_l$$

如上所述，需确定最佳反馈增益矩阵 $\boldsymbol{K}_l$ 。可以通过求解正定矩阵 $\boldsymbol{P}$ 的 Riccati 方程得到最优矩阵 $\boldsymbol{K}_l$

$$\boldsymbol{A}^{\mathrm{T}}\boldsymbol{P}+\boldsymbol{PA}-\boldsymbol{PBR}^{-1}\boldsymbol{B}^{\mathrm{T}}\boldsymbol{P}+\boldsymbol{Q}=0$$

矩阵 $\boldsymbol{P}$ 可通过 MATLAB© 软件进行求解，MATLAB 包含一系列可用于求解 LQR 控制器的函数。高度控制器的矩阵 $\boldsymbol{P}$ 为

$$\boldsymbol{P}=\begin{pmatrix}1.5640 & 0.3701\\ 0.3701 & 0.2679\end{pmatrix}$$

将矩阵 $\boldsymbol{P}$ 代入下式，可以得到矩阵 $\boldsymbol{K}_l$

$$\begin{aligned}\boldsymbol{K}_l&=\boldsymbol{R}^{-1}\boldsymbol{B}^{\mathrm{T}}\boldsymbol{P}\\ &=(1)(0\quad C_{2\theta})\begin{pmatrix}1.5640 & 0.3701\\ 0.3701 & 0.2679\end{pmatrix}=(-1\quad -0.7238)\end{aligned}$$

式中，$C_{1\theta}=-2.27[1/\mathrm{s}^2]$，$C_{2\theta}=-2.702[1/\mathrm{s}]$，因此，高度通道 LQR 控制器为

$$u_l=-\boldsymbol{K}_\theta\boldsymbol{x}_l=-k_{1\theta}(x_{1\theta}-x_{1\theta d})-k_{2\theta}(x_{2\theta}-x_{2\theta d}) \tag{4-5}$$

式中，$k_{1\theta}$ 和 $k_{2\theta}$ 均为 LQR 控制器最佳增益，$x_{1\theta d}$ 为俯仰角，$x_{2\theta d}$ 为俯仰角速度。对于偏航通道，利用 MATLAB 求解得到矩阵 $\boldsymbol{P}$ 为

$$\boldsymbol{P}=\begin{pmatrix}2.8231 & 3.3344\\ 3.3344 & 7.5844\end{pmatrix}$$

则通过下式，可求得矩阵 $\boldsymbol{K}_l$

$$\boldsymbol{K}_l = \boldsymbol{R}^{-1}\boldsymbol{B}^{\mathrm{T}}\boldsymbol{P} = (1)(0 \quad C_{2\psi})\begin{pmatrix}2.8231 & 3.3344\\3.3344 & 7.5844\end{pmatrix} = (1 \quad 2.2746)$$

式中，$C_{1\psi}=-0.1645[1/\mathrm{s}^2]$，$C_{2\psi}=0.2999[1/\mathrm{s}]$，因此，偏航通道 LQR 控制器为

$$u_l = -\boldsymbol{K}_{\psi}\boldsymbol{x}_l = -k_{1\psi}(x_{1\psi}-x_{1\psi d})-k_{2\psi}(x_{2\psi}-x_{2\psi d}) \tag{4-6}$$

式中，$k_{1\psi}$ 和 $k_{2\psi}$ 均为 LQR 控制器最佳增益，$x_{1\psi d}$ 为偏航角，$x_{2\psi d}$ 为偏航角速度。对于滚转通道，利用 MATLAB 求解的矩阵 $\boldsymbol{P}$ 为

$$\boldsymbol{P}=\begin{pmatrix}2.6479 & 2.6674\\2.6674 & 4.8688\end{pmatrix}$$

则通过下式，可求得矩阵 $\boldsymbol{K}_l$

$$\boldsymbol{K}_l = \boldsymbol{R}^{-1}\boldsymbol{B}^{\mathrm{T}}\boldsymbol{P} = (1)(0 \quad C_{2\varphi})\begin{pmatrix}2.6479 & 2.6674\\2.6674 & 4.8688\end{pmatrix} = (1 \quad 1.8253)$$

式中，$C_{1\varphi}=-0.3084[1/\mathrm{s}^2]$，$C_{2\varphi}=0.3749[1/\mathrm{s}]$，因此，滚转通道 LQR 控制器为

$$u_l = -\boldsymbol{K}_{\varphi}\boldsymbol{x}_l = -k_{1\varphi}(x_{1\varphi}-x_{1\varphi d})-k_{2\varphi}(x_{2\varphi}-x_{2\varphi d}) \tag{4-7}$$

式中，$k_{1\varphi}$ 和 $k_{2\varphi}$ 均为 LQR 控制器最佳增益，$x_{1\varphi d}$ 为滚转角，$x_{2\varphi d}$ 为滚转角速度。

图 4-7 为 LQR 控制器在高度通道上仿真结果，从上图可以看出，无人机以欠阻尼的形式达到了期望的高度，并在 30 s 达到稳定，下图为 LQR 控制器的作动器输出。

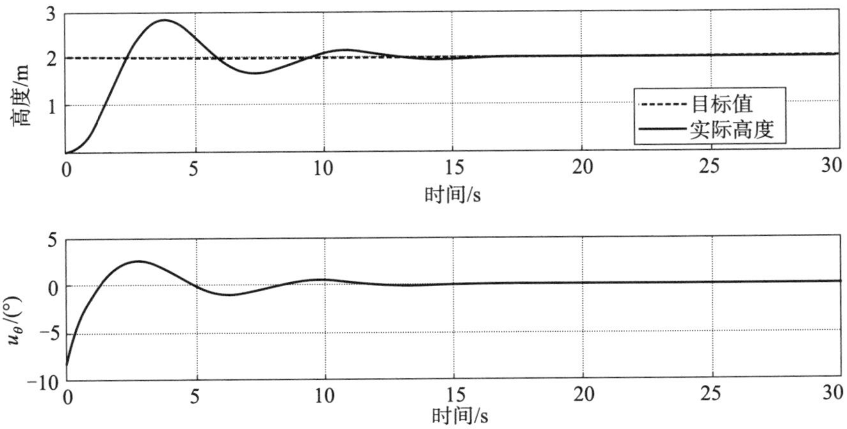


图 4-7　高度通道 LQR 控制器仿真结果

图 4-8 为 LQR 控制器在偏航通道的仿真结果，从上图可以看出，与 PD 和 PID 控制器相比，LQR 控制器超调更小，下图显示控制器的作动器输出更小。

图 4-9 为 LQR 控制器在滚转通道的仿真结果，从上图可以看出，对于跟踪滚转角的响应略微欠阻尼；与 PD 和 PID 控制器相比，LQR 控制器的作动器输出较小，如下图所示。

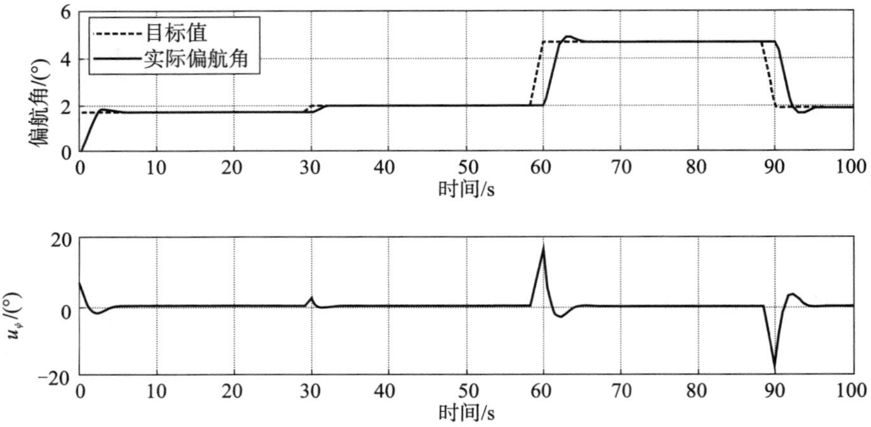


图 4-8　偏航通道 LQR 控制器仿真结果

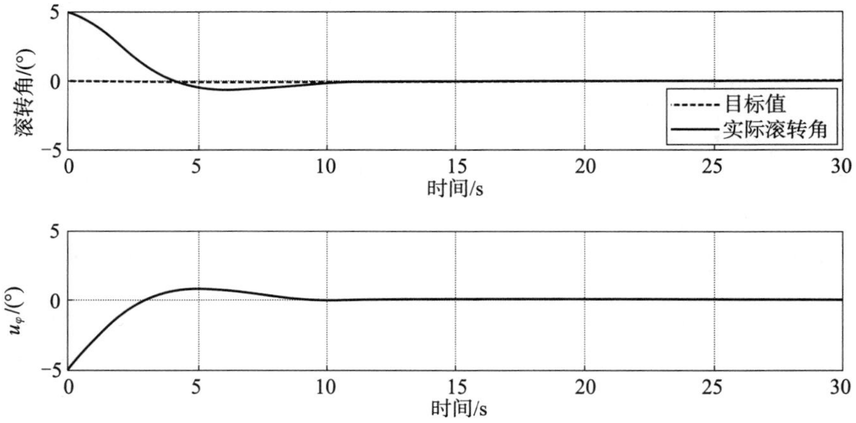


图 4-9　滚转通道 LQR 控制器仿真结果

## 4.3　具有离散卡尔曼滤波器的 LQR 控制器

基于 LQR 控制器结构，通过引入离散卡尔曼滤波器获得的角速率反馈，我们研究了具有离散卡尔曼滤波器的 LQR 控制器[29]。我们希望通过该滤波器能够验证 LQR 控制器性能，当 IMU 发生故障时能够提供解决方案。

离散卡尔曼滤波器可用两组不同的方程来定义：时间更新（预测）和测量更新（校正）。针对具有离散卡尔曼滤波器的 LQR 控制器[29]，预测方程如下[27]

$$\hat{\boldsymbol{x}}_k^- = \boldsymbol{A}_k \hat{\boldsymbol{x}}_{k-1} + \boldsymbol{B}_k \boldsymbol{u}_k \tag{4-8}$$

$$\boldsymbol{P}_k^- = \boldsymbol{A}_k \boldsymbol{P}_{k-1} \boldsymbol{A}_k^{\mathrm{T}} + \boldsymbol{Q}_k \tag{4-9}$$

式中，$\hat{\boldsymbol{x}}_k^-$ 是先验估计；$\boldsymbol{A}_k$ 为系统状态转移矩阵；$\boldsymbol{B}_k$ 为控制分布矩阵；$\boldsymbol{u}_k$ 为输入向量；$\boldsymbol{P}_k^-$ 为先验误差的协方差；$\boldsymbol{Q}_k$ 为来自过程的协方差噪声。校正方程为

$$K_k = P_k^- H^T (HP_k^- H^T + R_k)^{-1} \tag{4-10}$$

$$\hat{x}_k = \hat{x}_k^- + K_k(z_k - Hx_k^-) \tag{4-11}$$

$$P_k = (1 - K_k H) P_k^- \tag{4-12}$$

式中，$K_k$ 是离散卡尔曼滤波器增益；$H$ 为测量矩阵；$R_k$ 为来自测量噪声的协方差；$\hat{x}_k$ 为当前估计值；$z_k$ 为测量值；$P_k$ 表示误差协方差[27]。用于离散卡尔曼滤波器的参数如表 4－3 所示。

**表 4－3　用于离散卡尔曼滤波器的参数**

| 参数 | 取值 |
|---|---|
| $Q$ | 0.01 |
| $R$ | 0.01 |
| $P$ | 0.000 1 |
| $H$ | 1 |

对于高度控制，离散卡尔曼滤波器用于对俯仰角的估计，基于方程（4－11），可得 $\hat{x}_k = \hat{\theta} = \hat{x}_{1\theta}$，含离散卡尔曼滤波的高度 LQR 控制律为

$$u_\theta = -k_{1\theta}(\hat{x}_{1\theta} - x_{1\theta d}) - k_{2\theta}(x_{2\theta} - x_{2\theta d}) \tag{4-13}$$

式中，$k_{1\theta}$ 和 $k_{2\theta}$ 为 LQR 控制器（含离散卡尔曼滤波）的最优增益，$x_{1ld}$ 为期望俯仰角、偏航角或滚转角，$x_{2ld}$ 为期望角速度（俯仰、偏航或滚转）分量。

图 4－10 为含离散卡尔曼滤波的 LQR 控制器高度控制仿真结果。从上图可以看出，无人机以欠阻尼的形式达到了期望高度，并在 20 s 内达到稳定状态；下图为控制器输出的控制信号。

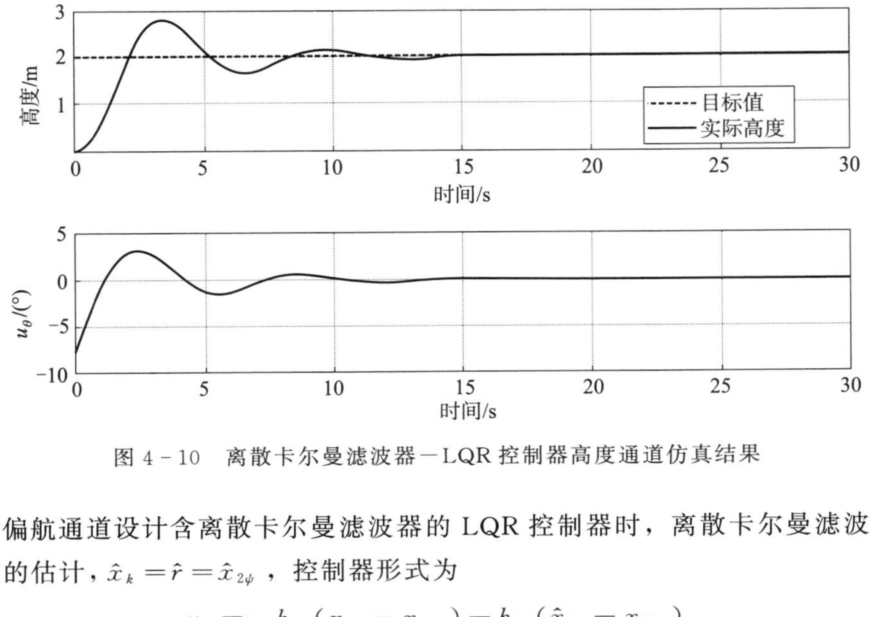


图 4－10　离散卡尔曼滤波器－LQR 控制器高度通道仿真结果

针对偏航通道设计含离散卡尔曼滤波器的 LQR 控制器时，离散卡尔曼滤波器用于偏航角速度的估计，$\hat{x}_k = \hat{r} = \hat{x}_{2\psi}$，控制器形式为

$$u_\psi = -k_{1\psi}(x_{1\psi} - x_{1\psi d}) - k_{2\psi}(\hat{x}_{2\psi} - x_{2\psi d}) \tag{4-14}$$

式中，$k_{1\psi}$ 和 $k_{2\psi}$ 分别为对应 LQR 控制器的最优增益。图 4－11 为该控制器偏航通道控制仿真结果，可以看出，无人机以欠阻尼的形式在 20 s 内达到期望偏航角并保持稳定，下图为该控制器输出的控制信号。

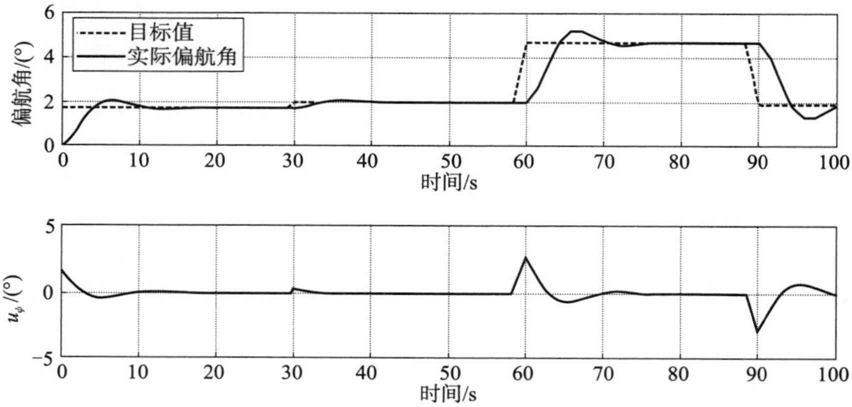


图 4－11　离散卡尔曼滤波器－LQR 控制器偏航通道仿真结果

对于滚转通道而言，离散卡尔曼滤波器用于对滚转速度的估计 $\hat{x}_k=\hat{p}=\hat{x}_{2\varphi}$，基于方程（4－11），可得对应的 LQR 控制器为

$$u_\varphi=-k_{1\varphi}(x_{1\varphi}-x_{1\varphi d})-k_{2\varphi}(\hat{x}_{2\varphi}-x_{2\varphi d}) \tag{4-15}$$

式中，$k_{1\varphi}$ 和 $k_{2\varphi}$ 分别为对应 LQR 控制器的最优增益，该控制器针对滚转通道仿真结果如图 4－12 所示。从上图可以看出，无人机以欠阻尼方式在 25 s 内达到期望滚转角并保持稳定，下图为控制器输出的控制信号。

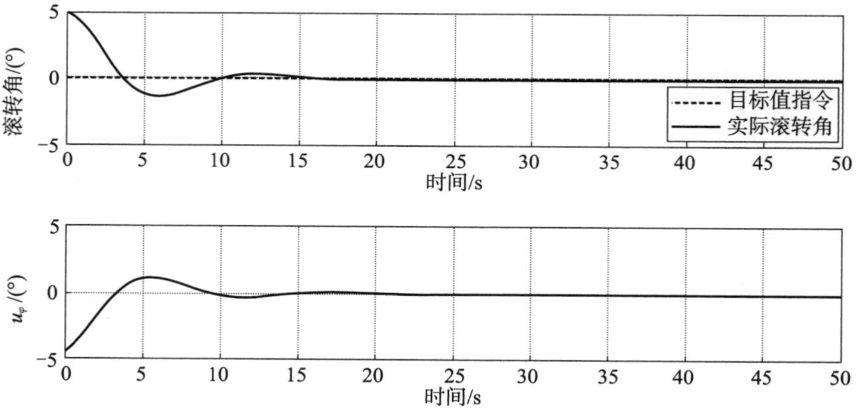


图 4－12　离散卡尔曼滤波器－LQR 控制器滚转通道仿真结果

表 4－4 为 LQR 控制器及包含离散卡尔曼滤波 LQR 控制器的最优增益值。

基于 $L_2$ 范数[41]比较不同控制器的性能。$L_2$ 范数适用于线性、非线性控制器等不同控制器的组合仿真结果，因此可以获得每个控制器的控制误差和控制输出信号的 $L_2$ 范数。$L_2$ 范数定义为

$$L_2[e_l]=\sqrt{\frac{1}{T-t_0}\int_{t_0}^{T}\|e_l\|^2\mathrm{d}t} \tag{4-16}$$

**表 4-4　LQR 控制器及含卡尔曼滤波器的 LQR 控制器的增益**

| 通道 | $k_{1l}$ | $k_{2l}$[s] |
|---|---|---|
| 高度 | 1 | 0.723 8 |
| 偏航 | 1 | 2.274 6 |
| 滚转 | 1 | 1.825 3 |

控制器输出信号的 $L_2$ 范数定义为

$$L_2[u_l]=\sqrt{\frac{1}{T-t_0}\int_{t_0}^{T}\|u_l\|^2\mathrm{d}t} \tag{4-17}$$

表 4-5 给出了不同控制器的 $L_2$ 范数。可以看出，线性控制器中，含离散卡尔曼滤波器的 LQR 控制器对高度、偏航和滚转通道的跟踪效果最好，和 PD、PID 和 LQR 控制器相比，其控制输出（作动器动作）也最小。

**表 4-5　不同线性控制器 $L_2$ 范数**

| 控制器 | 高度/m | | 偏航/(°) | | 滚转/(°) | |
|---|---|---|---|---|---|---|
| | $L_2[e_\theta]$ | $L_2[u_\theta]$ | $L_2[e_\psi]$ | $L_2[u_\psi]$ | $L_2[e_\varphi]$ | $L_2[u_\varphi]$ |
| PD | 0.134 1 | 1.186 7 | 0.081 0 | 0.097 8 | 0.076 5 | 0.134 7 |
| PID | 0.113 5 | 1.223 6 | 0.081 0 | 0.097 8 | 0.076 5 | 0.134 5 |
| LQR | 0.105 3 | 0.174 4 | 0.071 8 | 0.019 4 | 0.129 1 | 0.094 2 |
| LQG | 0.082 4 | 0.117 6 | 0.070 4 | 0.017 0 | 0.074 4 | 0.066 8 |

## 4.4　小结

基于第 3 章建立的固定翼无人机气动模型，本章介绍了线性控制器的设计方法，给出了不同线性控制器仿真结果，为比较不同控制律的控制性能，基于范数进行了误差分析。

针对固定翼无人机的三个基本运动：高度保持、偏航控制和滚转控制，分析比较了所介绍不同控制器的跟踪误差和作动器动作量大小。

# 第 5 章　非线性控制器

本章介绍非线性控制器的设计方法。和线性控制器一样，这些控制器同样用于高度保持、偏航和滚转通道的控制。设计的非线性控制器如下：5.1 节介绍了嵌套饱和技术，5.2 节介绍了反步控制，5.3 节介绍了滑模控制。

此外，基于上述非线性控制技术，将这些方法进行组合以提高控制律的鲁棒性，得到的控制器如下：5.4 节介绍了带滑动模态的嵌套饱和控制，5.5 节介绍了二阶滑模嵌套饱和控制，5.6 节介绍了高阶滑模的嵌套饱和控制。5.7 节至 5.9 节介绍了带滑模的反步控制。

最后，基于 MIT 规则和滑模理论开发了自适应控制器，上述非线性控制器均开展了仿真试验并介绍了相关结果。

## 5.1　嵌套饱和控制器

本节介绍嵌套饱和控制器在固定翼无人机上的应用[40,63]。嵌套饱和控制器所用符号定义与 3.6.3 节中相同。动力学方程重写如下

$$\dot{x}_{1l}=x_{2l} \tag{5-1}$$

$$\dot{x}_{2l}=C_{1l}x_{2l}+C_{2l}u_l \tag{5-2}$$

我们继续利用下标 $l$ 来区分不同通道，即 $l\in\{\theta,\ \psi,\ \varphi\}$。对由式（5-1）～式（5-2）定义的系统进行线性变换，线性变换矩阵为

$$\begin{bmatrix} z_{1l} \\ z_{2l} \end{bmatrix}=\begin{bmatrix} a_{1l}/C_{1l} & 1 \\ 0 & 1 \end{bmatrix}\begin{bmatrix} x_{1l} \\ x_{2l} \end{bmatrix} \tag{5-3}$$

式中，$a_{1l}$ 为正常数，$C_{1l}$ 为气动稳定性导数。对于该控制器使用常用的饱和函数 $\sigma_b$：$\mathbb{R}\rightarrow\mathbb{R}$，极限为 $b$

$$\sigma_b(s)=\begin{cases} -b, & s<-b \\ s, & -b\leqslant s\leqslant b \\ b, & s>b \end{cases} \tag{5-4}$$

其中，$b$ 为正常数。针对式（5-1）～式（5-2）组成的系统，利用式（5-3）进行变换后，基于式（5-4）定义的饱和函数，可设计其嵌套饱和控制器为

$$u_l=\frac{-C_{1l}z_{2l}-\sigma_{2l}\left[k_{1l}z_{2l}+\sigma_{1l}(k_{1l}z_{1l})\right]}{C_{2l}} \tag{5-5}$$

式中，$k_{1l}$ 为正定增益，$z_{1l}=\dfrac{a_{1l}}{C_{1l}}\tilde{e}_l+\dot{\tilde{e}}_l$，$z_{2l}=\dot{\tilde{e}}_l$。误差 $e_l$ 的定义与线性控制器相同。即高度误差定义为 $\tilde{e}_h=h_d-h$，其中 $h_d$ 是期望高度，$h$ 是对方程（3-61）进行积分获得的当

前高度。

高度控制是通过改变俯仰角 $\theta$ 实现的，因此，对于 $\theta$ 的控制，定义误差为 $\tilde{e}_\theta=\theta_d-\theta$，$\theta_d=\arctan(\tilde{e}_h/\zeta)$ 定义为期望俯仰角，$\zeta$ 为固定翼无人机质心到头部距离。

表 5 - 1 给出了不同通道嵌套饱和控制器的增益。通过选取合适的控制器增益，可使得无人机在 30 s 内跟踪收敛至目标高度且没有超调，控制器的输出动作幅度也不大。对于偏航和滚转通道控制，则要求在 10 s 内跟踪至目标角度且没有超调，同时也要求控制器输出动作幅度较小。

**表 5 - 1　嵌套饱和控制器增益**

| 通道 | $a_{1l}$[1/s²] | $k_{1l}$[1/s] |
|---|---|---|
| 高度 | 8 | 0.1 |
| 偏航 | 0.25 | 1 |
| 滚转 | 0.5 | 1 |

对于偏航通道控制器，定义误差 $\tilde{e}_\psi=\psi_d-\psi$，$\psi_d$ 为期望的偏航角，$\psi$ 由方程（3 - 62）积分获得。最后，为了使无人机达到所需滚转角，定义误差 $\tilde{e}_\varphi=\varphi_d-\varphi$，$\varphi_d$ 为期望滚转角，$\varphi$ 由方程（3 - 64）积分获得。

图 5 - 1 为嵌套饱和控制器高度保持控制仿真结果，无人机在 30 s 收敛至目标高度（上图），下图为控制器的输出控制信号。

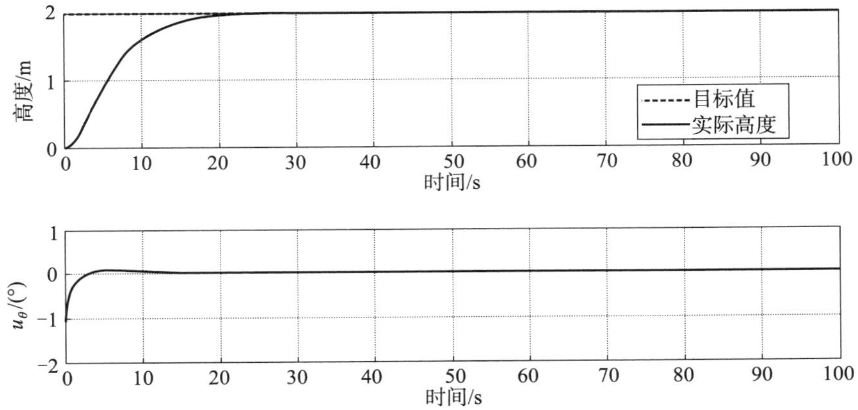


图 5 - 1　嵌套饱和控制器高度通道控制仿真结果

图 5 - 2 为偏航通道控制仿真结果，目标偏航角为阶跃信号，指令形式如前面章节所述。上图为偏航角跟踪期望偏航角的历程，偏航角在 10 s 内收敛至指令值，下图则显示了控制器输出的控制信号。

对滚转角通道控制仿真时，无人机初始滚转角为 5°，目标滚转角为 0°。图 5 - 3 为嵌套饱和控制器仿真结果。上图为滚转角控制变化过程，下图为控制器输出的控制信号，可以看出，在控制器作用下，无人机在 5 s 内达到目标滚转角。

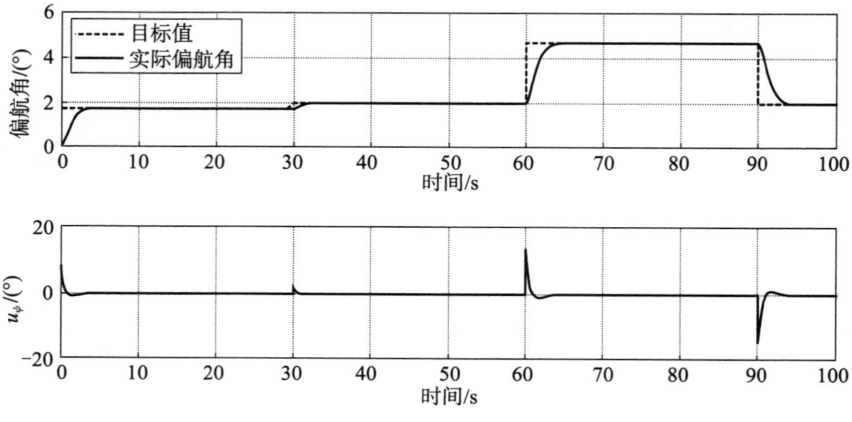


图 5－2　嵌套饱和控制器偏航通道控制仿真结果

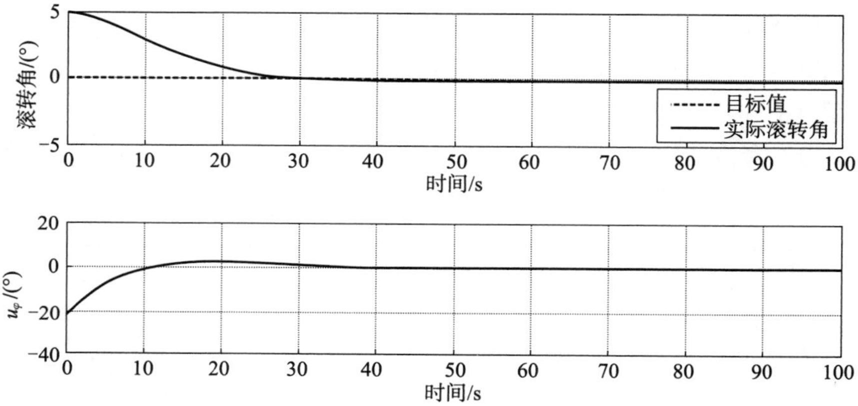


图 5－3　嵌套饱和控制器滚转通道控制仿真结果

## 5.2　反步控制器

和嵌套饱和控制一样，反步控制器针对的控制对象为

$$\dot{x}_{1l}=x_{2l} \tag{5-6}$$

$$\dot{x}_{2l}=C_{1l}x_{2l}+C_{2l}u_l \tag{5-7}$$

设计反步控制器的第一步是定义误差

$$\widetilde{e}_l=x_{1ld}-x_{1l} \tag{5-8}$$

式中，$x_{1ld}$ 为期望角度，$x_{1l}$ 为当前角度，用下标 $l$ 区分不同通道的控制器，即 $l\in\{\theta,\ \psi,\ \varphi\}$。定义误差的 Lyapunov 函数为

$$V_1=\frac{1}{2}\widetilde{e}_l^2 \tag{5-9}$$

对式（5－9）求导

$$\begin{aligned}\dot{V}_1 &= \tilde{e}_l \dot{\tilde{e}}_l \\ &= \tilde{e}_l(\dot{x}_{1ld} - \dot{x}_{1l}) \\ &= \tilde{e}_l(\dot{x}_{1ld} - x_{2l})\end{aligned} \tag{5-10}$$

将 $x_{2l}$ 作为虚拟控制输入

$$x_{2l} = \dot{x}_{1ld} + k_{1l}\tilde{e}_l - z_{1l} \tag{5-11}$$

式中，$z_{1l}$ 为反步控制新引入状态变量，$k_{1l}$ 为正增益。将 $x_{2l}$ 代入式（5－10），得到

$$\dot{V}_1 = z_{1l}\tilde{e}_l - k_{1l}\tilde{e}_l^2 \tag{5-12}$$

考虑 Lyapunov 候选函数

$$V_2 = V_1 + \frac{1}{2}z_{1l}^2 \tag{5-13}$$

式中，$V_1$ 由式（5－9）定义，对式（5－13）求导

$$\begin{aligned}\dot{V}_2 &= \dot{V}_1 + z_{1l}\dot{z}_{1l} \\ &= k_{3l}(z_{1l}\tilde{e}_l - k_{1l}\tilde{e}_l^2) + z_{1l}(\ddot{x}_{1ld} + k_{1l}\dot{\tilde{e}}_l - \dot{x}_{2l}) \\ &= k_{3l}(z_{1l}\tilde{e}_l - k_{1l}\tilde{e}_l^2) + z_{1l}(\ddot{x}_{1ld} + k_{1l}\dot{\tilde{e}}_l - C_{1l}x_{2l} - C_{2l}u_l)\end{aligned} \tag{5-14}$$

考虑到动力学模型仅包含两个状态，并且控制输入 $u_l$ 出现在式（5－14）中，设计的反步控制律为

$$u_l = \frac{C_{1l}x_{2l} - \ddot{x}_{1ld} - k_{1l}\dot{\tilde{e}}_l - k_{2l}z_{1l} - k_{3l}\tilde{e}_l}{-C_{2l}} \tag{5-15}$$

$k_{1l}$，$k_{2l}$ 和 $k_{3l}$ 均为正增益。Lyapunov 函数（5－13）的导数为

$$\dot{V}_2 = -k_{1l}k_{3l}\tilde{e}_l^2 - k_{2l}z_{1l}^2 \leqslant 0 \tag{5-16}$$

表 5－2 给出了三个通道的反步控制器中各增益取值。利用启发式方法对增益进行修正，使得控制过程中没有超调，并且在 10 s 内达到跟踪状态。

**表 5－2　反步控制器增益**

| 通道 | $k_{1l}$[1/s] | $k_{2l}$[1/s] | $k_{3l}$[1/s$^2$] |
|---|---|---|---|
| 高度 | 3 | 6 | 0.9 |
| 偏航 | 1.5 | 1.5 | 0.9 |
| 滚转 | 1.5 | 1.5 | 0.2 |

图 5－4 为高度保持控制的仿真结果，上图为高度跟踪曲线，可以看出，无人机在 10 s 内即达到目标高度，下图为控制器输出的控制信号。

对偏航通道控制仿真时，先后对其施加不同的目标偏航角，可以看到，控制器均能在 10 s 内收敛到目标状态（图 5－5 上图），下图为控制器输出的控制信号。

图 5－6 为反步控制器对滚转通道的控制仿真结果，从上图可以看出，控制器在 5 s 内即收敛至目标滚转角，下图为对应的控制信号。

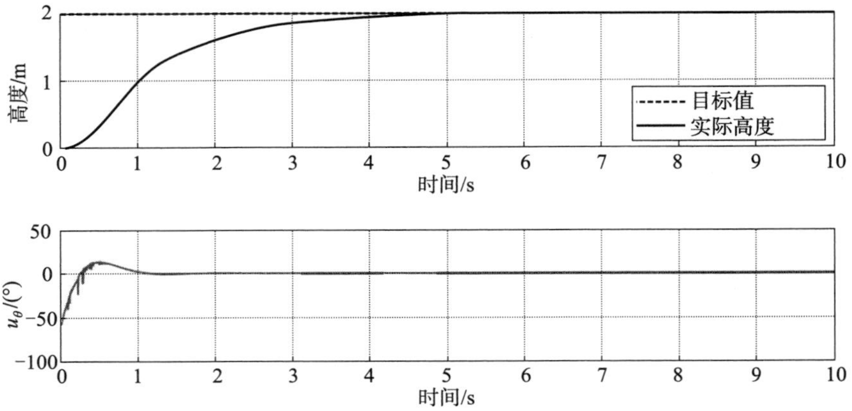


图 5-4　反步控制器高度通道仿真结果

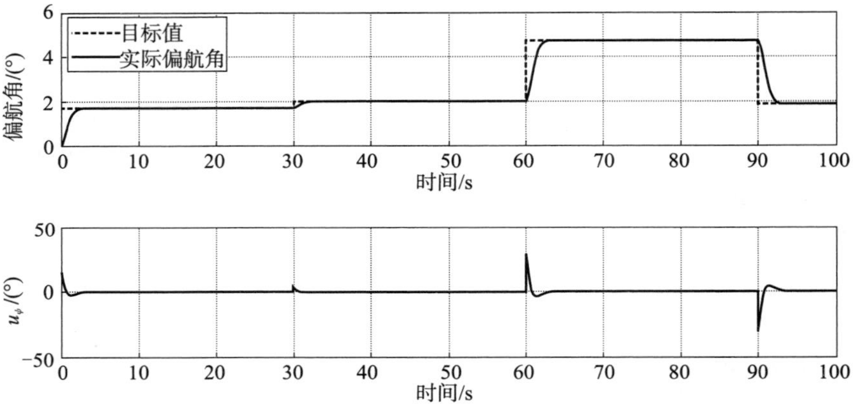


图 5-5　反步控制器偏航通道仿真结果

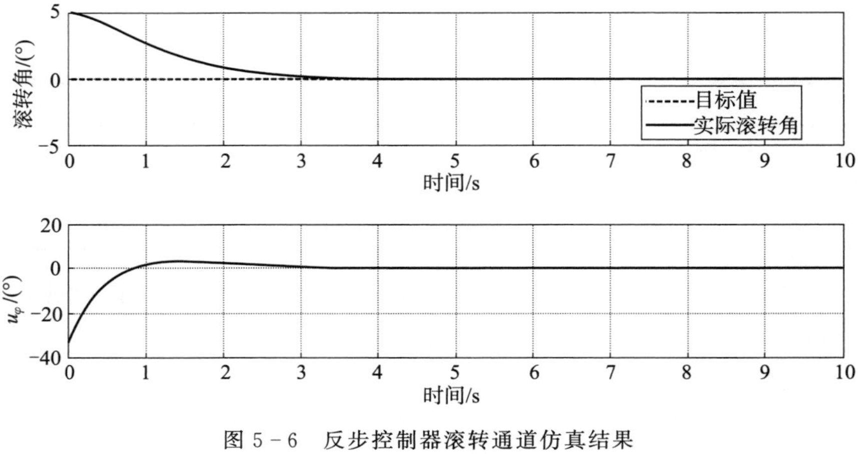


图 5-6　反步控制器滚转通道仿真结果

## 5.3 滑模控制器

考虑如下二阶系统[41]

$$\dot{x}_{1l}=x_{2l} \tag{5-17}$$

$$\dot{x}_{2l}=C_{1l}x_{2l}+C_{2l}u_l \tag{5-18}$$

式中，$C_{1l}$ 和 $C_{2l}$ 为气动稳定导数。应用滑模控制技术，定义滑动流形为

$$s=\dot{\tilde{e}}_l+k_{1l}\tilde{e}_l=0 \tag{5-19}$$

式中，$k_l$ 为增益，$\tilde{e}_l$ 为角度误差，下标 $l$ 用于表示俯仰角 $\theta$ 、偏航角 $\psi$ 和滚转角 $\varphi$ ，即 $l\in\{\theta,\ \psi,\ \varphi\}$ ，对方程（5-19）求导

$$\begin{aligned}\dot{s}&=\dot{x}_{2ld}-\dot{x}_{2l}+k_{1l}(\dot{x}_{1ld}-x_{2l})\\&=\dot{x}_{2ld}+C_{1l}x_{2l}+C_{2l}u_l+k_{1l}(\dot{x}_{1ld}-x_{2l})\end{aligned} \tag{5-20}$$

观察到在上式中出现控制输入 $u_l$ ，为了消除右侧相关项，设计具有以下结构的滑模控制器

$$u_l=\frac{C_{1l}x_{2l}-\dot{x}_{2ld}-k_{1l}(\dot{x}_{1ld}-x_{2l})-\beta_{xl}\operatorname{sgn}(s)}{C_{2l}} \tag{5-21}$$

符号函数定义为

$$\operatorname{sgn}(s)=\begin{cases}1, & s>0\\0, & s=0\\-1, & s<0\end{cases}$$

$\beta_{xl}$ 为正增益。表 5-3 给出了不同通道滑模控制器的增益，同样利用启发式方法对增益进行调参，约束为：控制过程中不出现超调、能在 10 s 内收敛到目标状态且控制器控制输出较小。

**表 5-3　滑模控制器增益**

| 通道 | $k_{1l}$[1/s] | $\beta_{x1l}$[1/s] |
|---|---|---|
| 高度 | 2 | 0.1 |
| 偏航 | 1 | 0.1 |
| 滚转 | 1 | 0.1 |

图 5-7 给出了滑模控制器的仿真结果，上图可以观察到高度在 10 s 内收敛到目标高度。下图为控制器的控制输出，可以发现，滑模控制的控制输出产生了抖振。

图 5-8 给出了偏航通道滑模控制器的仿真结果。从上图可以发现，偏航角能够快速跟踪指令偏航角，对不同的指令偏航角，收敛时间均小于 10 s。下图为控制器的作动输出，可以看到作动器输出也有明显的振动。

图 5-9 为滚转通道的控制仿真结果。初始滚转角为 10°，目标滚转角为 0°，可以发现，控制器在 8 s 即控制至目标滚转角，下图为控制器输出，可以看出该控制器输出信号也存在明显抖振。

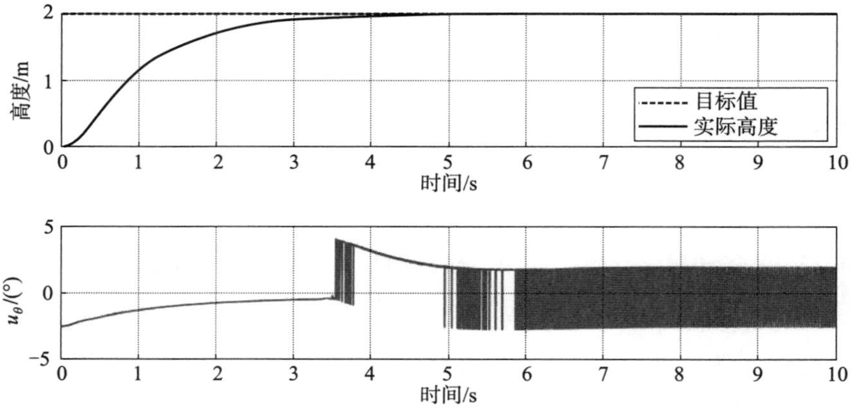


图 5－7　滑模控制器高度通道控制仿真结果（见彩插）

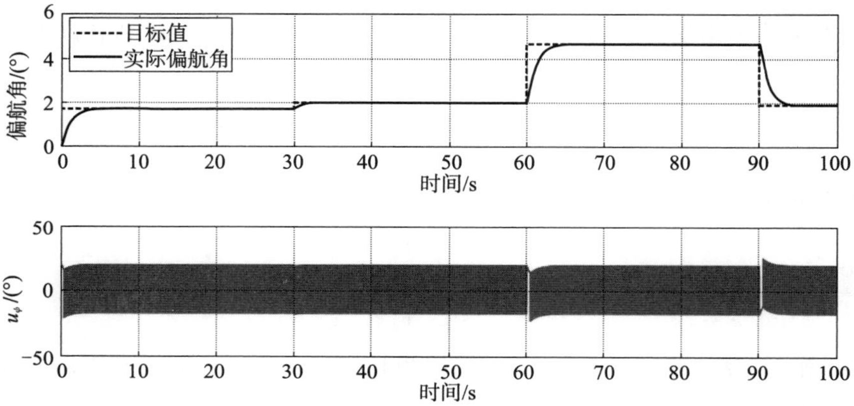


图 5－8　滑模控制器偏航通道控制仿真结果（见彩插）

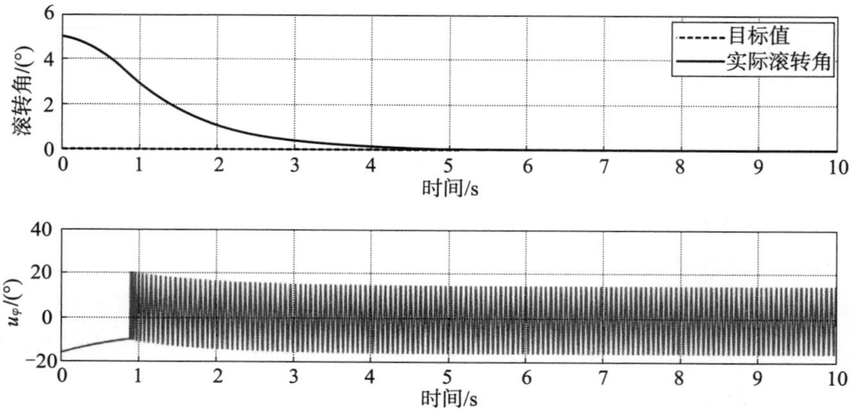


图 5－9　滑模控制器滚转通道控制仿真结果（见彩插）

## 5.4　带滑动模态的嵌套饱和控制器

通过将 5.1 节和 5.3 节所描述的相关控制器组合，即形成带滑动模态的嵌套饱和控制器。首先考虑非耦合模型

$$\dot{x}_{1l}=x_{2l} \tag{5-22}$$

$$\dot{x}_{2l}=C_{1l}x_{2l}+C_{2l}u_l \tag{5-23}$$

考虑控制律式（5－5）和滑动流形 $s=\dot{\tilde{e}}_l+k_{2l}\tilde{e}_l=0$，其中 $k_{2l}$ 为正增益，与之前一样，即 $l\in\{\theta, \psi, \varphi\}$，表示不同的控制通道。带滑动模态的嵌套饱和控制器定义为

$$u_l=\frac{-C_{1l}z_{2l}-\beta_{x1l}\operatorname{sgn}(s)-\sigma_{2l}\left[k_{1l}z_{2l}+\sigma_{1l}k_{1l}z_{1l}\right]}{C_{2l}} \tag{5-24}$$

式中，$\beta_{x1l}$，$k_{1l}$ 和 $k_{2l}$ 为正常数，$z_{1l}$ 和 $z_{2l}$ 为 5.1 节中定义的嵌套饱和控制器参数。表 5－4 给出了带滑动模态的嵌套饱和控制器增益值。增益值的选取和之前确定增益值的方法相同。

**表 5－4　带滑动模态的嵌套饱和控制器增益**

| 通道 | $a_{1l}$ [1/s²] | $k_{1l}$ [1/s] | $k_{2l}$ [1/s] | $\beta_{x1l}$ [1/s] |
|---|---|---|---|---|
| 高度 | 4 | 0.9 | 0.1 | 0.18 |
| 偏航 | 0.2 | 0.8125 | 1 | 0.05 |
| 滚转 | 0.5 | 0.8125 | 1.25 | 0.05 |

图 5－10 为高度通道的控制仿真结果，从上图可看到，无人机在 10 s 内即达到了期望高度，下图为控制器的控制输出信号，同样展现出抖振效应。

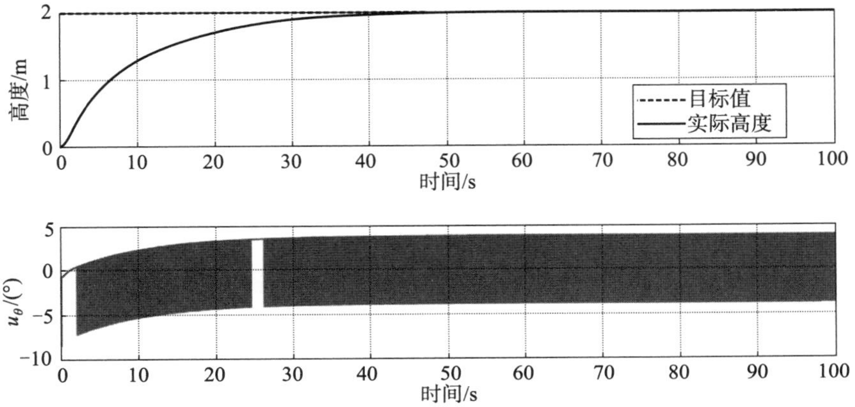


图 5－10　带滑动模态的嵌套饱和控制器高度仿真结果（见彩插）

偏航通道的控制仿真结果如图 5－11 所示，上图为偏航角跟踪效果，下图为控制器输出信号，同样存在明显的抖振。

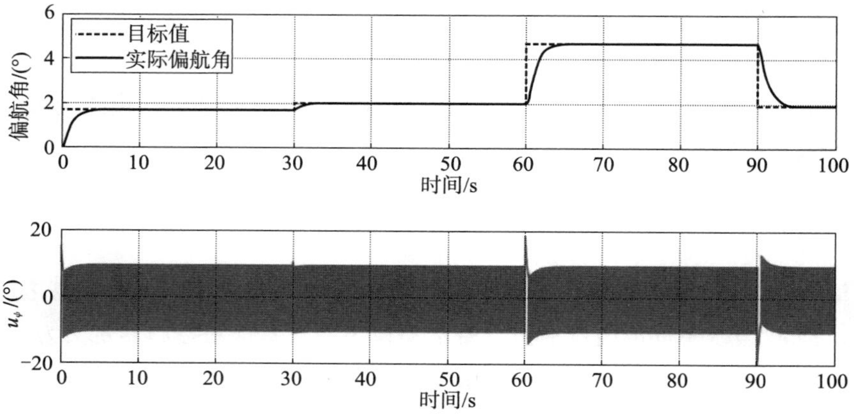


图 5-11 带滑动模态的嵌套饱和控制器偏航仿真结果

对于滚转通道的控制，设置无人机初始滚转角为 5°，目标滚转角为 0°。图 5-12 的上图为控制跟踪结果，下图为控制器输出控制信号，同样具有明显的抖振。

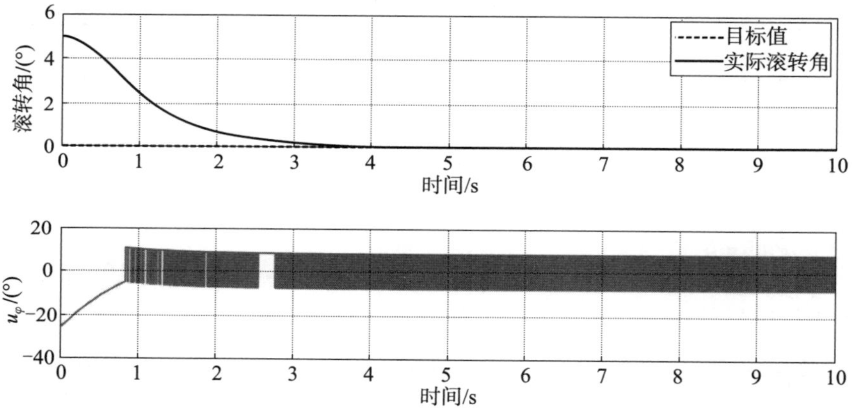


图 5-12 带滑动模态的嵌套饱和控制器滚转仿真结果（见彩插）

## 5.5 具有二阶滑模的嵌套饱和控制器

设计具有二阶滑模（2—SM）的嵌套饱和控制器是设计一阶鲁棒微分器的必要条件。由于时间导数对瞬时噪声很敏感[47]，设计实时鲁棒微分器[48]为

$$\dot{x}_0 = v_0 = -\lambda_0 \left| x_0 - s_l \right|^{1/2} \operatorname{sgn}(x_0 - s_l) + x_1 \tag{5-25}$$

$$\dot{x}_1 = -\lambda_1 \operatorname{sgn}(x_l - v_0) \tag{5-26}$$

式中，$x_0$ 和 $x_1$ 分别是对 $s_l$ 和 $\dot{s}_l$ 的实时估计，$\lambda_0$ 和 $\lambda_1$ 是微分器常数，如参考文献［48］所示，本文取值为 $\lambda_0=12$，$\lambda_1=6.6$。将控制器（5-24）作为参考，将滑动流形的导数与各自符号函数相加，以减小其在控制输出中产生的抖振效应。因此，具有二阶滑模的嵌套饱

和控制器设计为

$$u_l = \frac{-C_{1l}z_{2l} - \beta_{x1l}\,\mathrm{sgn}(s) - \beta_{x2l}\,\mathrm{sgn}(\dot{s}) - \sigma_{2l}\,[k_{1l}z_{2l} + \sigma_{1l}k_{2l}z_{1l}]}{C_{2l}} \tag{5-27}$$

式中，$\beta_{x1l}$，$\beta_{x2l}$，$k_{1l}$ 和 $k_{2l}$ 是正常数，$z_{1l}$ 和 $z_{2l}$ 是嵌套饱和控制器中定义的参数。表 5-5 给出了具有二阶滑模的嵌套饱和控制器所使用的增益值。该控制器的增益的选择考虑与前面章节中提到的相同，但对增益 $\beta_{x1l}$ 和 $\beta_{x2l}$ 进行了微调，以减小抖振效应。

**表 5-5　二阶滑模嵌套饱和控制器增益**

| 通道 | $a_{1l}$ [1/s$^2$] | $k_{1l}$ [1/s] | $k_{2l}$ [1/s] | $\beta_{x1l}$ [1/s] | $\beta_{x2l}$ [s$^2$] |
|---|---|---|---|---|---|
| 高度 | 4 | 0.9 | 0.1 | 0.1 | 0.096 |
| 偏航 | 0.49 | 0.812 5 | 1.25 | 0.1 | 0.096 |
| 滚转 | 0.49 | 0.812 5 | 1.25 | 0.1 | 0.096 |

图 5-13 给出了具有二阶滑模的嵌套饱和控制器对高度控制的仿真结果。从上图可以看出，本控制器需要 40 s 才达到目标高度，而滑模控制器和滑模嵌套饱和控制器在不到 10 s 内达到目标高度。从下图可以看出，与滑模控制器和带滑模的嵌套饱和控制器相比，具有二阶滑模的嵌套饱和控制器作动器抖振更少。

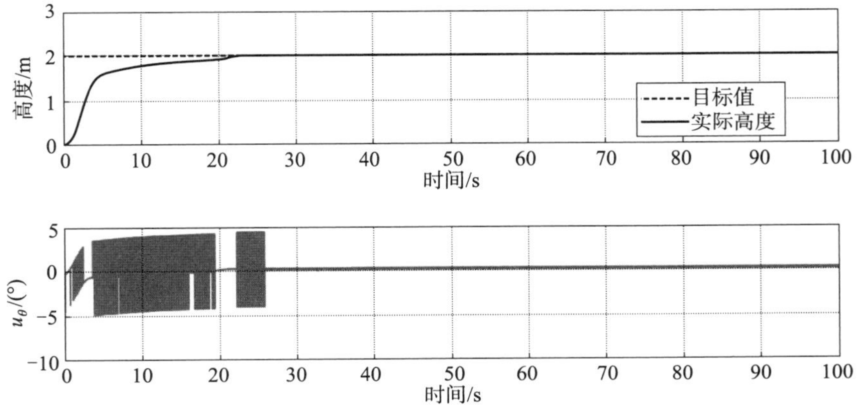


图 5-13　具有二阶滑模的嵌套饱和控制器高度控制仿真结果

具有二阶滑模的嵌套饱和控制器对偏航角控制仿真结果如图 5-14 所示。偏航角在不到 10 s 内达到目标偏航角，与滑模控制器和滑模嵌套饱和控制器相比，作动器的抖振减少。

针对滚转通道控制仿真时，设置初始滚转角为 5°，目标滚转角为 0°。从图 5-15 的上图可以观察到在不到 5 s 即达到目标滚转角，下图显示了该控制器减少作动器抖振的效果。

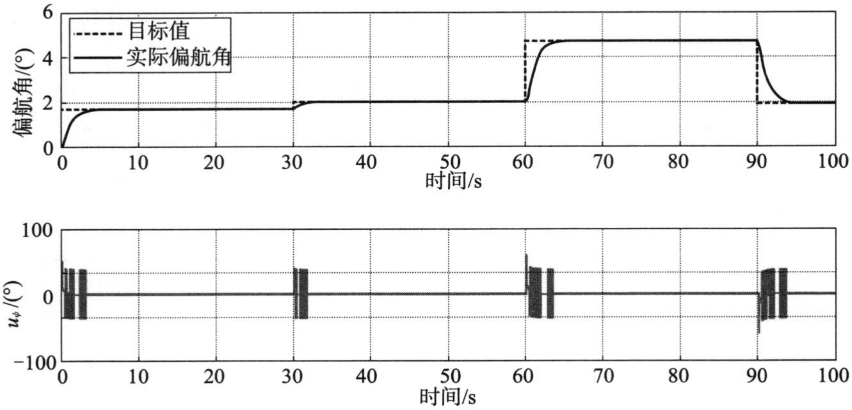


图 5－14　具有二阶滑模的嵌套饱和控制器偏航控制仿真结果

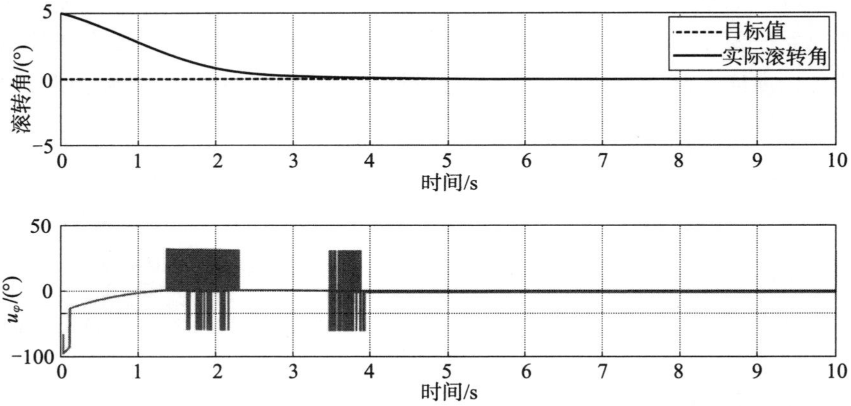


图 5－15　具有二阶滑模的嵌套饱和控制器滚转控制仿真结果

## 5.6　含高阶滑模的嵌套饱和控制器

通过引入二阶滑动模态，可以有效减轻滑模控制器的抖振效应。然而，要设计高阶滑模（HOSM）控制器，必须消除抖振效应。二阶鲁棒微分器对于设计控制器也是必要的[48]，鲁棒微分器定义为

$$\dot{x}_0 = v_0 = -\lambda_0 \left| x_0 - s_l \right|^{2/3} \mathrm{sgn}(x_0 - s_l) + x_1 \tag{5-28}$$

$$\dot{x}_1 = v_1 = -\lambda_1 \left| x_1 - s_l \right|^{1/2} \mathrm{sgn}(x_1 - v_0) + x_2 \tag{5-29}$$

$$\dot{x}_2 = -\lambda_2 \mathrm{sgn} \left| x_2 - v_1 \right| \tag{5-30}$$

式中，$x_0$，$x_1$ 和 $x_2$ 分别是 $s_l$，$\dot{s}_l$ 和 $\ddot{s}_l$ 的实时估计，基于文献［48］中的理论，选取 $\lambda_0 = 15$，$\lambda_1 = 12$，$\lambda_2 = 6.6$。为了设计具有高阶滑模的嵌套饱和控制器，参考控制器（5－24），具有高阶滑模的嵌套饱和控制器为

$$u_l = C_{1l}z_{2l} - \alpha_l\,[\ddot{s}_{1l} + 2\,(|\dot{s}_{1l}|^3 + |s_{1l}|^2)^{1/6}\operatorname{sgn}(\dot{s}_{1l} + |s_{1l}|^{2/3}\operatorname{sgn}(s_{1l}))]$$
$$- \sigma_{2l}\,[k_{1l}z_{2l} + \sigma_{1l}k_{1l}z_{1l}]\,/C_{2l} \tag{5-31}$$

式中，$k_{1l}$ 和 $\alpha_l$ 为非负常数。$z_{1l}$ 和 $z_{2l}$ 为嵌套饱和控制器中定义的参数。仿真采用的增益值如表 5-6 所示。通过启发式方法对 $\alpha_{x1l}$ 进行调整以减少或消除抖振现象。

**表 5-6　带 HOSM 的嵌套饱和控制器增益**

| 通道 | $\alpha_{1l}$ [$1/s^2$] | $k_{1l}$ [1/s] | $k_{2l}$ [1/s] | $\alpha_{x1l}$ [$s^2$] |
|---|---|---|---|---|
| 高度 | 4 | 0.32 | 0.104 | 0.08 |
| 偏航 | 0.27 | 0.8 | 0.2 | 0.001 |
| 滚转 | 0.32 | 0.8 | 0.2 | 0.001 |

图 5-16 给出了具有高阶滑模的嵌套饱和控制器的仿真结果。从上图可以看出，无人机在 50 s 内达到目标高度，比其他控制器用的时间更长，与之对应的是，30 s 后，作动器抖振非常低；与滑模控制器、带滑动模态的嵌套饱和控制器和带二阶滑动模态的嵌入饱和控制器相比，本控制器作动器抖振效应非常小。

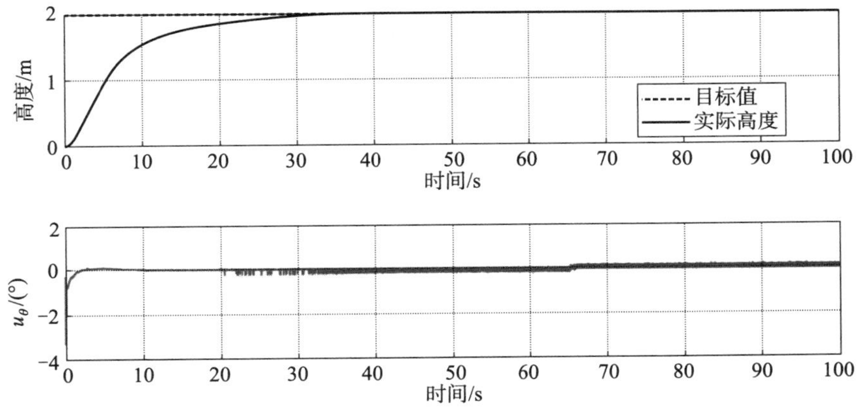


图 5-16　带 HOSM 的嵌套饱和控制器高度控制仿真结果

针对偏航通道控制的仿真结果如图 5-17 所示。从上图可以观察到，偏航角在不到 10 s 内即达到期望角度，从下图中作动器输出可以发现，作动器的抖振现象几乎消除。

和高度控制、偏航控制类似，使用具有高阶滑模的嵌套饱和控制器对滚转通道进行控制仿真时，作动器的抖振现象几乎消除，仿真结果如图 5-18 所示；从上图可以观察到，控制器在不到 10 s 即达到目标滚转角，从下图可观察到，作动器的抖振现象已消失。

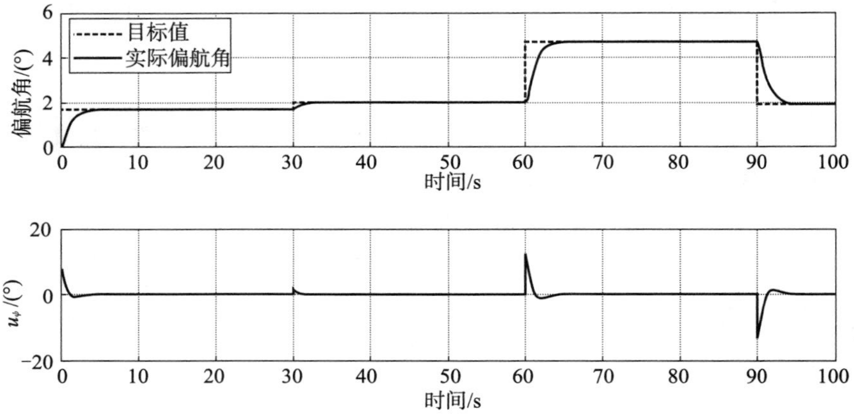


图 5－17　带 HOSM 的嵌套饱和控制器偏航控制仿真结果

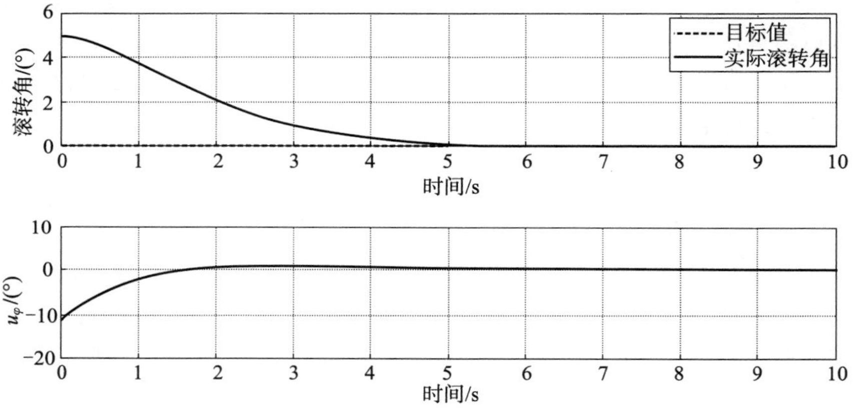


图 5－18　带 HOSM 的嵌套饱和控制器滚转控制仿真结果

## 5.7　滑模反步控制器

设计滑模反步控制器[10]时，考虑如下动力学方程

$$\dot{x}_{1l}=x_{2l} \tag{5-32}$$

$$\dot{x}_{2l}=C_{1l}x_{2l}+C_{2l}u_l \tag{5-33}$$

定义误差

$$\tilde{e}_l=x_{1ld}-x_{1l} \tag{5-34}$$

式中，$x_{1ld}$ 是期望姿态角，$x_{1l}$ 为固定翼无人机当前姿态角。如前所述，$l\in\{\theta,\ \psi,\ \varphi\}$，表示当前设计控制律通道。定义包含误差式（5－34）的 Lyapunov 函数为

$$V_1=\frac{1}{2}\tilde{e}_l^2 \tag{5-35}$$

对上式求导

$$\begin{aligned}\dot{V}_1 &= \tilde{e}_l \dot{\tilde{e}}_l \\ &= \tilde{e}_l(\dot{x}_{1ld} - \dot{x}_{1l}) \\ &= \tilde{e}_l(\dot{x}_{1ld} - x_{2l})\end{aligned} \tag{5-36}$$

其中 $x_{2l}$ 为虚拟控制输入，定义为

$$x_{2l} = \dot{x}_{1ld} + k_{1l}\tilde{e}_l - z_{1l} \tag{5-37}$$

式中，$z_{1l}$ 是新引入状态变量，$k_{1l}$ 是非负增益。将上式代入式（5－36），得到

$$\dot{V}_1 = z_{1l}\tilde{e}_l - k_{1l}\tilde{e}_l^2 \tag{5-38}$$

此外，设计了一个滑动流形 $s = \dot{\tilde{e}}_l + k_l\tilde{e}_l = 0$，$k_l$ 是一个非负增益。考虑式（5－35）Lyapunov 函数，设计基于 $s$ 的 Lyapunov 函数

$$V_2 = V_1 + \frac{1}{2}s^2 \tag{5-39}$$

对上式求导

$$\begin{aligned}\dot{V}_2 &= \dot{V}_1 + s\dot{s} \\ &= k_{3l}e_l z_{1l} - k_{3l}k_{1l}e_l^2 + s(\dot{x}_{2ld} - \dot{x}_2 + k_{2l}(\dot{x}_{1ld} - \dot{x}_1)) \\ &= k_{3l}e_l z_{1l} - k_{3l}k_{1l}e_l^2 + s(\dot{x}_{2ld} - C_{1l} - C_{2l}u_l + k_{2l}(\dot{x}_{1ld} - x_{2l}) + k_{4l}e_l z_{1l})\end{aligned} \tag{5-40}$$

考虑到这里的对象仅包含了两种状态变量，参考式（5－14）中的控制输入 $u_l$，具有滑动模态的反步控制器设计为

$$u_l = \frac{\dot{x}_{2ld} + C_{1l}x_{2l} - k_{2l}(\dot{x}_{1ld} - x_{1l}) - k_{4l}e_l z_{1l}/s - k_{3l}s - \beta_{x1l}\operatorname{sgn}(s)}{C_{2l}} \tag{5-41}$$

式中，$k_{1l}$，$k_{2l}$，$k_{3l}$ 和 $\beta_{xl}$ 均为非负增益。于是，采用控制器式（5－41）的 Lyapunov 函数（5－39）导数为

$$\dot{V}_2 = -k_{3l}k_{1l}e_l^2 - k_{3l}s^2 - \beta_{x1l}\operatorname{sgn}(s) \leqslant 0 \tag{5-42}$$

表 5－7 给出了基于启发式算法得到的包含滑动模态的反步控制器的增益值。

**表 5－7　滑模反步控制器增益**

| 通道 | $k_{1l}$ [1/s] | $k_{2l}$ [1/s] | $k_{3l}$ [1/s] | $k_{4l}$ [1/s$^2$] | $\beta_{x1l}$ [1/s] |
|---|---|---|---|---|---|
| 高度 | 1 | 5 | 0.9 | 0.1 | 1 |
| 偏航 | 5 | 5 | 0.9 | 0.09 | 009 |
| 滚转 | 5 | 5 | 0.9 | 01 | 0.1 |

图 5－19 给出了采用滑模反步控制器进行高度控制的仿真结果。在上图可以看出，固定翼无人机高度在 8 s 内达到目标高度，下图为该控制器的作动器输出。

在偏航通道控制仿真中，目标偏航角的形式与其他控制器仿真时类似。图 5－20 为采用滑模反步控制器的仿真结果，上图显示偏航角在不到 10 s 内即达到指令值，从下图可以看出，控制作动器输出仍有一定的抖振。

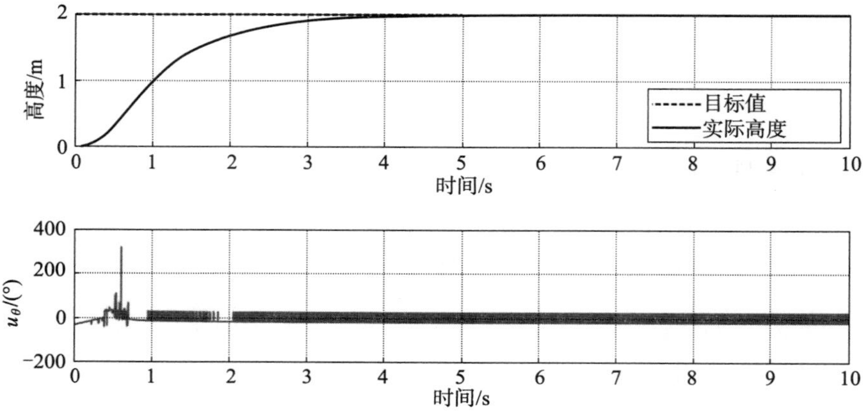


图 5-19　滑模反步控制器高度控制仿真结果

图 5-21 给出了滑模反步控制器滚转通道控制仿真结果。从上图可以发现，控制器在不到 4 s 内即将滚转角调整至指令位置 0°，但从下图作动器输出可以看出，作动器仍具有一定的抖振现象。

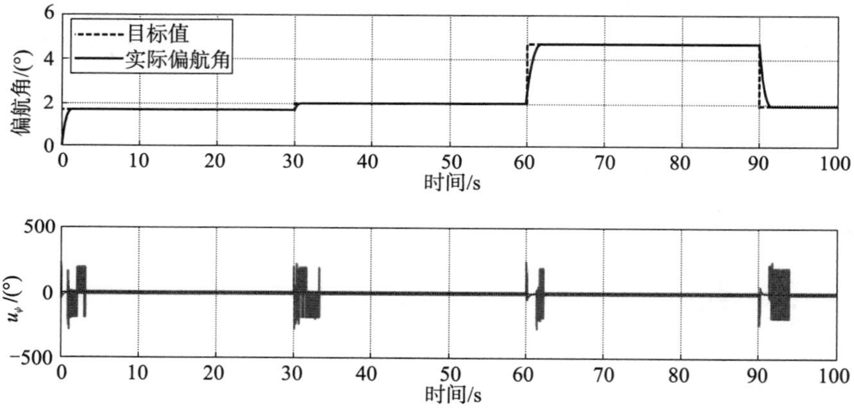


图 5-20　滑模反步控制器偏航控制仿真结果

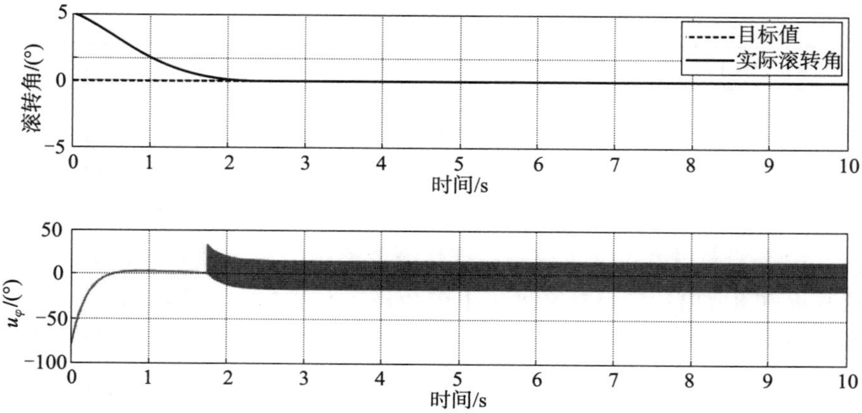


图 5-21　滑模反步控制器滚转控制仿真结果

## 5.8　二阶滑模反步控制器

设计具有二阶滑模的反步控制器时，采用与上述具有滑模的反步控制器相同的方法。通过该控制器可减轻抖振现象，这在滑模控制器设计和仿真中已经证实。不同之处在于滑动流形 $s$ 的导数及其各自的增益和符号函数与控制律（5－41）的相加。该控制器使用的一阶鲁棒微分器由式（5－25）～式（5－26）定义，并实时计算滑动流形 $s$ 导数。基于上述步骤，设计的具有二阶滑模的反步控制器为

$$u_l=\frac{\dot{x}_{2ld}+C_{1l}x_{2l}-k_{2l}(\dot{x}_{x1d}-x_{2l})-k_{4l}e_l z_{1l}-k_{3l}s-\beta_{x1l}\operatorname{sgn}(s)-\beta_{x1l}\operatorname{sgn}(\dot{s})}{C_{2l}} \tag{5-43}$$

式中，$k_{1l}$，$k_{2l}$，$k_{3l}$ 和 $\beta_{xl}$ 均为非负增益。针对控制律（5－43），Lyopunov 函数式（5－39）导数为

$$\dot{V}_2=-k_{3l}k_{1l}e_l^2-k_{3l}s^2-\beta_{x1l}\operatorname{sgn}(s)-\beta_{x2l}\operatorname{sgn}(\dot{s})\leqslant 0 \tag{5-44}$$

表 5－8 给出了不同通道上具有二阶滑模的反步控制器仿真时采用的增益值。增益值通过启发式方法获得，目标为减少抖振现象。

**表 5－8　二阶滑模反步控制器增益**

| 通道 | $k_{1l}$ [1/s] | $k_{2l}$ [1/s] | $k_{3l}$ [1/s] | $k_{4l}$ [1/s] | $\beta_{x1l}$ [1/s] | $\beta_{x2l}$ [$s^2$] |
|---|---|---|---|---|---|---|
| 高度 | 0.001 | 10 | 5 | 0.1 | 0.5 | 0.5 |
| 偏航 | 10 | 5 | 1 | 0.1 | 0.5 | 0.45 |
| 滚转 | 0.1 | 1 | 2.5 | 0.1 | 0.5 | 0.455 2 |

图 5－22 为二阶滑模反步控制器仿真结果，和图 5－19 对比可以发现，与滑模反步控制器相比，二阶滑模反步控制器有效减少了抖振现象，从图 5－22 上图可以看出，无人机在 8 s 内即达到指令高度。

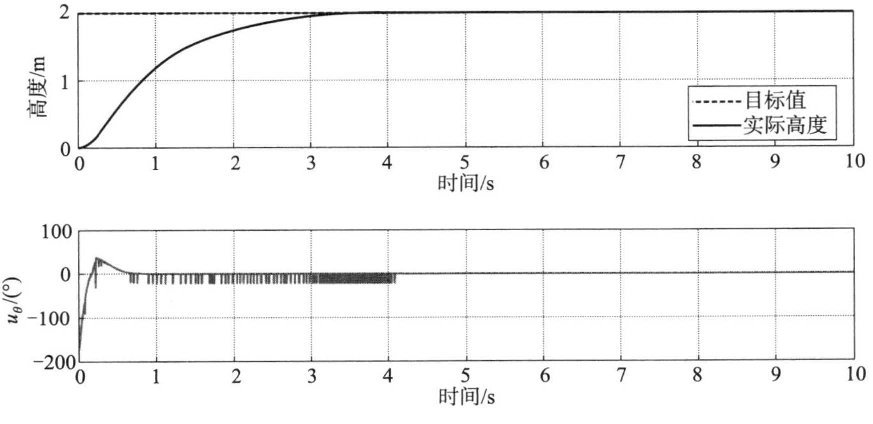


图 5－22　二阶滑模反步控制器高度控制仿真结果

图 5 - 23 为偏航通道二阶滑模反步控制器的控制仿真结果。从上图可以看出，不到 10 s 偏航角即收敛至参考状态。下图为控制作动器输出，可以发现，与滑模控制器和具有滑模反步控制器仿真结果相比，二阶滑模反步控制器有效减少了抖振现象。

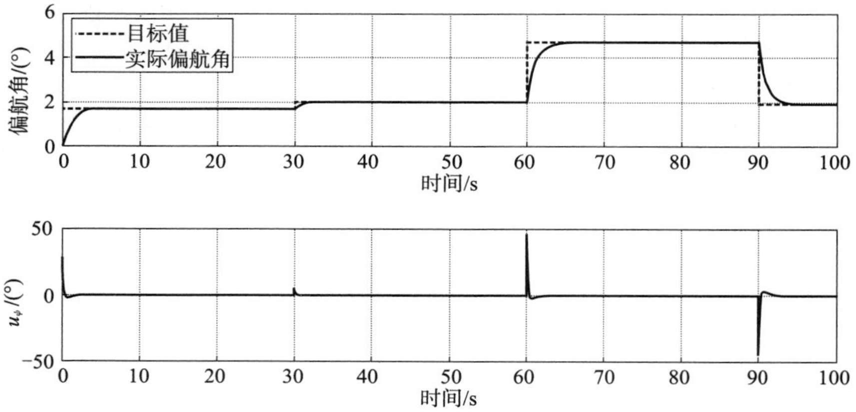


图 5 - 23　二阶滑模反步控制器偏航通道控制仿真结果

二阶滑模反步控制器针对滚转通道的仿真（图 5 - 24）显示，该控制器可有效减少作动器抖振现象，且在 7 s 内即可达到指令状态。

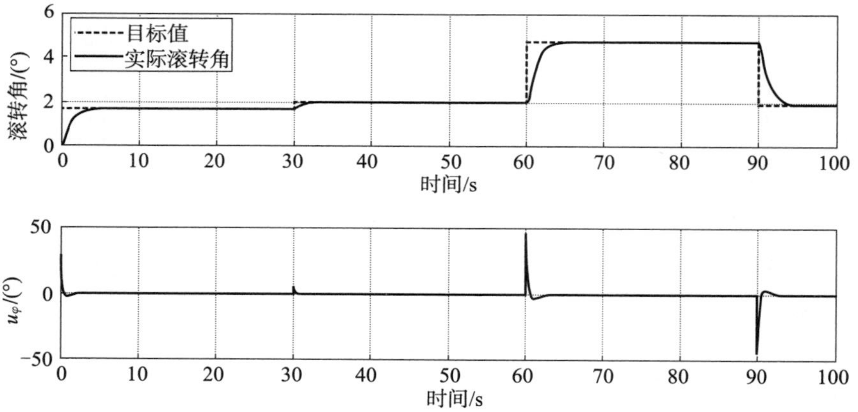


图 5 - 24　二阶滑模反步控制器滚转通道控制仿真结果

## 5.9　高阶滑模反步控制器

设计高阶滑模反步控制器时，使用式（5 - 28）～式（5 - 30）定义的二阶鲁棒微分器。二阶微分器主要用于获得滑动流形 $s$ 的实时导数。参考二阶滑模反步控制器（5 - 43），设计的高阶滑模反步控制器为

$$u_l = [-C_{1l}x_{2l} - k_{2l}(\dot{x}_{1ld} - x_{2l}) - k_{4l}z_{2l}e_l - k_{3l}s - \alpha_1[\ddot{s}_{1l} + 2(|\dot{s}_{1l}|^3 + |s_{1l}|^2)^{1/6}\mathrm{sgn}(\dot{s}_{1l} + |s_{1l}|^{2/3}\mathrm{sgn}(s_{1l}))]]/C_{2l} \tag{5-45}$$

式中，$k_{1l}$，$k_{2l}$，$k_{3l}$，$k_{4l}$ 和 $\alpha_l$ 是非负增益。表 5－9 给出了不同通道上高阶滑模反步控制器的增益取值，同样利用启发式方法确定增益值，并对 $\alpha_{x1l}$ 进行微调。

**表 5－9　高阶滑模反步控制器增益**

| 通道 | $k_{1l}$ [1/s] | $k_{2l}$ [1/s] | $k_{3l}$ [1/s] | $k_{4l}$ [1/s] | $\alpha_{x1l}$ [$s^2$] |
|---|---|---|---|---|---|
| 高度 | 0.001 | 11 | 5 | 0.1 | 0.000 1 |
| 偏航 | 0.01 | 1 | 5 | 0.01 | 0.000 1 |
| 滚转 | 0.001 | 1 | 5 | 0.1 | 0.000 1 |

基于控制器（5－45）的 Lyapunov 函数式（5－39）的导数为

$$\dot{V}_2 = -k_{3l}k_{1l}e_l^2 - k_{3l}s^2 - \alpha_l[\ddot{s}_{1l} + 2(|\dot{s}_{1l}|^3 + |s_{1l}|^2)^{1/6}\mathrm{sgn}(\dot{s}_{1l} + |s_{1l}|^{2/3}\mathrm{sgn}(s_{1l}))] \leqslant 0 \tag{5-46}$$

图 5－25 为高阶滑模反步控制器对高度控制的仿真结果。从下图可以看出，抖振现象明显减少，从上图可以看出，不到 6 s 即达到指令高度。

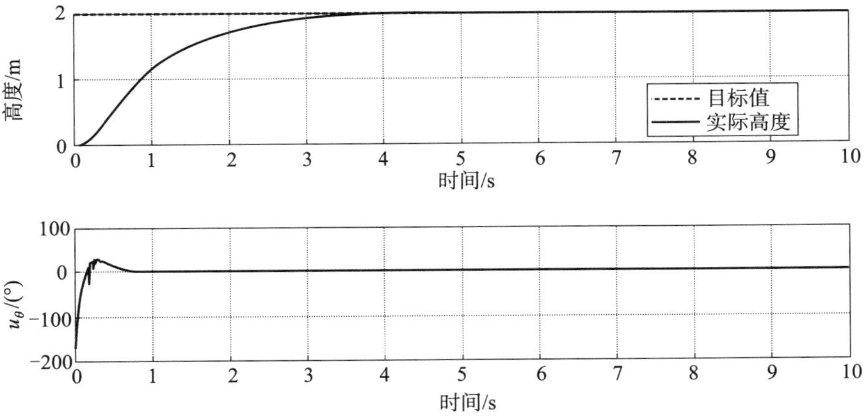


图 5－25　高阶滑模反步控制器高度控制仿真结果

偏航通道仿真时，目标状态和其他控制器相同，图 5－26 为仿真结果，从上图可以看出，不到 10 s 即达到目标状态，从下图作动器输出可以看出，高阶滑模反步控制器能够减少抖振现象。

在滚转通道仿真时，设置固定翼无人机的初始滚转角为 5°，目标滚转角为 0°，图 5－27 为高阶滑模反步控制器仿真结果，从上图可以看出，在 8 s 内即达到目标状态，下图则表明高阶滑模反步控制器的作动器抖动几乎为零。

表 5－10 给出了仿真结果的 $L_2$ 范数。可以发现，在高度通道控制上，误差较小的非线性控制器是反步控制器，嵌套饱和控制器的作动器信号动作较小，但嵌套饱和控制器的

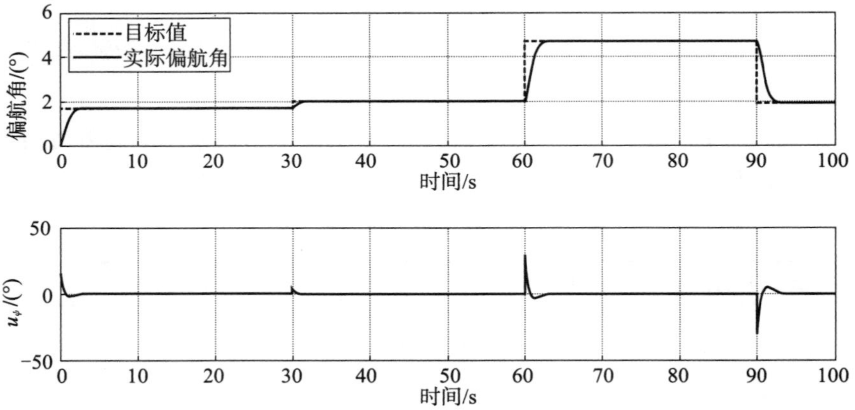


图 5-26 高阶滑模反步控制器偏航控制仿真结果

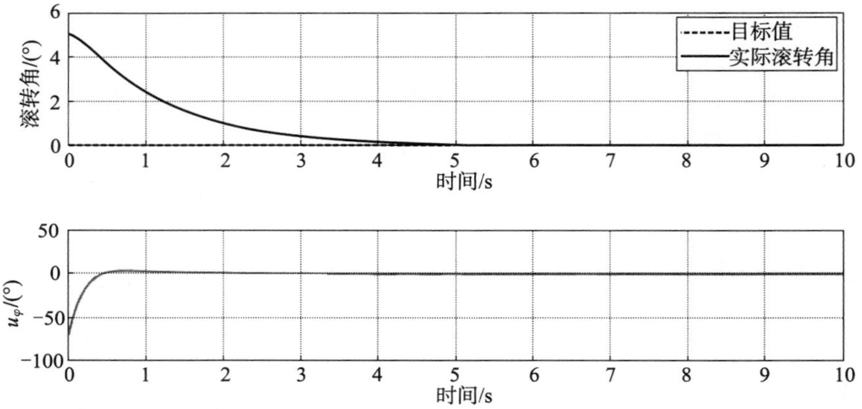


图 5-27 高阶滑模反步控制器滚转控制仿真结果

控制误差比反步控制器和滑模控制器更显著。

对于偏航角控制而言，控制误差最小的是滑模控制器，但是滑模控制器的控制输出即作动器信号最大，且存在明显的作动器信号抖振现象。嵌套饱和控制作动器信号最小，但其控制误差大于反步控制器和滑模控制器。对于滚转角控制而言，滑模控制器的作动器动作较小，其控制误差也相对较小。

在非线性控制器的组合中，高度控制误差最小的是滑模反步控制器，但是，该组合的作动器输出也比其他非线性控制器组合更显著。与其他非线性控制器组合相比，二阶滑模反步控制器在偏航角控制上误差较小，同时该组合的作动器输出也较小。滚转角控制方面，滑模反步控制器控制误差更小，但是该组合的作动器输出最大。

## 5.10 基于滑模理论梯度法的 MIT 规则

本节中设计了具有自适应增益的 PD 控制律，其自适应部分由比例项和微分项的增益给出，这些增益分别被定义为 $\hat{k}_{pla}$ 和 $\hat{k}_{vla}$ 。

自适应控制的方法是基于 MRAS，即基于滑模理论梯度法的 MIT 规则设计自适应调节机制。我们通过引入一阶滑模、二阶滑模（2-SM）和高阶滑模（HOSM）理论，改进了基于梯度法的 MIT 规则，获得一个鲁棒调节机制，可在存在未知扰动（如阵风）的情况下稳定系统（固定翼微型无人机），并减少抖振现象。

MRAS 的框图如图 5-28 所示，其中“对象”是描述固定翼无人机的模型，“模型”模块代表参考模型。

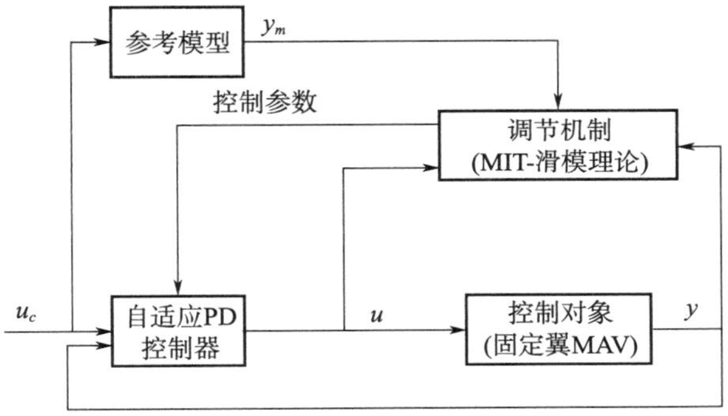


图 5-28 固定翼无人机 MRAS 框图

针对式（5-22）～式（5-23），自适应控制律为

$$u_l = \hat{k}_{pla} e_l + \hat{k}_{val} \dot{e}_l \tag{5-47}$$

式中，$l \in \{\theta, \psi, \varphi\}$ ，即 $u_\theta = \delta_e$ ，$u_\psi = \delta_r$ 和 $u_\varphi = \delta_a$ ，$\hat{k}_{pla}$ 和 $\hat{k}_{vla}$ 分别称为位置增益和速度增益，均为自适应增益。定义航向和横向动力学的误差为 $e_l = x_{1l} - x_{1l}^d$ 。PD 控制器增益的下标表示适用的调节机制，即 $a = a_1$，$a_2$，$a_3$，$a_4$ ，其中：

- $a_1$ 对应于 MIT 规则；
- $a_2$ 对应于具有滑模的 MIT 规则（MIT-SM）；
- $a_3$ 对应具有二阶滑模的 MIT 规则（MIT-2SM）；
- $a_4$ 表示具有高阶滑模的 MIT 规则（MIT-HOSM）。

因此，对于采用滑模理论的 MIT 规则的设计，定义成本函数为

$$J = \frac{1}{2} e_{lm}^2(t) \tag{5-48}$$

其中

$$e_{lm} = x_{1lm} - x_{1l} \tag{5-49}$$

式中，$x_{1lm}$ 是参考模型的输出。这里遵循文献［3］中提出的 MIT 规则。基于文献［3］，为了获取灵敏度导数，将气动模型转换为传递函数，再计算控制器参数 $\hat{k}_{pla}$ 和 $\hat{k}_{vla}$ 的偏导数获得。因此，内回路自适应 PD 控制器的闭环传递函数为

$$x_{1l}=\frac{C_{2l}(\hat{k}_{pl}+\hat{k}_{vl}s)}{s^2+(C_{1l}+C_{2l}\hat{k}_{vl})s+C_{2l}\hat{k}_{pl}}x_{1l}^d \tag{5-50}$$

固定翼无人机动力学参考模型定义为

$$x_{1lm}=\frac{\omega_n^2}{s^2+2\zeta\omega_n s+\omega_n^2}x_{1l}^d \tag{5-51}$$

其中，$\zeta=3.17$，$\omega=3.16$，考虑式（5-49）～式（5-51），计算对 $\hat{k}_{pla}$ 和 $\hat{k}_{vla}$ 的偏导数

$$\frac{\partial e_{lm}}{\partial\hat{k}_{pl}}=\frac{C_{2l}}{s^2+(C_{1l}+C_{2l}\hat{k}_{vl})s+C_{2l}\hat{k}_{pl}}(x_{1l}-x_{1l}^d) \tag{5-52}$$

$$\frac{\partial e_{lm}}{\partial\hat{k}_{vl}}=\frac{C_{2l}s}{s^2+(C_{1l}+C_{2l}\hat{k}_{vl})s+C_{2l}\hat{k}_{pl}}(x_{1l}) \tag{5-53}$$

一般而言，由于含有未知变量 $\hat{k}_{pla}$ 和 $\hat{k}_{vla}$，式（5-52）和式（5-53）不能直接使用。假设最优情况为

$$s^2+(C_{1l}+C_{2l}\hat{k}_{vl})s+C_{2l}\hat{k}_{pl}=s^2+2\zeta\omega_n s+\omega_n^2 \tag{5-54}$$

在一系列近似之后，获得可以用于调整自适应 PD 控制器增益的微分方程

$$\dot{\hat{k}}_{pla1}=-\gamma_{1l}\left(\frac{1}{s^2+2\zeta\omega_n s+\omega_n^2}(x_{1l}-x_{1l}^d)\right)e_{lm} \tag{5-55}$$

$$\dot{\hat{k}}_{vla1}=-\gamma_{2l}\left(\frac{s}{s^2+2\zeta\omega_n s+\omega_n^2}(x_{1l})\right)e_{lm} \tag{5-56}$$

现在可定义一阶滑模的 MIT 规则，其与文献［3］中定义不同。然后，定义滑模面为 $\sigma_l=\dot{x}_{1lm}-x_{2l}+k_{1l}e_{lm}$（利用该方程寻求增加调整机制的稳定性和鲁棒性），其中 $k_{1l}>0$。然后，采用滑模方法的自适应控制器的微分方程为

$$\dot{\hat{k}}_{pla2}=-\gamma_{1l}\left(\frac{1}{s^2+2\zeta\omega_n s+\omega_n^2}(x_{1l}-x_{1l}^d)\right)(\beta_{p1l}\operatorname{sgn}(\sigma_l)) \tag{5-57}$$

$$\dot{\hat{k}}_{vla2}=-\gamma_{2l}\left(\frac{s}{s^2+2\zeta\omega_n s+\omega_n^2}(x_{1l})\right)(\beta_{v1l}\operatorname{sgn}(\sigma_l)) \tag{5-58}$$

其中增益为 $\beta_{p1l}$，$\beta_{v1l}>0$。由于一阶滑模具有抖振现象，设计一种具有二阶滑模的调节机制，这也和文献［3］中的方程不同。该二阶滑模包括一阶鲁棒微分器（5-25），因此，具有二阶滑模的自适应 PD 控制器的微分方程为

$$\dot{\hat{k}}_{pla3}=-\gamma_{1l}\left(\frac{1}{s^2+2\zeta\omega_n s+\omega_n^2}(x_{1l}-x_{1l}^d)\right)(\beta_{p1l}\operatorname{sgn}(\sigma_l)+\beta_{p2l}\operatorname{sgn}(\dot{\sigma}_l)) \tag{5-59}$$

$$\dot{\hat{k}}_{vla3}=-\gamma_{2l}\left(\frac{s}{s^2+2\zeta\omega_n s+\omega_n^2}(x_{1l})\right)(\beta_{v1l}\operatorname{sgn}(\sigma_l)+\beta_{v2l}\operatorname{sgn}(\dot{\sigma}_l)) \tag{5-60}$$

其中增益 $\beta_{p1l}$，$\beta_{p2l}$，$\beta_{v1l}$，$\beta_{v2l}>0$。为了减少/消除二阶滑模的抖振现象，设计了一种具有 HOSM 的调节机制。该调节机制需要二阶鲁棒微分器，通过式（5-25）进行设计。最后，基于高阶滑模（HOSM）梯度法 MIT 规则的自适应 PD 控制器的微分方程定义为

$$\dot{\hat{k}}_{pla4} = -\gamma_{1l}\left(\frac{1}{s^2+2\zeta\omega_n s+\omega_n^2}(x_{1l}-x_{1l}^d)\right) \tag{5-61}$$

$$(\alpha_{pl}\,[\ddot{\sigma}_l + 2\,(\,|\dot{\sigma}_l\,|^3 + |\,\sigma_l\,|^2)^{1/6}\operatorname{sgn}(\dot{\sigma}_l + |\,\sigma_l\,|^{2/3}\operatorname{sgn}(\sigma_l))]\,)$$

$$\dot{\hat{k}}_{vla4} = -\gamma_{2l}\left(\frac{s}{s^2+2\zeta\omega_n s+\omega_n^2}(x_{1l})\right) \tag{5-62}$$

$$(\alpha_{vl}\,[\ddot{\sigma}_l + 2\,(\,|\dot{\sigma}_l\,|^3 + |\,\sigma_l\,|^2)^{1/6}\operatorname{sgn}(\dot{\sigma}_l + |\,\sigma_l\,|^{2/3}\operatorname{sgn}(\sigma_l))]\,)$$

其中增益 $\alpha_{pl}$，$\alpha_{vl} > 0$。

图 5－29 为基于不同自适应规则的 PD 控制器仿真结果。基于 MIT－HOSM 规则的控制误差小于基于 MIT、MIT－SM 和 MIT－2SM 规则的控制误差。可以看出，不同规则的自适应控制器均以临界阻尼形式到达 10 m 的期望高度。

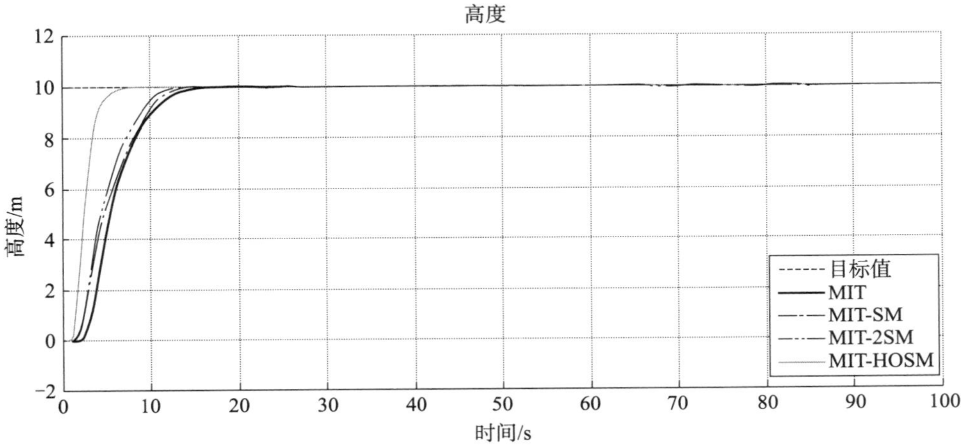


图 5－29　自适应 PD 控制器高度控制仿真结果（有干扰）（见彩插）

图 5－30 为基于不同自适应规则的 PD 控制器产生的控制器输出信号。基于 MIT－HOSM 规则产生的输出信号幅度大于 MIT－2SM 规则，但小于 MIT 和 MIT－SM 规则（见表 5－10）。

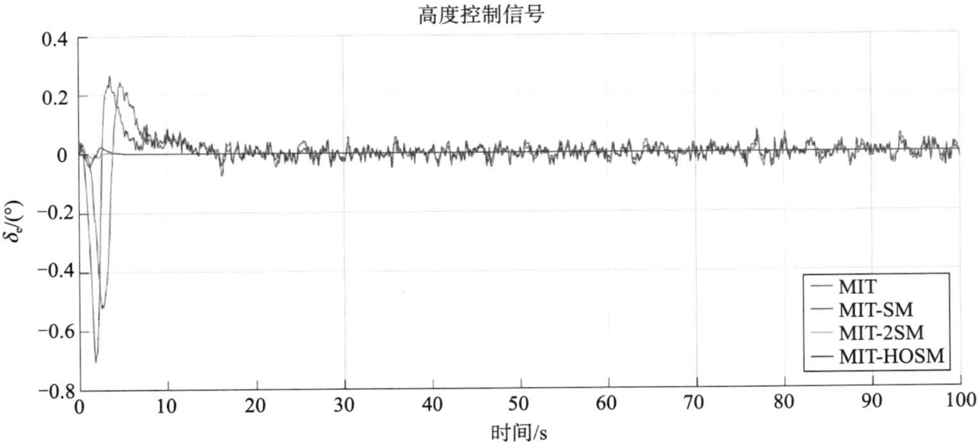


图 5－30　自适应 PD 控制器高度控制仿真控制信号（有干扰）（见彩插）

在高度控制上，控制误差最大的是基于 MIT－2SM 规则，但是其产生的作动器动作幅度也小于 MIT、MIT－SM 和 MIT－HOSM 规则（见表 5－10）。

图 5－31 给出了不同自适应规则的最小化成本函数。从图中可以看出 $J(\theta)\rightarrow 0$。图 5－32 给出了不同自适应比例增益 $\hat{k}_p$ 的性能，图 5－33 给出了不同自适应规则下微分项增益对高度控制的性能的影响。通过对控制信号的局部缩放以了解扰动对控制信号的影响，尽量降低扰动的影响，从而减少滑模控制下的抖振现象（图 5－34），因此，即使存在诸如阵风等未知扰动，基于高阶滑模的 MIT 自适应规则在高空高度控制上表现也很好。

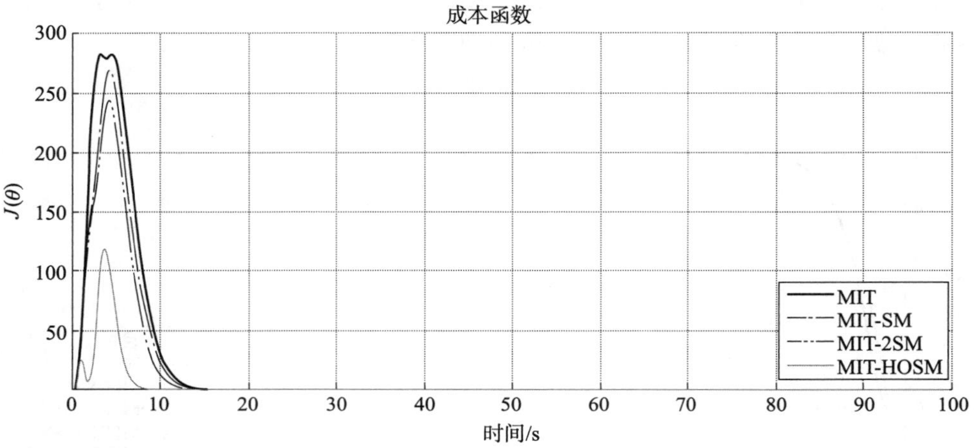


图 5－31　高度控制的最小化成本函数（有干扰）（见彩插）

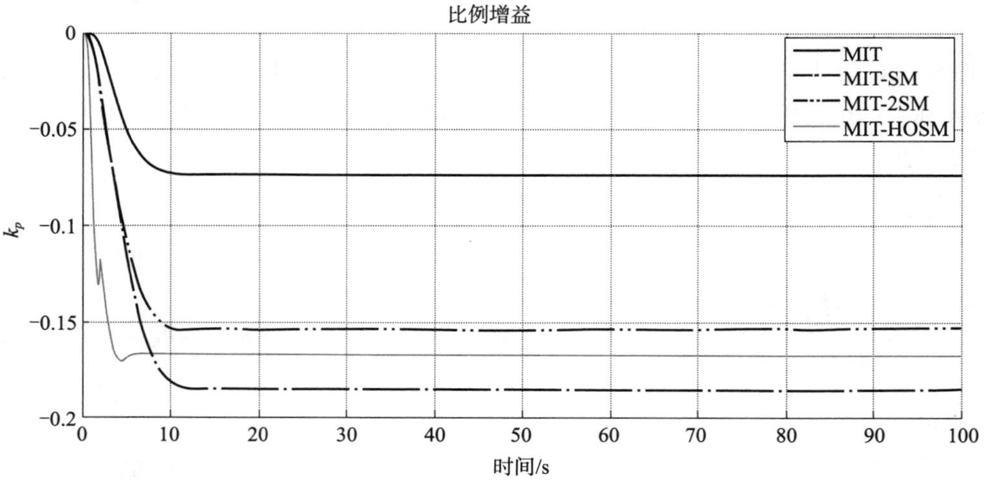


图 5－32　自适应比例项增益对高度控制的响应（有干扰）（见彩插）

图 5－35 和图 5－36 为基于滑模的自适应 PD 控制器的高度控制仿真结果，图 5－35 显示的是自适应比例项增益影响，图 5－36 显示的为自适应微分项增益影响。

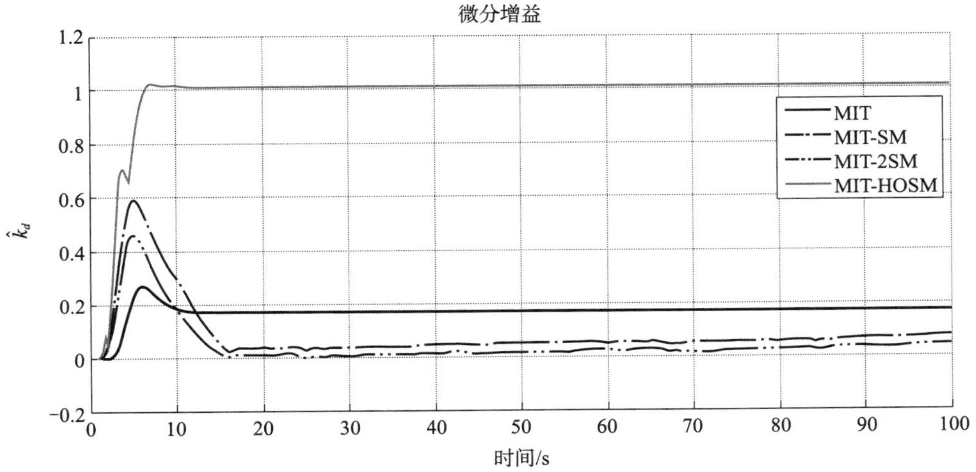


图 5－33　自适应微分项增益对高度控制的响应（有干扰）（见彩插）

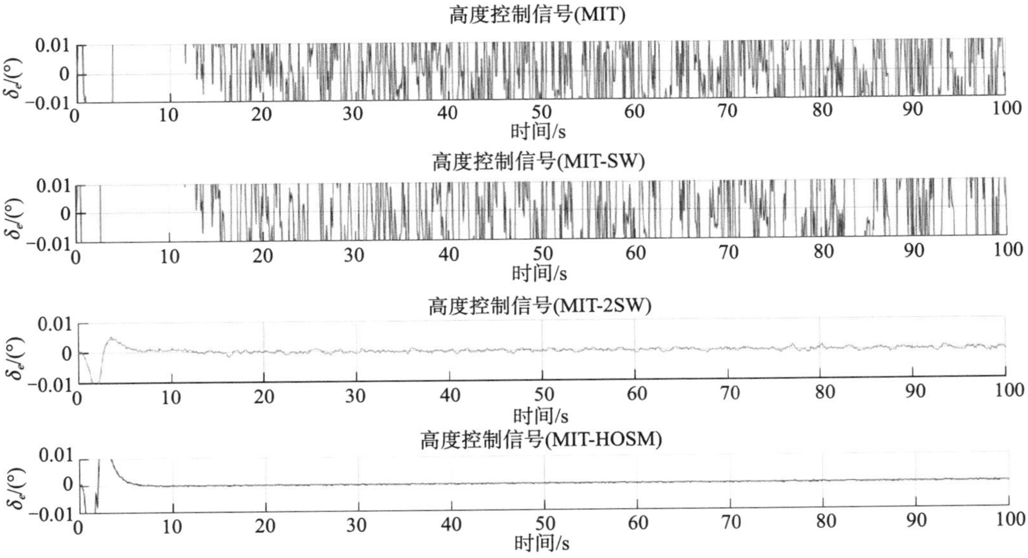


图 5－34　自适应 PD 控制器的高度控制信号（有干扰）

图 5－37 显示了基于不同调节规则的 PD 自适应控制器的仿真结果。基于 MIT HOSM 规则控制器的误差小于基于 MIT、MIT－SM 和 MIT－2SM 规则的控制器。另一方面，MIT－HOSM 规则控制器的控制信号幅度也比 MIT、MIT－SM 和 MIT－2SM 规则的更显著（见表 5－10）。图 5－38 显示了具有不同调节规则的自适应 PD 控制器的控制响应。

在偏航角控制方面，与基于 MIT、MIT－SM 和 MIT－HOSM 等规则的控制器相比，基于 MIT－2SM 规则的自适应控制器误差更大，另一方面，如表 5－10 所示，基于 MIT－2SM 规则的自适应 PD 控制器的作动器输出幅度比 MIT－SM、MIT 和 MIT－HOSM 更大。

图 5－39 为偏航角控制的最小化成本函数结果，同样 $J(\psi)\rightarrow 0$。图 5－40 给出了自适应比例控制项增益 $\hat{k}_p$ 的性能，图 5－41 为自适应微分控制项增益 $\hat{k}_v$ 的性能。

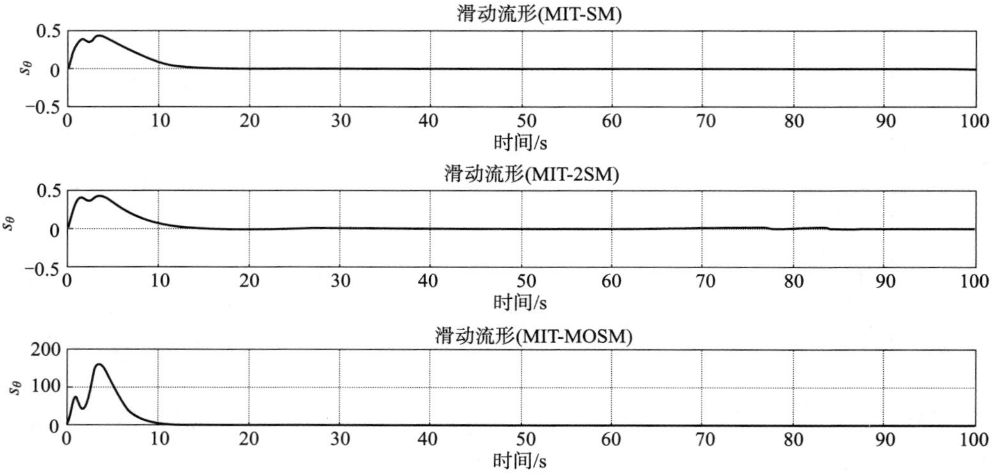


图 5-35　含自适应比例项增益的滑模控制器高度控制响应（有干扰）

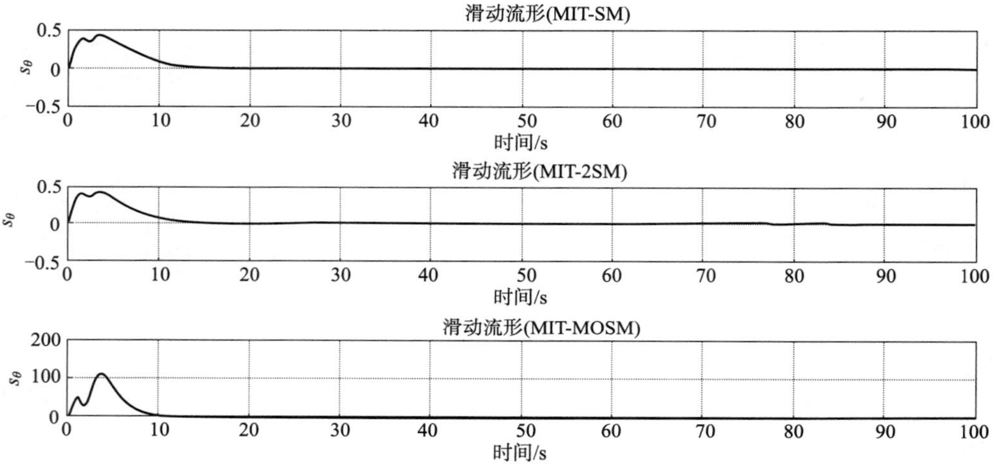


图 5-36　含自适应微分项增益的滑模控制器高度控制响应（有干扰）

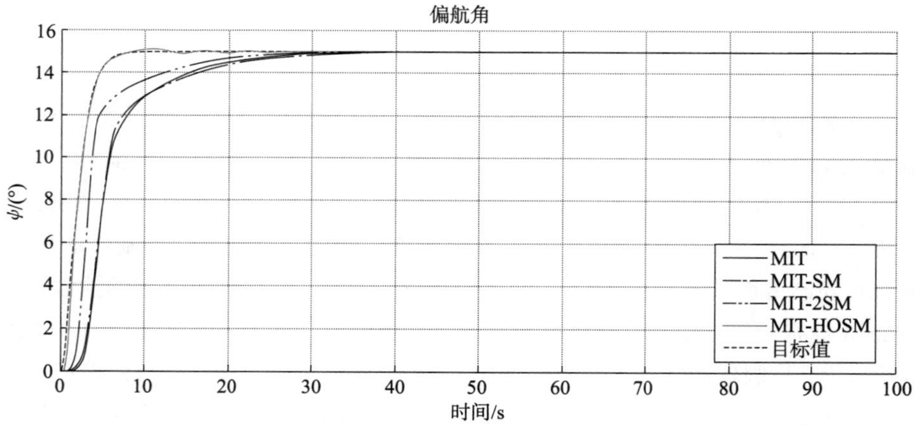


图 5-37　自适应 PD 控制器偏航角控制仿真结果（有干扰）（见彩插）

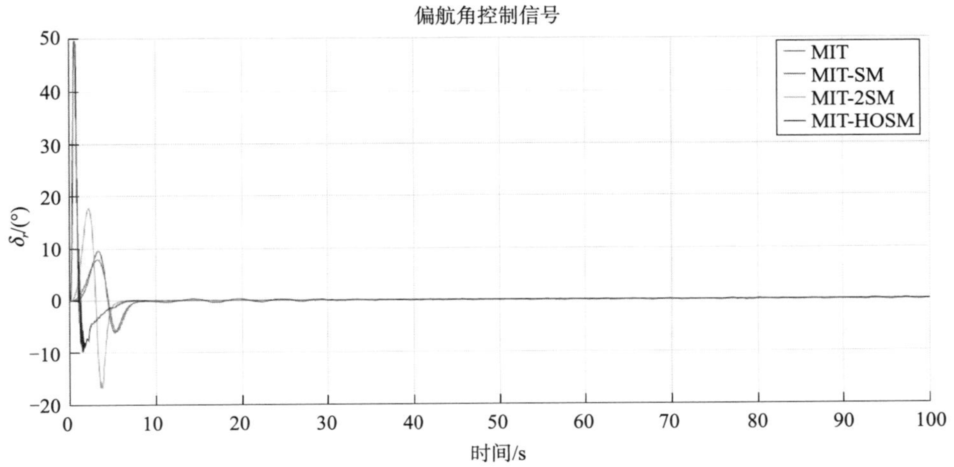


图 5－38　自适应 PD 控制器偏航角仿真控制信号（有干扰）（见彩插）

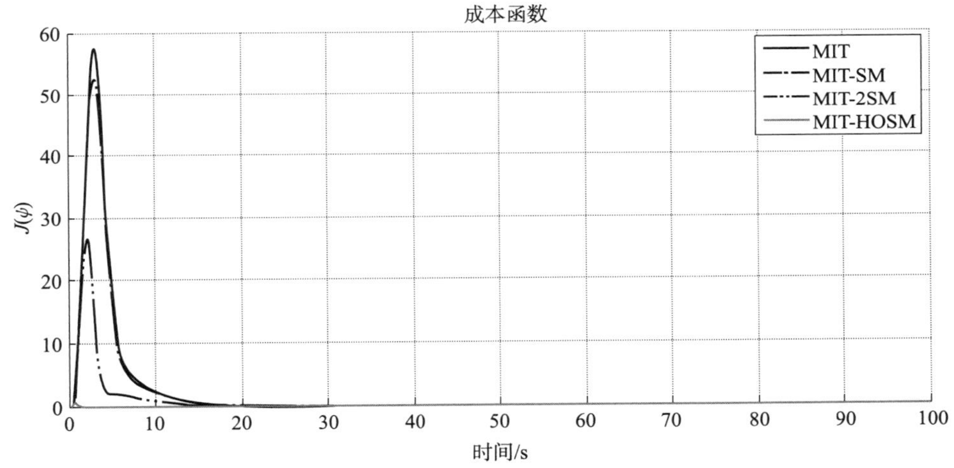


图 5－39　偏航角控制的最小化成本函数（有干扰）（见彩插）

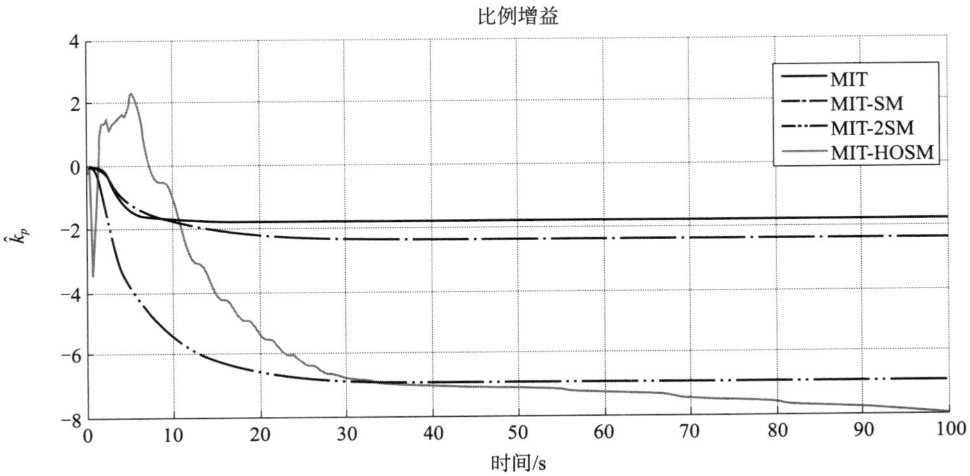


图 5－40　自适应比例项增益对偏航角控制的响应（有干扰）（见彩插）

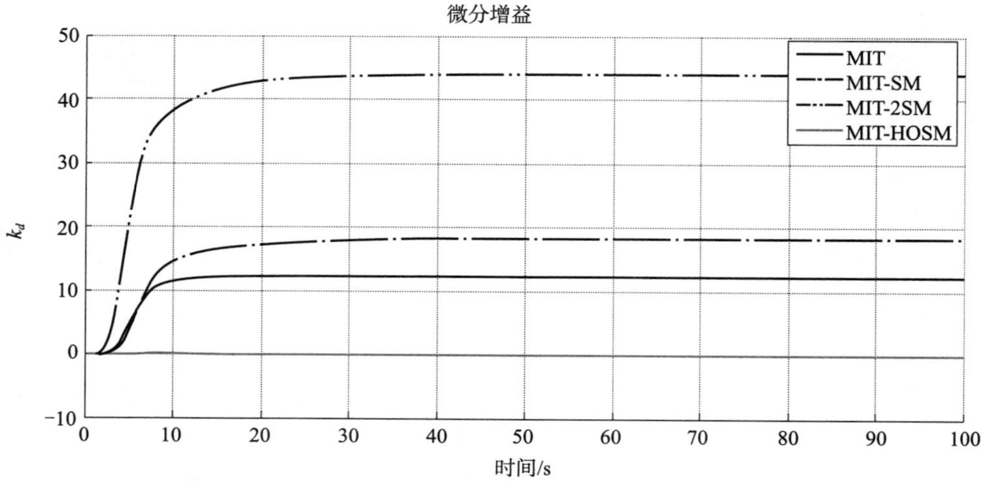


图 5-41 自适应微分项增益对偏航角控制的响应（有干扰）（见彩插）

图 5-42 为不同调整规则的自适应 PD 控制器作动器的信号输出，可以看出，有效降低了未知扰动的影响，抖动现象也有所改善。

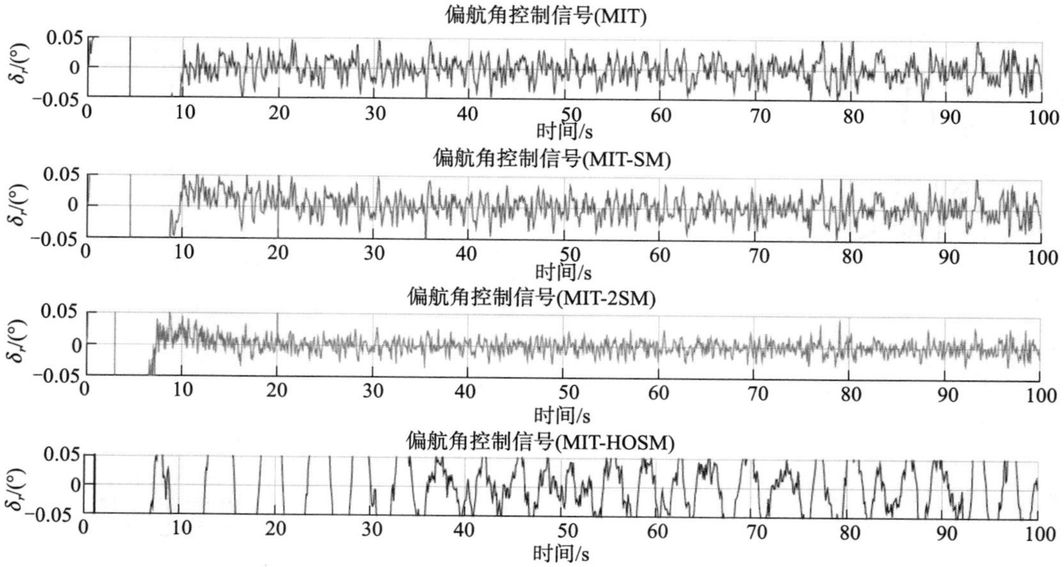


图 5-42 自适应 PD 控制器的偏航角控制信号（有干扰）

图 5-43 和图 5-44 为基于滑模的自适应 PD 控制器的对偏航控制仿真结果，图 5-43 显示的是自适应比例项增益影响，图 5-44 显示的为自适应微分项增益影响。

图 5-45 显示了基于不同调节规则的 PD 自适应控制器的仿真结果。基于 MIT HOSM 规则控制器的误差小于基于 MIT、MIT-SM 和 MIT-2SM 规则的控制器。另一方面，MIT-HOSM 规则控制器的作动器动作幅度也比 MIT、MIT-SM 和 MIT-2SM 规则的

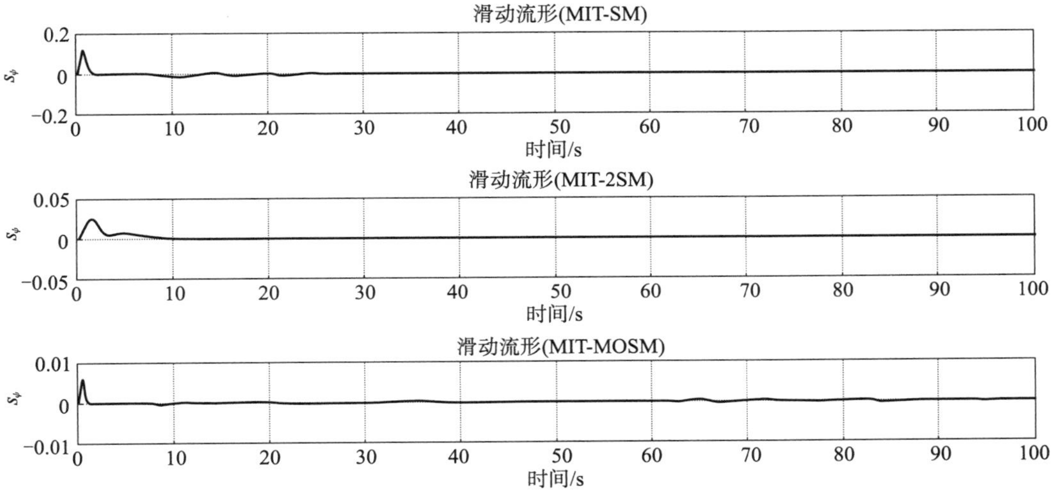


图 5－43　含自适应比例项增益的滑模控制器偏航控制响应（有干扰）

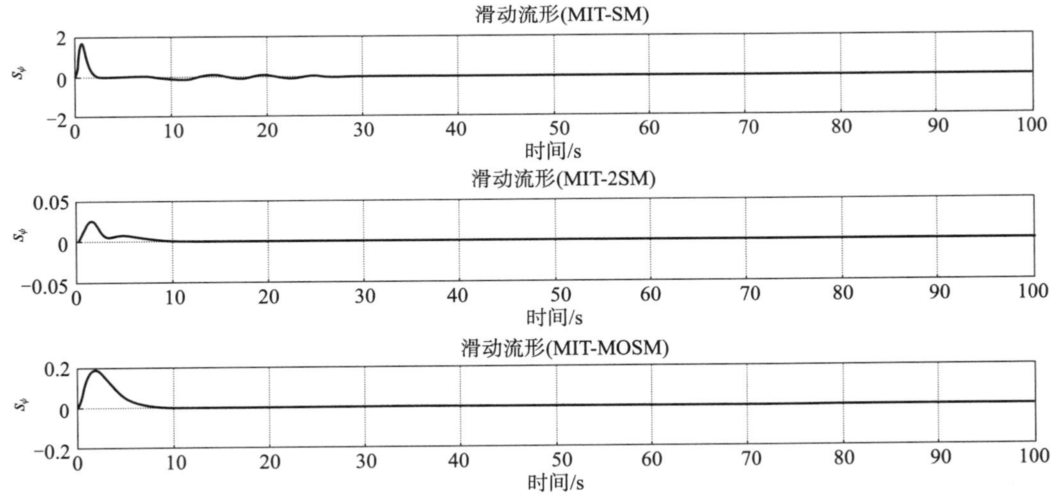


图 5－44　含自适应微分项增益的滑模控制器偏航控制响应（有干扰）

更显著（见表 5－10）。

基于 MIT 规则的调整机制如文献［3］中所述，对于滚转通道而言，基于 MIT 规则的自适应 PD 控制器控制误差大于基于 MIT－SM、MIT－2SM 和 MIT－HOSM 规则的控制器，其作动器输出大于基于 MIT－2SM 和 MIT－HOSM 规则的作动器输出，但小于基于 MIT－SM 规则的作动器输出，如图 5－46 所示。

图 5－47 为滚转角控制的最小化成本函数结果，同样 $J(\varphi) \rightarrow 0$。图 5－48 给出了自适应比例控制项增益 $\hat{k}_p$ 的性能，图 5－49 为自适应微分控制项增益 $\hat{k}_d$ 的性能。

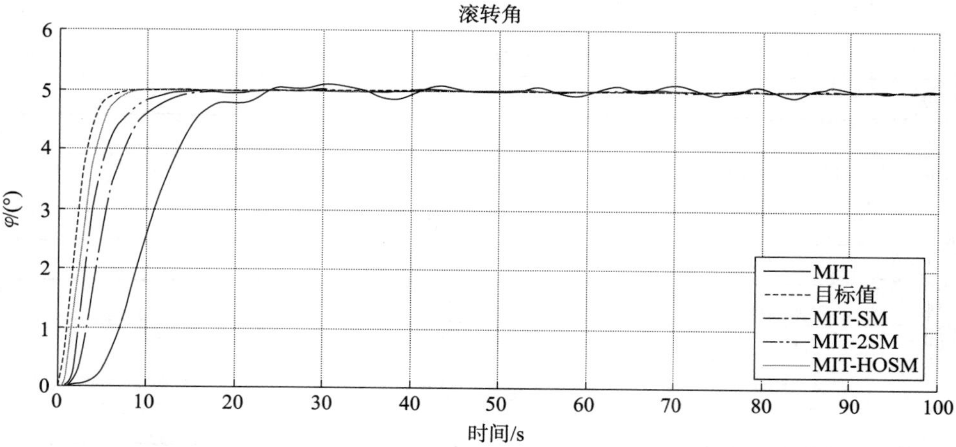


图 5-45 自适应 PD 控制器滚转角控制仿真结果（有干扰）（见彩插）

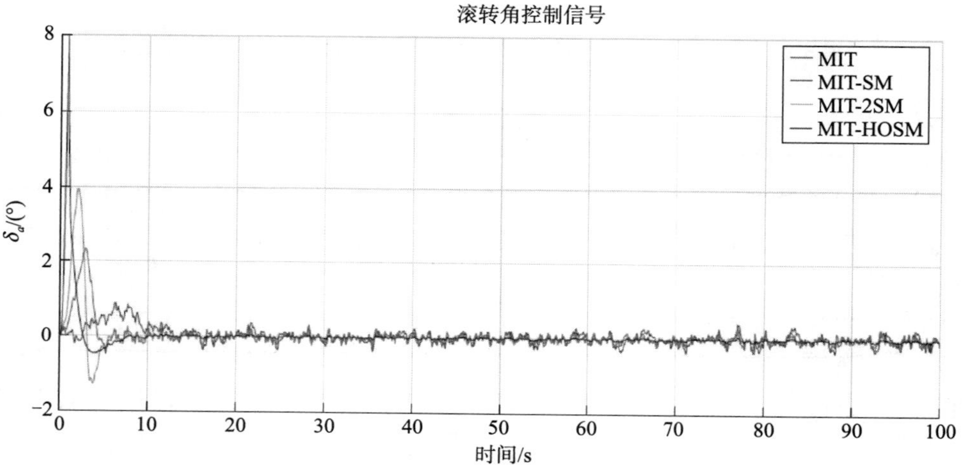


图 5-46 自适应 PD 控制器滚转角仿真控制信号（有干扰）（见彩插）

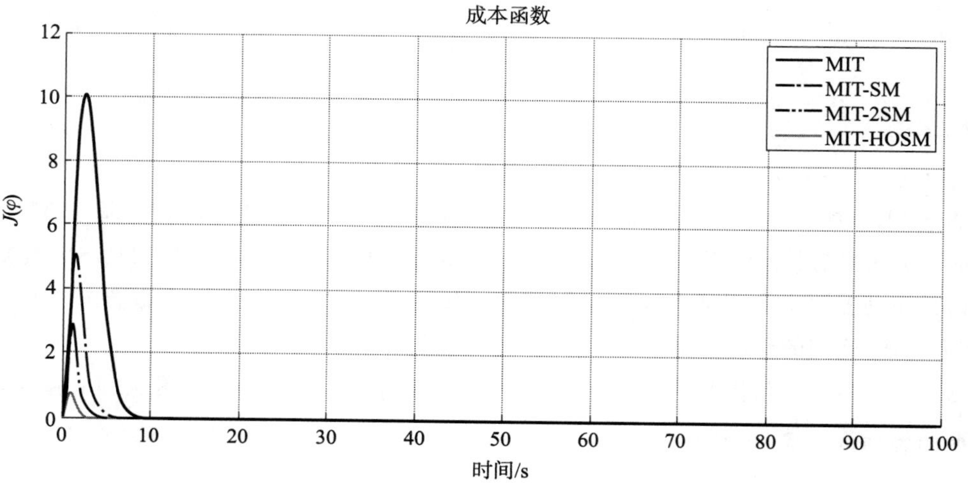


图 5-47 滚转角控制的最小化成本函数（有干扰）（见彩插）

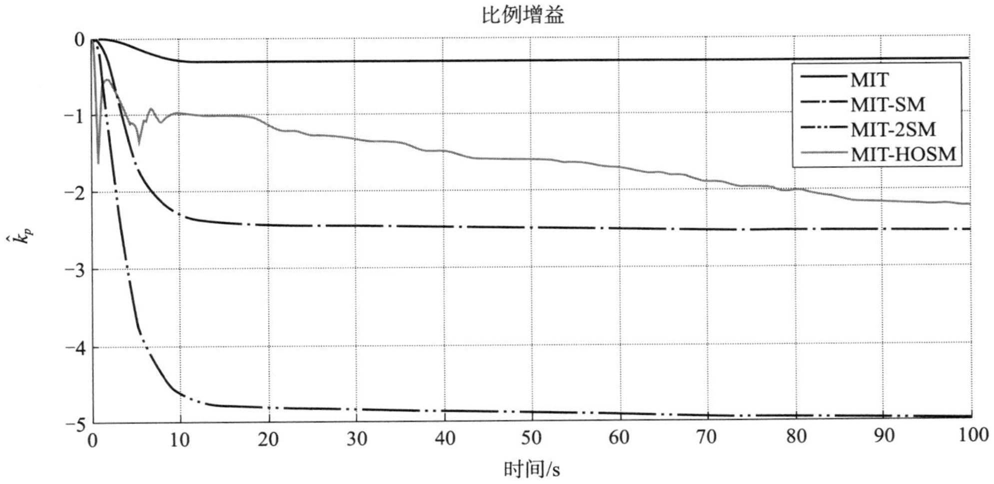


图 5-48　自适应比例项增益对滚转角控制的响应（有干扰）（见彩插）

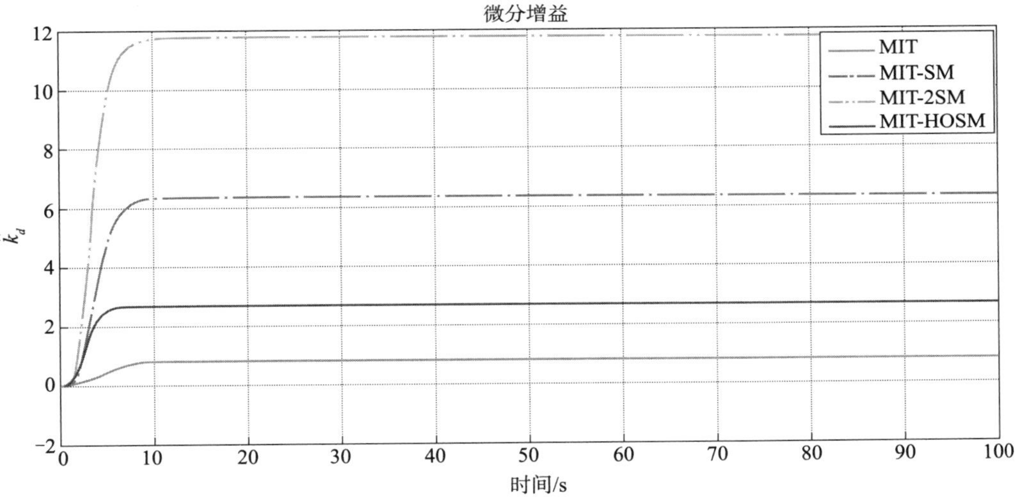


图 5-49　自适应微分项增益对滚转角控制的响应（有干扰）（见彩插）

图 5-50 为不同调整规则的自适应 PD 控制器作动器的信号输出，可以看出，有效降低了未知扰动的影响，抖动现象显著改善。

图 5-51 和图 5-52 为基于滑模的自适应 PD 控制器的对滚转控制仿真结果，图 5-51 显示的是自适应比例项增益影响，图 5-52 显示的为自适应微分项增益影响。

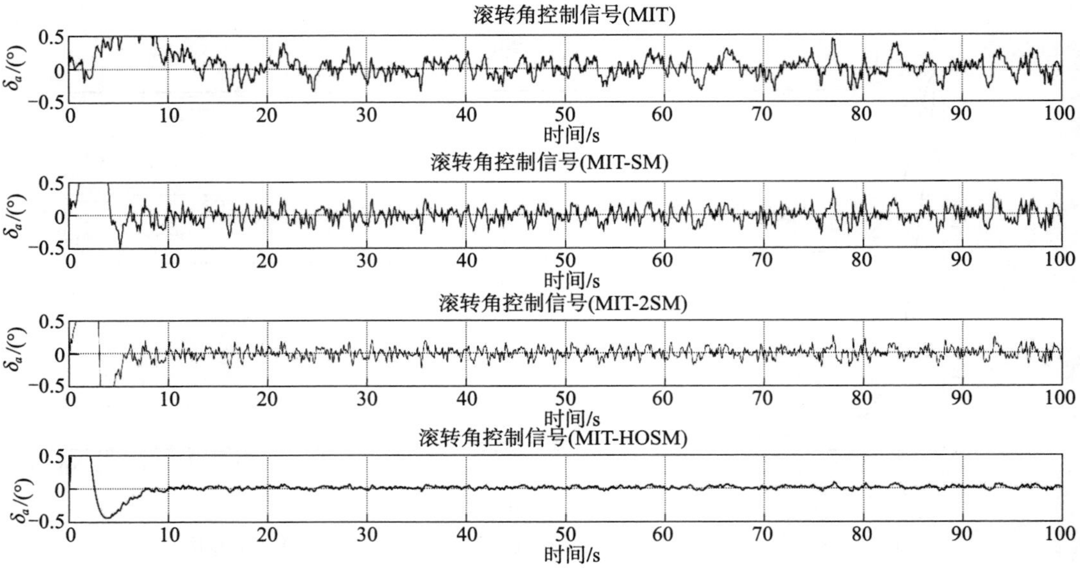


图 5-50　自适应 PD 控制器滚转角控制信号（有干扰）

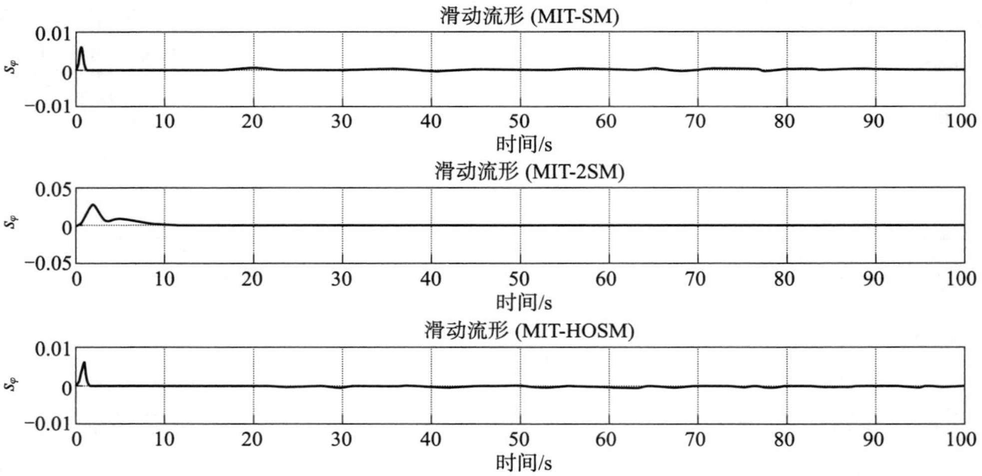


图 5-51　含自适应比例项增益的滑模控制器滚转控制响应（有干扰）

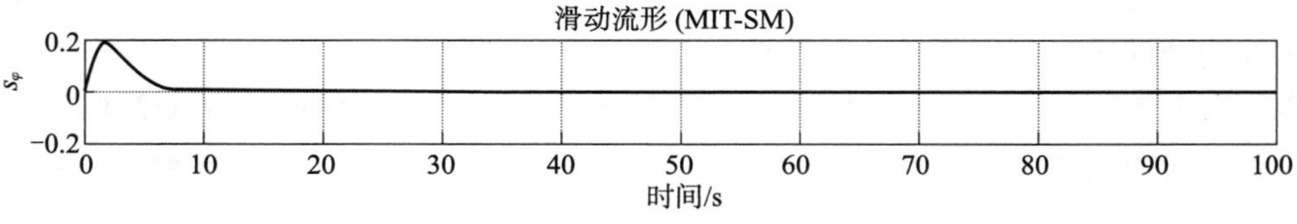


图 5-52　含自适应微分项增益的滑模控制器滚转控制响应（有干扰）

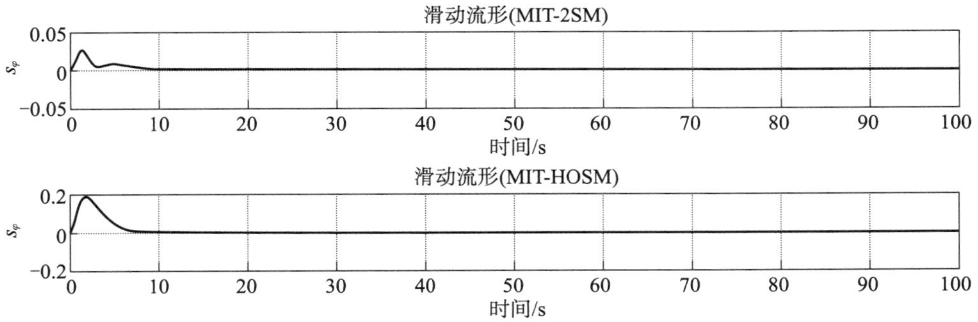


图 5－52　含自适应微分项增益的滑模控制器滚转控制响应（有干扰）（续）

**表 5－10　不同控制律的控制误差和作动器输出的 $L_2$ 范数**

| 控制器 | 高度/m | | 偏航角/(°) | | 滚转角/(°) | |
|---|---|---|---|---|---|---|
| | $L_2\ [e_\theta]$ | $L_2\ [u_\theta]$ | $L_2\ [e_\psi]$ | $L_2\ [u_\psi]$ | $L_2\ [e_\varphi]$ | $L_2\ [u_\varphi]$ |
| Nested saturation | 6.303 8 | 0.195 0 | 7.114 6 | 1.790 5 | 2.774 5 | 5.827 8 |
| Backstepping | 1.672 1 | 2.509 3 | 5.342 9 | 2.154 4 | 2.811 2 | 7.033 1 |
| SMC | 1.950 3 | 1.010 5 | 0.689 6 | 4.739 1 | 0.202 7 | 2.637 9 |
| Sat－SM | 5.666 9 | 10.917 8 | 7.027 5 | 23.687 3 | 2.443 8 | 15.776 3 |
| Sat－2SM | 4.704 4 | 1.852 1 | 7.405 2 | 8.835 1 | 2.718 1 | 10.270 0 |
| Sat－HOSM | 2.844 6 | 1.852 1 | 7.129 1 | 1.779 1 | 3.452 1 | 3.850 5 |
| Back－SM | 1.771 8 | 19.941 1 | 5.471 1 | 25.055 1 | 2.054 6 | 27.931 2 |
| Back－2SM | 2.045 2 | 6.464 3 | 5.218 7 | 1.659 8 | 3.081 7 | 22.328 0 |
| Back－HOSM | 1.950 3 | 5.397 3 | 5.342 9 | 2.154 4 | 2.615 7 | 6.654 6 |
| MIT | 0.230 1 | 0.006 8 | 0.082 0 | 0.016 9 | 0.196 4 | 0.127 2 |
| MIT－SM | 0.213 6 | 0.008 0 | 0.041 6 | 0.021 8 | 0.189 2 | 0.117 7 |
| MIT－2SM | 0.233 5 | $1.671\ 8\times10^{-4}$ | 0.186 1 | 0.209 3 | 0.176 8 | 0.352 3 |
| MIT－HOSM | 0.207 7 | $4.547\ 1\times10^{-4}$ | 0.035 9 | 0.777 4 | 0.078 0 | 2.610 1 |

## 5.11　小结

本章介绍了各种非线性控制器的设计以及一些非线性控制器的组合，无人机模型为第 3 章建立的固定翼无人机模型。分别给出了不同控制器针对不同通道的控制仿真结果，并基于向量范数进行误差分析，揭示了各个控制器的适用对象。

需要指出的是，本章针对固定翼无人机的三个基本运动：高度、偏航和滚转，基于控制器均进行了控制律的设计和误差分析。

# 第 6 章 状态观测器

本章介绍了线性和非线性状态观测器的设计，它们主要应用于高度、偏航角和滚转角的控制。6.2 节介绍了线性观测器中的互补滤波器，6.3 节介绍了基于滑模的非线性观测器，6.4 节发展了非线性扩展状态观测器，6.5 节介绍了反步观测器。

## 6.1 控制理论中的状态观测器概念和应用

控制系统无处不在，调节着各种机器、产品和制造过程。控制变量包括运动、温度、液体流量、电压、电流、扭矩等。一般可以利用数字或模拟传感器测量控制量，但也有例外。任何数字或模拟传感器都可能对控制系统产生不利影响，如信号线会降低可靠性、恶劣环境会导致信号不可靠等，测量系统还受随机噪声、低采样率和高成本的影响。

观测器是将传感器测量参数与控制系统的部分或整体模型相结合，以获得控制系统状态参数的算法。在某些情况下，观测器输出信号可能比传感器的信号更准确，计算成本更低，并且更可靠。此时观测器可以代替传感器以获得更可靠的信号。观测器输出被称为观测器信号。

参数不确定性、无法建模的外部扰动、微小测量误差、线性化误差等是无法避免的，因此，需要采用鲁棒观测器来降低上述现象的影响。设计鲁棒观测器的目的一是改善测量精度，二是观测扰动影响。因此，为受到扰动的动态系统设计鲁棒状态观测器是非常值得研究的课题。

下面我们调研了近年来针对非线性动态系统状态观测器的研究报告。文献［70］针对非线性有界不确定性，基于系统变结构方法设计了鲁棒状态观测器。然而，不能保证观测值和真实状态之间是渐近收敛的（即观测误差趋于零）。文献［19］的改进保证了观测误差的指数渐近收敛。文献［25］中，研究者使用 Riccati 方程的代数解为具有扰动的动态系统设计了一种新的鲁棒状态观测器，可以保证在某些情况下观测误差接近零，并在文献［5］中得到验证。

另一个典型的问题是传感器采样的时间延迟，这也是不稳定因素之一，时延广泛存在于化学过程、液压系统、带轴承的系统甚至国民经济中。因此，时延是控制领域重要研究方向之一。文献［16－49］介绍了针对时延的研究成果和进展。这里将讨论针对线性系统状态观测器的研究。在文献［21］中，研究者设计了时延观测器，并提出基于线性不等式设计观测器的充分条件，文献［22］研究了其应用于离散系统的情况。

文献［57］提出的中立型线性系统的降阶观测器，证明了在不考虑时延的情况下的稳定性。文献［58］提供了一种针对未知输入的观测器的设计。通过滑模观测器（SMO），基于文献［16］中的方法能应对变时延的情况。但是上述研究均基于时延及其限制已知这一假设。基于这一假设，研究者提出了多种状态观测器。大多数情况下，针对时延的研究报告均基于线性状态或者有界线性状态这一前提（参见文献［35－36］）。

需要明确的是，不确定性量的范数上限是已知的。但对控制系统，实际应用中很难知道具体上限，通常上限是未知的或部分已知的。一旦知道具体上限，就可以构造鲁棒状态观测器。

文献［34］中通过实验证明了收敛性，但未从理论上证明。在文献［12］中，针对具有扰动状态的非线性动态系统，提出了一种自适应鲁棒状态观测器，并证明了在显著的不确定性和时延情况下其渐近收敛到零。

本文提出了一种自适应鲁棒状态观测器方案。

## 6.2　互补滤波器

互补滤波器基于拉普拉斯变量设计，它涉及两个或多个相互之间互补的瞬态函数。如果传感器是一个函数 $G(s)$ 的输入，那么另一个传感器需为 $G(s)^{-1}$ 的输入，于是所有瞬态函数组合结果形成单位矩阵。互补滤波器和原滤波器配对使用，包含两个输入，一个输入包含高频噪声时，对应的互补滤波器输入包含低频噪声。

因此必须分别应用低通滤波器和高通滤波器。如果两个滤波器功能互补，则滤波器输出是无噪声的信号。假设飞行数据（如速度、加速度和航迹等）可获得，设估计速度 $\hat{\dot{x}}$ 定义如下

$$\hat{\dot{x}} = G(s)x_d + (1 - G(s))x_l \tag{6-1}$$

式中，$x_d$ 为位置的时间导数，$x_l$ 为加速度的积分。$G(s)$ 为低通滤波器，如下

$$G(s) = \frac{\alpha}{s + \alpha} \tag{6-2}$$

互补高通滤波器为

$$1 - G(s) = \frac{s}{s + \alpha} \tag{6-3}$$

## 6.3　滑模观测器

苏联研究人员曾发表了许多适用于稳定线性系统的滑模文献。在非线性系统的轨迹跟踪中，滑模控制表现出优异的鲁棒性；对于包含不确定性和扰动的系统，该方法也展现了较强的鲁棒性。

尽管理论上在应对参数不确定性方面滑动模态具有良好的性能，但较高的计算成本和抖振现象限制了其应用范围。在实践中，抖振会激发无法精确建模的高频振动并增加控制成本，高频响应可能是结构共振、作动器延迟或传感器输出错误。

滑模观测器与滑模控制器性能相似，在缺点方面，目前抖振仅存在于数值层面。

### 6.3.1 滑模面

本小节对滑模理论进行了简要介绍，讨论了不连续控制律的潜在优势。假设针对以下动态系统

$$x^{(n)}(t)=f(\boldsymbol{x};t)+b(\boldsymbol{x};t)u(t)+d(t) \tag{6-4}$$

式中，$u(t)$ 为标量控制输入，$x$ 为标量输出，$\boldsymbol{x}=[x_1, x_2, x_3, \cdots, x_{n-1}]^{\mathrm{T}}$ 为状态变量，$d(t)$ 为扰动。模型 $f(\boldsymbol{x}, t)$ 部分已知，未知部分用 $|\Delta f|$ 表示，上界为 $\boldsymbol{x}$ 和 $t$ 的已知函数。类似地，$b(\boldsymbol{x}; t)$ 为反馈增益，是 $\boldsymbol{x}$ 和 $t$ 的连续函数。假设 $f(\boldsymbol{x}, t)$ 和 $b(\boldsymbol{x}; t)$ 都是 $\boldsymbol{x}$ 的连续函数。关于 $d(t)$ 的唯一认知是其绝对值的上界。研究目标是在模型 $f(\boldsymbol{x}, t)$ 和 $b(\boldsymbol{x}; t)$ 存在不确定以及扰动 $d(t)$ 的情况下，获取状态 $\boldsymbol{x}$ 的值并达到目标状态 $\boldsymbol{x}_d=[x_d, \dot{x}_d, \cdots, \dot{x}_d^{(n-1)}]^{\mathrm{T}}$ 。假设初始状态为 $\boldsymbol{x}_d=\boldsymbol{x}$ ，控制律 $u$ 有界，因此

$$\tilde{\boldsymbol{x}}\,|_{t=0}=\boldsymbol{0} \tag{6-5}$$

其中，$\tilde{\boldsymbol{x}}:=\boldsymbol{x}-\boldsymbol{x}_d=[\tilde{x}, \dot{\tilde{x}}, \cdots, \tilde{x}^{(n-1)}]^{\mathrm{T}}$ 为跟踪误差。假设 $s(t)$ 为 $\mathbf{R}^n$ 空间内的时变滑模面且 $s(\boldsymbol{x}; t)=0$

$$s(\boldsymbol{x};t):=\left(\frac{\mathrm{d}}{\mathrm{d}t}+\lambda\right)^{n-1}\tilde{\boldsymbol{x}}, \quad \lambda>0 \tag{6-6}$$

$\lambda$ 为大于零的常数。满足初始条件式（6－5）表明是理想的轨迹跟踪，这意味着对于 $t>0$ ，$\boldsymbol{x}\equiv\boldsymbol{x}_d$ 与保持在滑动面 $s(t)$ 上等价。此外，$s\equiv 0$ 表明对于一个线性微分方程，初始条件为式（6－5）时，其唯一解为 $\tilde{\boldsymbol{x}}\equiv\boldsymbol{0}$。针对系统（6－4），考虑与 $s(t)$ 等价的控制律 $u$

$$\frac{1}{2}\frac{\mathrm{d}}{\mathrm{d}t}s^2(\boldsymbol{x};t)\leqslant-\eta\,|s| \tag{6-7}$$

其中，$\eta$ 为大于零的常数。通过不等式（6－7）可约束轨迹指向表面 $S(t)$，故称之为滑动条件。

建立式（6－6）和式（6－7）的目的是约束式（6－6）的运动范围，通过选择合适的控制律 $u$ ，使得即使模型存在不确定性和扰动的情况下也能保证 $s^2$ 为闭环系统的 Lyapunov 函数。此外，如果满足条件（6－7），这能够保证即使不满足式（6－5）（如：$\tilde{\boldsymbol{x}}\,|_{t=0}\neq\boldsymbol{0}$ ），系统也可以在小于 $\dfrac{|s(\boldsymbol{x}(0); 0)|}{\eta}$ 的时间内达到曲面 $S(t)$ ；而式（6－7）则保证了 $t\to\infty$ 时 $\tilde{\boldsymbol{x}}\to 0$。满足式（6－7）的控制律在穿过滑模面时是不连续的，在实践中表现为小的抖振现象。

在观测器的设计中研究滑模行为的主要问题是并不是所有的状态都可测量，因此，类似于式（6－6）所定义的滑动面并不合适，直观上可以通过二阶动力学模型来解决这一难题。

### 6.3.2 剪切效应和滑动面

针对二阶系统，考虑通过基于单个状态分量而非两个状态分量的组合［如式（6－6）

所示〕切换输入，使得系统产生滑移行为。系统为

$$\dot{x}_1 = x_2 \tag{6-8}$$

$$\dot{x}_2 = -k_2 \operatorname{sgn}(x_1) \tag{6-9}$$

$$\dot{x}_1 = x_2 - k_2 \operatorname{sgn}(x_1) \tag{6-10}$$

$$\dot{x}_2 = -k_2 \operatorname{sgn}(x_1) \tag{6-11}$$

其中，$k_2$ 为大于零的常数，sgn(•) 为符号函数，表明无滑移现象。因此，考虑系统

$$|x_2| \leqslant k_1 \tag{6-12}$$

其被称为滑移面。此外，设置条件

$$\frac{\mathrm{d}}{\mathrm{d}t}(x_1)^2 < 0 \tag{6-13}$$

如果式（6 - 13）成立，则其定义了一个滑移面。穿过滑移面的动力学特性可由 Filippov 定义获得，即滑移面上的动力学只能是该不连续面每侧的动力学的凸组合

$$\dot{\bar{x}}_1 = \gamma(x_2 + k_1) + (1-\gamma)(x_2 - k_1) \tag{6-14}$$

$$\dot{\bar{x}}_2 = \gamma k_1 + (1-\gamma)(-k_1) \tag{6-15}$$

$\gamma$ 取值以及对应的动力学，由滑移面本身的不变性确定

$$\dot{x}_1 = 0 \Rightarrow \dot{x}_2 = -\left(\frac{k_2}{k_1}\right) x_2 \tag{6-16}$$

因此，$x_2$ 到达滑移面后，其以指数形式趋于 0，时间常数为 $\frac{k_2}{k_1}$，同时，可以看出，轨迹起始于 $x_2$ 轴，并在 $\frac{|x_2(t=0)|}{(k_1/k_2)}$ 的短时间内抵达滑移面。通过设计 $k_1$ 和 $k_2$ 随时间的变化，可以保证从 $t=0$ 时刻即处于滑移面上

$$\frac{k_2}{k_1 \geqslant a} \tag{6-17}$$

$$k_1 > |x_x(t=0)| \mathrm{e}^{-at} \tag{6-18}$$

式中，$a = a(t)$ 是时间的任意正定函数。

### 6.3.3　系统阻尼

现在考虑如下系统

$$\dot{x}_1 = -\alpha_1 x_1 + x_2 - k_1 \operatorname{sgn}(x_1) \tag{6-19}$$

$$\dot{x}_2 = -\alpha_2 x_1 - k_2 \operatorname{sgn}(x_1) \tag{6-20}$$

基于上述分析，可以验证扩展区域的滑移条件

$$x_1 = -\alpha_1 x_1 + x_2 - k_1 \operatorname{sgn}(x_1) \tag{6-21}$$

$$x_2 = -\alpha_2 x_1 - k_2 \operatorname{sgn}(x_1) \tag{6-22}$$

阻尼项 $\alpha_1$ 增加了系统的直接吸引区域，$\alpha_2$ 项仅影响相位捕获，对滑模系统的动力学特性没有影响

$$\dot{x}_2 = -(k_2/k_1) x_2 \tag{6-23}$$

文献 [59] 针对系统

$$\ddot{x}=f \tag{6-24}$$

其中，$f$ 是具有状态不确定性的非线性函数，设计了如下形式的结构的观测器

$$\begin{aligned}\dot{\hat{x}}_1&=-\alpha_1\tilde{x}_1+\hat{x}_2-k_1\operatorname{sgn}(\hat{x}_1)\\ \dot{\hat{x}}_2&=-\alpha_2\tilde{x}_1+\hat{f}-k_2\operatorname{sgn}(\hat{x}_1)\end{aligned} \tag{6-25}$$

式中 $\tilde{x}_1=\hat{x}_1-x_1$，常数 $\alpha_j$ 为针对线性化系统所设计的 Luenberger 观测器所期望的极点位置，$k_1$ 和 $k_2$ 则为大于零的常数。

## 6.4　非线性扩展状态观测器

在文献 [37] 中，针对系统 $f$ 未知的情况提出了一种替代方法。针对系统

$$\ddot{y}=f(y,\dot{y},w)+b_0u \tag{6-26}$$

式中，$f$ 为系统的动力学模型，通常为非线性，$w$ 为未知输入扰动，$u$ 为控制信号，假设 $b_0$ 已知，$y$ 为输出度量。定义系统状态方程为

$$\begin{cases}\dot{x}_1=x_2\\ \dot{x}_2=x_3+b_0u\\ \dot{x}_3=h\\ y=x_1\end{cases} \tag{6-27}$$

其中，将 $f(y,\ \dot{y},\ w)$ 视为新引入的状态 $x_3$，在之前的研究中，$f(y,\ \dot{y},\ w)$ 及其导数 $\dot{h}=\dot{f}(y,\ \dot{y},\ w)$ 均视作未知量。但是通过将 $f(y,\ \dot{y},\ w)$ 视作状态变量，可对其进行状态估计。在文献 [37] 中介绍了如下非线性观测器

$$\begin{cases}\dot{z}_1=z_2+\beta_1g_1(e)\\ \dot{z}_2=z_3+\beta_2g_2(e)+b_0u\\ \dot{z}_3=\beta_3g_3(e)\end{cases} \tag{6-28}$$

其中，$e=y-z_1$，$z_3$ 为不确定性函数 $f(\cdot)$ 的估计，$g(\cdot)$ 是修正的指数增益函数，定义为

$$g_i(e,\alpha_i,\delta)=\begin{cases}|e|^{\alpha_i}\operatorname{sgn}(e),|e|>\delta,\\ \dfrac{e}{\delta^{1-\alpha_i}},|e|\leqslant\delta,\end{cases}\quad \delta>0 \tag{6-29}$$

其中，$0<\alpha<1$，当误差较小时，$g_i$ 增益较大；$\delta$ 的作用是限制源邻域中的增益。

## 6.5　反步观测器

考虑系统

$$\dot{x}_1=x_2 \tag{6-30}$$

$$\dot{x}_2=c_1x_2+c_2u \tag{6-31}$$

及其全阶 Luenberger 观测器

$$\dot{\hat{x}}_1=\hat{x}_2+k_1(x_1-\hat{x}_1) \tag{6-32}$$

$$\dot{\hat{x}}_2=c_1\hat{x}_2+c_2u+k_2(x_1-\hat{x}_1) \tag{6-33}$$

输出为

$$\hat{y}=\hat{x}_1 \tag{6-34}$$

定义跟踪误差为

$$z_d=\begin{bmatrix} y_d \\ \dot{y}_d \end{bmatrix},\hat{z}=\begin{bmatrix} \hat{y} \\ \dot{\hat{y}} \end{bmatrix},z=z_d-\hat{z}$$

观测误差为

$$\tilde{x}=x-\hat{x}$$

其中，$y_d$ 为期望轨迹，其两次可微，可以得到

$$\hat{y}=\hat{x}_1 \tag{6-35}$$

$$\dot{\hat{y}}=\dot{\hat{x}}=\hat{x}_2+k_1(x_1-\hat{x}_1) \tag{6-36}$$

$$\ddot{\hat{y}}=\dot{\hat{x}}_2+k_1(\dot{x}_1-\dot{\hat{x}}_1) \tag{6-37}$$

$$\ddot{\hat{y}}=c_1\hat{x}_2+c_2u+k_2(x_1-\hat{x}_1)+k_1(x_2-\hat{x}_2-k_1(x_1-\hat{x}_1)) \tag{6-38}$$

$$\ddot{\hat{y}}=c_1\hat{x}_2+c_2u+k_2\tilde{x}_1+k_1\tilde{x}_2-k_1^2\tilde{x}_1 \tag{6-39}$$

$$\ddot{\hat{y}}=c_1\hat{x}_2+c_2u+(k_2-k_1^2)\tilde{x}_1+k_1\tilde{x}_2 \tag{6-40}$$

可定义新系统为

$$z_1=y_d-\hat{y} \tag{6-41}$$

$$z_1=z_d-\hat{z}_1 \tag{6-42}$$

$$\dot{z}_1=\dot{z}_d-\dot{\hat{z}}_1 \tag{6-43}$$

$$\dot{z}_1=\dot{z}_d-\dot{\hat{z}}_2 \tag{6-44}$$

$$z_2=\dot{y}-\dot{\hat{y}} \tag{6-45}$$

$$\dot{z}_2=\ddot{y}-\ddot{\hat{y}} \tag{6-46}$$

$$\dot{z}_2=\ddot{z}_d-c_1x_2-c_2u-(k_2-k_1^2)\tilde{x}_1-k_1\tilde{x}_2 \tag{6-47}$$

$$\dot{z}_1=\dot{z}_d-\hat{z}_2 \tag{6-48}$$

$$\dot{z}_2=\ddot{z}_d-c_1x_2-c_2u-(k_2-k_1^2)\tilde{x}-k_1\tilde{x}_2 \tag{6-49}$$

基于反步方法定义第一存储函数

$$V_1(z)=\frac{1}{2}z_1^2 \tag{6-50}$$

其导数为

$$\dot{V}_1(z)=z_1\dot{z}_1=z_1(\dot{z}_d-\hat{z}_2) \tag{6-51}$$

将 $\hat{z}_2$ 视作虚拟控制输入

$$\hat{z}_2=b_1z_1+\dot{z}_d \tag{6-52}$$

将其代入 $\dot{V}_1(z)$，可以得到

$$\dot{V}_1(z)=z_1(\dot{z}_d-(b_1z_1+\dot{z}_d)) \tag{6-53}$$

$$\dot{V}_1(z)=z_1(\dot{z}_d-b_1z_1-\dot{z}_d) \tag{6-54}$$

$$\dot{V}_1(z)=-b_1z_1^2 \tag{6-55}$$

由于 $\hat{z}_2$ 同时也为一个状态，因此可以假设

$$\hat{z}_{2u}=b_1z_1+\dot{z}_d=\alpha(z) \tag{6-56}$$

因此，可以定义新的变量系统

$$\zeta=\begin{bmatrix}\zeta_1\\ \zeta_2\end{bmatrix}=\begin{bmatrix}z_1\\ \alpha(z)-\hat{z}_2\end{bmatrix} \tag{6-57}$$

则

$$\zeta_1=z_1 \tag{6-58}$$

$$\dot{\zeta}_1=\dot{z}_1 \tag{6-59}$$

$$\dot{\zeta}_1=\dot{z}_d-\hat{z}_2 \tag{6-60}$$

$$\dot{\zeta}_1=\dot{z}_d-\alpha(z)+\zeta_2 \tag{6-61}$$

$$\dot{\zeta}_1=\dot{z}_d-b_1z_1-\dot{z}_d+\zeta_2 \tag{6-62}$$

$$\dot{\zeta}_1=\zeta_2-b_1\zeta_1 \tag{6-63}$$

$$\zeta_2=\alpha(z)-\hat{z}_2 \tag{6-64}$$

$$\zeta_2=b_1\zeta_1+\dot{z}_d-\hat{z}_2 \tag{6-65}$$

$$\dot{\zeta}_2=b_1\dot{\zeta}_1+\ddot{z}_d-\dot{\hat{z}}_2 \tag{6-66}$$

$$\dot{\zeta}_2=b_1(\zeta_2-b_1\zeta_1)+\ddot{z}_d-c_1\hat{x}_2-c_2u-(k_2-k_1^2)\tilde{x}_1-k_1\tilde{x}_2 \tag{6-67}$$

对于反步设计的下一步，定义第二个存储函数为

$$V_2(\zeta)=\frac{1}{2}\zeta_1^2+\frac{1}{2}\zeta_2^2 \tag{6-68}$$

其导数为

$$\dot{V}_2(\zeta)=\zeta_1\dot{\zeta}_1+\zeta_2\dot{\zeta}_2 \tag{6-69}$$

$$\dot{V}_2(\zeta)=\zeta_1(\zeta_2-b_1\zeta_1)\zeta_2(b_1(\zeta_2-b_1\zeta_1)+\ddot{z}_d-c_1\hat{x}_2-c_2u-(k_2-k_1^2)\tilde{x}_1-k_1\tilde{x}_2) \tag{6-70}$$

$$\dot{V}_2(\zeta)=-b_1\zeta_1^2+\zeta_2(\zeta_1+b_1(\zeta_2-b_1\zeta_1)+\ddot{z}_d-c_1\hat{x}_2-c_2u-(k_2-k_1^2)\tilde{x}_1-k_1\tilde{x}_2) \tag{6-71}$$

由于其包含了系统的实际控制输入，假设

$$c_2u=b_2\zeta_2+\zeta_1+b_1(\zeta_2-b_1\zeta_1)+\ddot{z}_d-c_1\hat{x}_2-(k_2-k_1^2)\tilde{x}_1 \tag{6-72}$$

因此

$$\begin{aligned}\dot{V}_2(\zeta) = & -b_1\zeta_1^2 + \zeta_2(\zeta_1 + b_1(\zeta_2 - b_1\zeta_1) + \ddot{z}_d - c_1\hat{x}_2 \\ & -(b_2\zeta_2 + \zeta_1 + b_1(\zeta_2 - b_1\zeta_1) + \ddot{z}_d - c_1\hat{x}_2 - (k_2 - k_1^2)\tilde{x}_z) \\ & -(k_2 - k_1^2)\tilde{x}_1 - k_1\tilde{x}_2)\end{aligned} \tag{6-73}$$

$$\dot{V}_2(\zeta) = -b_1\zeta_1^2 - b_2\zeta_2^2 - k_1\zeta_2\tilde{x}_2 \tag{6-74}$$

正如文献［55］中所述，需要求解满足 Lyapunov 方程的矩阵 $\boldsymbol{P}_0 = \boldsymbol{P}_0^{\mathrm{T}} > 0$ 和矩阵 $\boldsymbol{Q}_0 = \boldsymbol{Q}_0^{\mathrm{T}} > 0$

$$(\boldsymbol{A} - \boldsymbol{KC})^{\mathrm{T}}\boldsymbol{P}_0 + \boldsymbol{P}_0(\boldsymbol{A} - \boldsymbol{KC}) = -\boldsymbol{Q}_0 \tag{6-75}$$

其观测误差为指数收敛的，具有 Lyapunov 函数的如下性质

$$\begin{aligned} & V_0(\tilde{\boldsymbol{x}}) = \tilde{\boldsymbol{x}}^{\mathrm{T}}\boldsymbol{P}_0\tilde{\boldsymbol{x}} > 0, \ \|\tilde{\boldsymbol{x}}\| \neq 0 \\ & \frac{\mathrm{d}}{\mathrm{d}t}V_0 = -\tilde{\boldsymbol{x}}^{\mathrm{T}}\boldsymbol{Q}_0\tilde{\boldsymbol{x}} < 0, \ \|\tilde{\boldsymbol{x}}\| \neq 0 \end{aligned} \tag{6-76}$$

可以取

$$\boldsymbol{Q}_0 = \begin{bmatrix} 1 & 0 \\ 0 & 1 \end{bmatrix} \tag{6-77}$$

基于方程（6－75）可以求解矩阵 $\boldsymbol{P}_0$，由于

$$\boldsymbol{A} = \begin{bmatrix} 0 & 1 \\ 0 & g_1 \end{bmatrix}, \quad \boldsymbol{K} = \begin{bmatrix} k_1 \\ k_2 \end{bmatrix}, \quad \boldsymbol{C} = [1 \quad 0]$$

代入方程（6－75）可得

$$\begin{aligned} & \left(\begin{bmatrix} 0 & 1 \\ 0 & g_1 \end{bmatrix} - \begin{bmatrix} k_1 \\ k_2 \end{bmatrix}[1 \quad 0]\right)^{\mathrm{T}} \begin{bmatrix} P_{11} & P_{12} \\ P_{21} & P_{22} \end{bmatrix} \\ & + \begin{bmatrix} P_{11} & P_{12} \\ P_{21} & P_{22} \end{bmatrix}\left(\begin{bmatrix} 0 & 1 \\ 0 & g_1 \end{bmatrix} - \begin{bmatrix} k_1 \\ k_2 \end{bmatrix}[1 \quad 0]\right) = -\begin{bmatrix} 1 & 0 \\ 0 & 1 \end{bmatrix} \end{aligned} \tag{6-78}$$

$$\begin{aligned} & \left(\begin{bmatrix} 0 & 1 \\ 0 & g_1 \end{bmatrix} - \begin{bmatrix} k_1 & 0 \\ k_2 & 0 \end{bmatrix}\right)^{\mathrm{T}} \begin{bmatrix} P_{11} & P_{12} \\ P_{21} & P_{22} \end{bmatrix} \\ & + \begin{bmatrix} P_{11} & P_{12} \\ P_{21} & P_{22} \end{bmatrix}\left(\begin{bmatrix} 0 & 1 \\ 0 & g_1 \end{bmatrix} - \begin{bmatrix} k_1 & 0 \\ k_2 & 0 \end{bmatrix}\right) = -\begin{bmatrix} 1 & 0 \\ 0 & 1 \end{bmatrix} \end{aligned} \tag{6-79}$$

$$\begin{bmatrix} -k_1 & 1 \\ -k_2 & g_1 \end{bmatrix}^{\mathrm{T}} \begin{bmatrix} P_{11} & P_{12} \\ P_{21} & P_{22} \end{bmatrix} + \begin{bmatrix} P_{11} & P_{12} \\ P_{21} & P_{22} \end{bmatrix} \begin{bmatrix} -k_1 & 1 \\ -k_2 & g_1 \end{bmatrix} = -\begin{bmatrix} 1 & 0 \\ 0 & 1 \end{bmatrix} \tag{6-80}$$

$$\begin{bmatrix} -k_1 & -k_2 \\ 1 & g_1 \end{bmatrix} \begin{bmatrix} P_{11} & P_{12} \\ P_{21} & P_{22} \end{bmatrix} + \begin{bmatrix} P_{11} & P_{12} \\ P_{21} & P_{22} \end{bmatrix} \begin{bmatrix} -k_1 & 1 \\ -k_2 & g_1 \end{bmatrix} = -\begin{bmatrix} 1 & 0 \\ 0 & 1 \end{bmatrix} \tag{6-81}$$

$$\begin{bmatrix} -k_1P_{11} - k_2P_{21} & -k_1P_{12} - k_2P_{22} \\ P_{11} + g_1P_{21} & P_{12} + g_1P_{22} \end{bmatrix} + \begin{bmatrix} -k_1P_{11} - k_2P_{12} & P_{11} + g_1P_{12} \\ -k_1P_{21} - k_2P_{22} & P_{21} + g_1P_{22} \end{bmatrix} = -\begin{bmatrix} 1 & 0 \\ 0 & 1 \end{bmatrix} \tag{6-82}$$

$$\begin{bmatrix} -2k_1P_{11}-k_2(P_{12}+P_{21}) & P_{11}+P_{12}(g_1-k_1)-k_2P_{22} \\ P_{11}+P_{21}(g_1-k_1)-k_2P_{22} & 2g_1P_{22}+P_{21}+P_{12} \end{bmatrix}=-\begin{bmatrix} 1 & 0 \\ 0 & 1 \end{bmatrix} \tag{6-83}$$

可得

$$-2k_1P_{11}-k_2(P_{12}+P_{21})=-1 \tag{6-84}$$

$$P_{11}+P_{12}(g_1-k_1)-k_2P_{22}=0 \tag{6-85}$$

$$P_{11}+P_{21}(g_1-k_1)-k_2P_{22}=0 \tag{6-86}$$

$$2g_1P_{22}+P_{21}+P_{12}=-1 \tag{6-87}$$

由式（6-85）可得 $P_{11}$ 为

$$P_{11}=k_2P_{22}-P_{12}(g_1-k_1) \tag{6-88}$$

将式（6-85）代入式（8-86），可得

$$k_2P_{22}-P_{12}(g_1-k_1)+P_{12}(g_1-k_1)-k_2P_{22}=0$$

$$P_{21}(g_1-k_1)=P_{12}(g_1-k_1)$$

$$P_{21}=P_{12} \tag{6-89}$$

将式（6-89）代入式（6-87）

$$2g_1P_{22}+P_{12}+P_{12}=-1$$

$$2g_1P_{22}=-1-2P_{12}$$

$$P_{22}=-\frac{1+2P_{12}}{2g_1} \tag{6-90}$$

另一方面，将式（6-90）代入式（6-88）

$$\begin{aligned} P_{11}&=-k_2\frac{1+2P_{12}}{2g_1}-P_{12}(g_1-k_1) \\ &=-\frac{k_2}{2g_1}-P_{12}\left(\frac{k_2}{g_1}+(g_1-k_1)\right) \end{aligned} \tag{6-91}$$

将式（6-91）代入式（6-84），可得

$$2k_1\left[\frac{k_2}{2g_1}+P_{12}\left(\frac{k_2}{g_1}(g_1-k_1)\right)\right]-2k_2P_{12}=-1$$

$$2P_{12}\left[\frac{k_1k_2}{g_1}+k_1(g_1-k_1)-k_2\right]=-1-\frac{k_1k_2}{g_1}$$

$$2P_{12}[k_1k_2+k_1(g_1-k_1)g_1-k_1g_1]=-g_1-k_1k_2$$

$$P_{12}=P_{21}=\frac{g_1+k_1k_2}{2(g_1-k_1)(k_2-g_1k_1)}$$

将 $P_{12}$ 代入式（6-90）

$$
\begin{aligned}
P_{22} &= -\frac{1}{2g_1} - \frac{1}{g_1}P_{12} \\
&= -\frac{1}{2g_1} - \frac{1}{g_1}\left(\frac{g_1 + k_1k_2}{2(g_1 - k_1)(k_2 - g_1k_1)}\right) \\
&= -\frac{1}{2g_1}\left(1 + \frac{g_1 + k_1k_2}{(g_1 - k_1)(k_2 - g_1k_1)}\right) \\
&= -\frac{1}{2g_1}\left[\frac{(g_1 - k_1)(k_2 - g_1k_1)}{(g_1 - k_1)(k_2 - g_1k_1)} + \frac{g_1 + k_1k_2}{(g_1 - k_1)(k_2 - g_1k_1)}\right] \\
&= -\frac{1}{2g_1}\,\frac{g_1[-(g_1 - k_1)k_1 + k_2 + 1]}{(g_1 - k_1)(k_2 - g_1k_1)} \\
&= \frac{(g_1 - k_1)k_1 - k_2 - 1}{2(g_1 - k_1)(k_2 - g_1k_1)}
\end{aligned}
$$

将 $P_{12}$ 和 $P_{22}$ 代入式（6－88），可得

$$
\begin{aligned}
P_{11} &= k_2\left[\frac{(g_1 - k_1)k_1 - k_2 - 1}{2(g_1 - k_1)(k_2 - g_1k_1)}\right] - \left[\frac{g_1 + k_1k_2}{2(g_1 - k_1)(k_2 - g_1k_1)}\right](g_1 - k_1) \\
&= \frac{g_1k_1k_2 - k_1^2k_2 - k_2^2 - k_2 - g_1^2 + g_1k_1 - g_1k_1k_2 + k_1^2k_2}{2(g_1 - k_1)(k_2 - g_1k_1)} \\
&= \frac{-k_2^2 - k_2 + g_1k_1 - g_1^2}{2(g_1 - k_1)(k_2 - g_1k_1)}
\end{aligned}
$$

因此矩阵 $\boldsymbol{P}_0$ 为

$$
\boldsymbol{P}_0 = \begin{bmatrix} \dfrac{-k_2^2 - k_2 + g_1k_1 - g_1^2}{2(g_1 - k_1)(k_2 - g_1k_1)} & \dfrac{g_1 + k_1k_2}{2(g_1 - k_1)(k_2 - g_1k_1)} \\ \dfrac{g_1 + k_1k_2}{2(g_1 - k_1)(k_2 - g_1k_1)} & \dfrac{(g_1 - k_1)k_1 - k_2 - 1}{2(g_1 - k_1)(k_2 - g_1k_1)} \end{bmatrix} \tag{6-92}
$$

因此若 $\boldsymbol{P}_0 > 0$，则 $P_{11} > 0$，如 $|\boldsymbol{P}_0| > 0$，则

$$
P_{11} = \frac{-k_2^2 - k_2 + g_1k_1 - g_1^2}{2(g_1 - k_1)(k_2 - g_1k_1)} > 0 \tag{6-93}
$$

如 $k_1$，$k_2 > 0$ 且 $g_1 < 0$，则可得 $P_{11} > 0$。

因 $|\boldsymbol{P}_0| > 0$，可推导

$$
|\boldsymbol{P}_0| = \frac{(-k_2^2 - k_2 + g_1k_1 - g_1^2)((g_1 - k_1)k_1 - k_2 - 1) - (g_1 + k_1k_2)^2}{4\,(g_1 - k_1)^2\,(k_2 - g_1k_1)^2} > 0 \tag{6-94}
$$

因为分母为正，因此需要

$$
(-k_2^2 - k_2 + g_1k_1 - g_1^2)((g_1 - k_1)k_1 - k_2 - 1) - (g_1 + k_1k_2)^2 > 0
$$

$$
(-k_2^2 - k_2 + g_1k_1 - g_1^2)(g_1k_1 - k_1^2 - k_2 - 1) - g_1^2 - 2g_1k_1k_2 - k_1^2k_2^2 > 0
$$

$$
-g_1k_1k_2^2 + k_1^2k_2^2 + k_2^3 + k_2^2 - 4g_1k_1k_2 + k_1^2k_2 + k_2^2 + k_2 + g_1^2k_1^2
$$

$$
-g_1k_1^3 - g_1k_1 - g_1^3k_1 + g_1^2k_1^2 + g_1^2k_2 - k_1^2k_2^2 > 0
$$

$$
(k_2 - g_1k_1)(k_1^2 + k_2^2 + 2k_2 - 2g_1k_1 + g_1^2 + 1) > 0
$$

由假设可知

$$k_1^2+k_2^2+2k_2-2g_1k_1+g_1^2+1>0$$

因此需要 $k_2-g_1k_1>0$，即

$$g_1<\frac{k_2}{k_1}$$

因此，$\boldsymbol{P}_0>0$ 须 $k_1>0$，$k_2>0$，$g_1<0$，且 $g_1<\dfrac{k_2}{k_1}$。

可以证明，如果 $V(\tilde{x})=\beta\tilde{\boldsymbol{x}}^{\mathrm{T}}\boldsymbol{P}_0\tilde{\boldsymbol{x}}>0$，则 $\dot{V}(\tilde{\boldsymbol{x}})=-\beta\tilde{\boldsymbol{x}}^{\mathrm{T}}\boldsymbol{Q}_0\tilde{\boldsymbol{x}}$，其中 $\beta$ 为设计常数

$$V(\tilde{x})=\beta[\tilde{x}_1\quad\tilde{x}_2]\begin{bmatrix}\dfrac{-k_2^2-k_2+g_1k_1-g_1^2}{2(g_1-k_1)(k_2-g_1k_1)} & \dfrac{g_1+k_1k_2}{2(g_1-k_1)(k_2-g_1k_1)}\\ \dfrac{g_1+k_1k_2}{2(g_1-k_1)(k_2-g_1k_1)} & \dfrac{(g_1-k_1)k_1-k_2-1}{2(g_1-k_1)(k_2-g_1k_1)}\end{bmatrix}\begin{bmatrix}\tilde{x}_1\\ \tilde{x}_2\end{bmatrix}$$

$$V(\tilde{x})=\beta[\tilde{x}_1\quad\tilde{x}_2]\begin{bmatrix}\dfrac{(-k_2^2-k_2+g_1k_1-g_1^2)\tilde{x}_1}{2(g_1-k_1)(k_2-g_1k_1)} & \dfrac{(g_1+k_1k_2)\tilde{x}_2}{2(g_1-k_1)(k_2-g_1k_1)}\\ \dfrac{(g_1+k_1k_2)\tilde{x}_1}{2(g_1-k_1)(k_2-g_1k_1)} & \dfrac{[(g_1-k_1)k_1-k_2-1]\tilde{x}_2}{2(g_1-k_1)(k_2-g_1k_1)}\end{bmatrix}$$

$$V(\tilde{x})=\beta\left[\frac{(-k_2^2-k_2+g_1k_1-g_1^2)\tilde{x}_1^2}{2(g_1-k_1)(k_2-g_1k_1)}+\frac{(g_1+k_1k_2)\tilde{x}_1\tilde{x}_2}{2(g_1-k_1)(k_2-g_1k_1)}\right.$$
$$\left.+\frac{(g_1+k_1k_2)\tilde{x}_1\tilde{x}_2}{2(g_1-k_1)(k_2-g_1k_1)}+\frac{[(g_1-k_1)k_1-k_2-1]\tilde{x}_2^2}{2(g_1-k_1)(k_2-g_1k_1)}\right]$$

$$V(\tilde{x})=\beta\frac{(-k_2^2-k_2+g_1k_1-g_1^2)\tilde{x}_1^2}{2(g_1-k_1)(k_2-g_1k_1)}+\beta\frac{(g_1+k_1k_2)\tilde{x}_1\tilde{x}_2}{(g_1-k_1)(k_2-g_1k_1)}$$
$$+\beta\frac{[(g_1-k_1)k_1-k_2-1]\tilde{x}_2^2}{2(g_1-k_1)(k_2-g_1k_1)}$$

$V(\tilde{x})$ 的导数为

$$\dot{V}(\tilde{x})=\beta\frac{(-k_2^2-k_2+g_1k_1-g_1^2)\tilde{x}_1\dot{\tilde{x}}_1}{(g_1-k_1)(k_2-g_1k_1)}+\beta\frac{(g_1+k_1k_2)(\tilde{x}_1\dot{\tilde{x}}_2+\tilde{x}_1\dot{\tilde{x}}_2)}{(g_1-k_1)(k_2-g_1k_1)}$$
$$+\beta\frac{[(g_1-k_1)k_1-k_2-1]\tilde{x}_2\dot{\tilde{x}}_2}{(g_1-k_1)(k_2-g_1k_1)}$$

由于

$$\dot{\tilde{x}}_1=x_2-\hat{x}_2-k_1\tilde{x}_1=\tilde{x}_2-k_1\tilde{x}_1$$

$$\dot{\tilde{x}}_2=g_1x_2+g_2u-g_1\hat{x}_2-g_2u-k_2\tilde{x}_1=g_1\tilde{x}_2-k_2\tilde{x}_1$$

将其代入 $\dot{V}(\tilde{x})$，可得

$$\dot V(\tilde x)=\beta\frac{(-k_2^2-k_2+g_1k_1-g_1^2)\tilde x(\tilde x_2-k_1\tilde x_1)}{(g_1-k_1)(k_2-g_1k_1)}$$

$$+\beta\frac{(g_1+k_1k_2)(\tilde x_1(g_1\tilde x_2-k_2\tilde x_1)+\tilde x_2(\tilde x_2-k_1\tilde x_1))}{(g_1-k_1)(k_2-g_1k_1)}$$

$$+\beta\frac{[(g_1+k_1)k_1-k_2-1]\tilde x_2(g_1\tilde x_2-k_2\tilde x_1)}{(g_1-k_1)(k_2-g_1k_1)}$$

$$\dot V(\tilde x)=\beta\frac{(-k_2^2-k_2+g_1k_1-g_1^2)\tilde x_1\tilde x_2}{(g_1-k_1)(k_2-g_1k_1)}$$

$$-\beta k_1\frac{(-k_2^2-k_2+g_1k_1-g_1^2)\tilde x_1^2}{(g_1-k_1)(k_2-g_1k_1)}$$

$$+\beta\frac{(g_1+k_1k_2)(\tilde x_2^2-k_1\tilde x_1\tilde x_2+g_1\tilde x_2\tilde x_1-k_2\tilde x_1^2)}{(g_1-k_1)(k_2-g_1k_1)}$$

$$+\beta g_1\frac{[(g_1+k_1)k_1-k_2-1)]\tilde x_2^2}{(g_1-k_1)(k_2-g_1k_1)}$$

$$-\beta k_2\frac{[(g_1-k_1)k_1-k_2-1)]\tilde x_1\tilde x_2}{(g_1-k_1)(k_2-g_1k_1)}$$

$$\dot V(\tilde x)=\beta\tilde x_1^2\left[-k_1\frac{-k_2^2-k_2+g_1k_1-g_1^2}{(g_1-k_1)(k_2-g_1k_1)}-k_2\frac{g_1+k_1k_2}{(g_1-k_1)(k_2-g_1k_1)}\right]$$

$$+\beta\tilde x_1\tilde x_2\left[\frac{(-k_2^2-k_2+g_1k_1-g_1^2)}{(g_1-k_1)(k_2-g_1k_1)}+\frac{(g_1+k_1k_2)(g_1-k_1)}{(g_1-k_1)(k_2-g_1k_1)}\right.$$

$$\left.-k_2\frac{[(g_1-k_1)k_1-k_2-1]}{(g_1-k_1)(k_2-g_1k_1)}\right]$$

$$+\beta\tilde x_2^2\left[\frac{(g_1+k_1k_2)}{(g_1-k_1)(k_2-g_1k_1)}+g_1\frac{(g_1-k_1)k_1-k_2-1}{(g_1-k_1)(k_2-g_1k_1)}\right]$$

$$\dot V(\tilde x)=-\beta\tilde x_1^2\left[\frac{(g_1-k_1)(k_2-g_1k_1)}{(g_1-k_1)(k_2-g_1k_1)}\right]+\beta\tilde x_1\tilde x_2\left[\frac{0}{(g_1-k_1)(k_2-g_1k_1)}\right]$$

$$+\beta\tilde x_2^2\left[-\frac{(g_1-k_1)(k_2-g_1k_1)}{(g_1-k_1)(k_2-g_1k_1)}\right]$$

$$=-\beta\tilde x_1^2-\beta\tilde x_2^2$$

因此，Lyapunov 函数可定义为

$$V_L(\zeta,\tilde{\boldsymbol x})=V_2(\zeta)+\beta\,\tilde{\boldsymbol x}^{\mathrm T}\boldsymbol P_0\tilde{\boldsymbol x},\quad \beta>0 \tag{6-95}$$

则其导数为

$$\dot V_L(\zeta,\tilde x)=-b_1\zeta_1^2-b_2\zeta_2^2-k_1\zeta_1\,\tilde x_2-\beta\,\tilde x_1^2-\beta\,\tilde x_2^2 \tag{6-96}$$

将其改写成矩阵形式

$$\dot{V}_L(\zeta,\tilde{x}) = -\begin{bmatrix}\zeta_1 & \zeta_2 & \tilde{x}_1 & \tilde{x}_2\end{bmatrix}\begin{bmatrix} b_1 & 0 & 0 & 0 \\ 0 & b_2 & 0 & \frac{k_1}{2} \\ 0 & 0 & \beta & 0 \\ 0 & \frac{k_1}{2} & 0 & \beta \end{bmatrix}\begin{bmatrix}\zeta_1 \\ \zeta_2 \\ \tilde{x}_1 \\ \tilde{x}_2\end{bmatrix} \tag{6-97}$$

令

$$\boldsymbol{M}_V = \begin{bmatrix} b_1 & 0 & 0 & 0 \\ 0 & b_2 & 0 & \frac{k_1}{2} \\ 0 & 0 & \beta & 0 \\ 0 & \frac{k_1}{2} & 0 & \beta \end{bmatrix} \tag{6-98}$$

则 $\boldsymbol{M}_V$ 必须正定（$\boldsymbol{M}_V > 0$）才能使得 $\dot{V}_L(\zeta,\tilde{x}) < 0$。通过推导可知 $b_1$，$b_2$，$k_1$，$\beta > 0$，因此如果 $\boldsymbol{M}_V > 0$，则 $|\boldsymbol{M}_V| > 0$，通过计算可知

$$|\boldsymbol{M}_V| = b_1\left[b_2\beta^2 + \frac{k_1}{2}\left(-\frac{k_1\beta}{2}\right)\right] > 0$$

$$b_1 b_2 \beta^2 - \frac{k_1^2\beta b_1}{4} > 0 \tag{6-99}$$

$$\beta > \frac{k_1^2}{4b_2}$$

## 6.6 观测器仿真结果

本节介绍了 Luenberger、SMO 和 NESO 观测器的仿真结果，仿真时分别基于 PD 和反步控制两种控制律比较了不同观测器的性能。

### 6.6.1 带观测器的 PD 控制器

首先基于基本的 PD 控制器对三个观测器进行测试和分析。由于观测器可以对系统中所有状态进行估计，通过将状态估计反馈给 PD 控制器，控制器可对系统的位置和速度进行调节。因此，通过将状态估计反馈给 PD 控制器，可以对观测器的性能进行评估。

对于俯仰通道而言，如第 4 章所述，控制对象是无人机的高度，因此定义误差为 $e_h = h_d - h$，即为期望高度 $h_d$ 和当前测量高度 $h$ 之间的差。既然俯仰控制与俯仰通道的运动相关，定义 $\theta_d = \arctan\left(\frac{e_h}{l}\right)$，即取决于高度控制误差的角度俯仰，PD 控制器的信号为

$$u = k_{pj}(e_j) + k_{vj}(\dot{e}_j) \tag{6-100}$$

式中，$k_{pj}$ 和 $k_{vj}$ 为 PD 控制器[52,42]的控制增益。参数 $j$ 用于代表不同的运动，可为 $\theta$，$\psi$ 或

$\varphi$ ，如对于高度控制，$e_\theta = \theta_d - \hat{\theta}$ 。

对于偏航和滚转通道，同样使用如式（6 - 100）的 PD 控制器结构，误差分别定义为 $e_\psi = \psi_d - \hat{\psi}$ 和 $e_\varphi = \varphi_d - \hat{\varphi}$ ，其中 $\psi_d$ 和 $\varphi_d$ 为期望偏航角和滚转角，$\hat{\psi}$ 和 $\hat{\varphi}$ 则由 Luenberger、SMO 或 NESO 观测器获得。

此外，对于高度控制，定义 $\dot{e}_\theta = \dot{\theta}_d - \dot{\hat{\theta}} = \dot{\theta}_d - \hat{q}$ ，其中 $\hat{q}$ 由 Luenberger、SMO 或 NESO 观测器获得；对于偏航和滚转运动思路相同。

### 6.6.2　带观测器的反步控制器

考虑形如参考文献［41］中针对反步控制器建立的一般系统模型

$$\dot{x}_1 = f_b(x_1) + g_b(x_1)x_2 \tag{6-101}$$

$$\dot{x}_2 = f_a(x_1, x_2) + g_a(x_1, x_2)u \tag{6-102}$$

式中，$f_b$，$f_a$，$g_b$ 和 $g_a$ 为已知参数，$f_b$ 和 $g_b$ 为定义在 $D$（$D \subset \mathbb{R}^2$）上的映射：$f_b$：$D \to \mathbb{R}$，$g_b$：$D \to \mathbb{R}^2$，且 $x_1 = 0$ 时 $f_b(0) = 0$。如果在感兴趣区域内 $g_a(x_1, x_2) \neq 0$，则输入为

$$u = \frac{1}{g_a(x_1, x_2)}(u_a - f_a(x_1, x_2)) \tag{6-103}$$

则式（6 - 102）变为积分器 $\dot{x}_2 = u_a$ 。如果状态反馈控制律在 $\xi(\eta)$ 稳定，且存在 Lyapunov 函数 $V(\eta)$，使得文献［41］中的反步控制条件满足式（6 - 101）定义的系统，则状态反馈控制律式（6 - 103）能够稳定系统式（6 - 101）～式（6 - 102）。

基于本书介绍的二阶系统观测器的动力学特性，针对飞机所建立的解耦模型，其 $f_b = 0$ ，$g_b = 1$，同时能够满足 $f_b(0) = 0$

### 6.6.3　带观测器的滚转通道 PD 控制仿真

针对滚转和偏航通道仿真，初始期望角度误差设为 10°，期望角为 0°，通常仿真时间设为 10 s。

图 6 - 1 为三种状态观测器（Luenberger、SMO 和 NESO）的滚转通道仿真结果；均使用 PD 控制器。

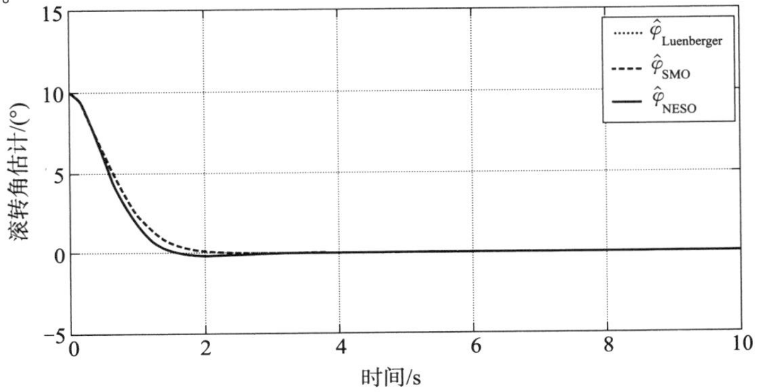


图 6 - 1　三种状态观测器的滚转角估计（见彩插）

图 6－2 为三种状态观测器得到的滚转角速度曲线。

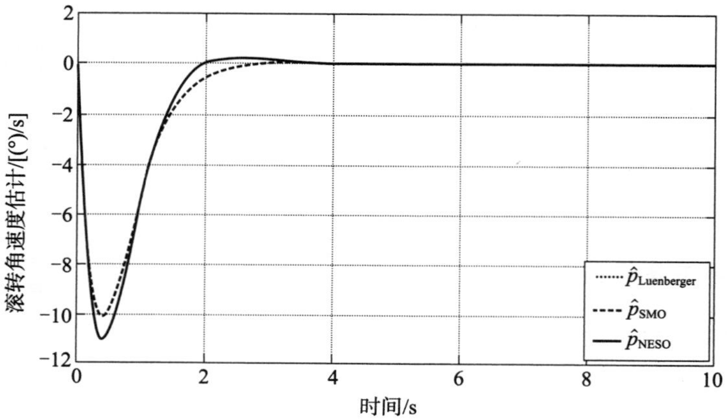


图 6－2　三种状态观测器的滚转角速度估计（见彩插）

图 6－3 和图 6－4 分别为三种状态观测器的角估计误差和角速度估计误差，图 6－5 为 NESO 观测器的扩展状态。

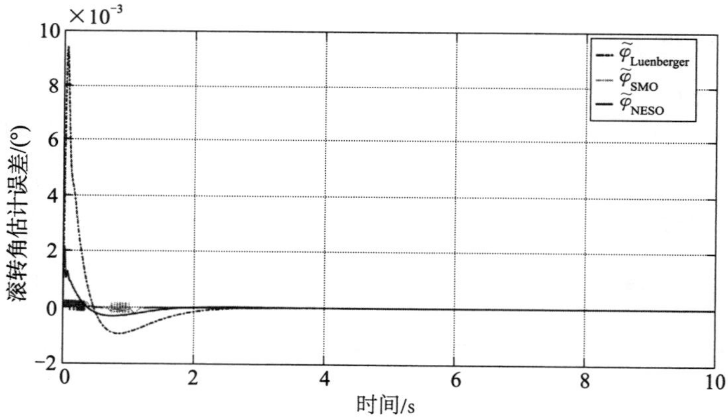


图 6－3　三种状态观测器的滚转角估计误差（见彩插）

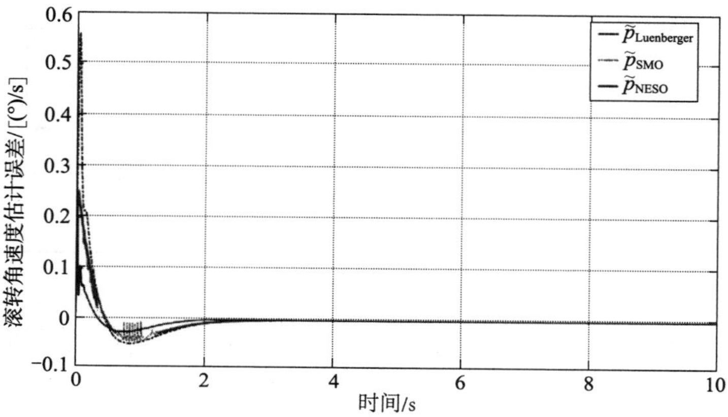


图 6－4　三种状态观测器的滚转角速度估计误差（见彩插）

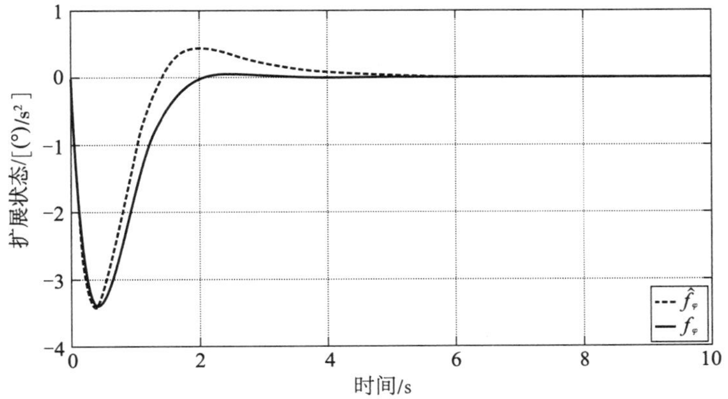


图 6-5　NESO 的扩展状态（见彩插）

图 6-6 为滚转通道仿真的 PD 控制器控制信号。

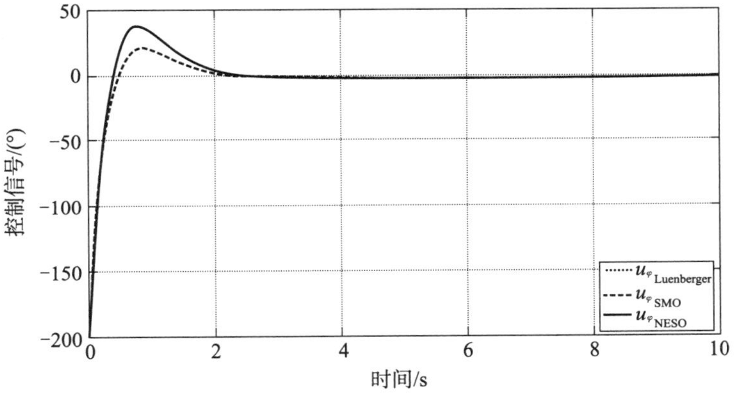


图 6-6　滚转通道 PD 控制信号（见彩插）

### 6.6.4　带观测器的偏航通道 PD 控制仿真

下面给出了采用 PD 控制器的偏航通道仿真结果。图 6-7 为三种状态观测器的偏航角的观测结果。

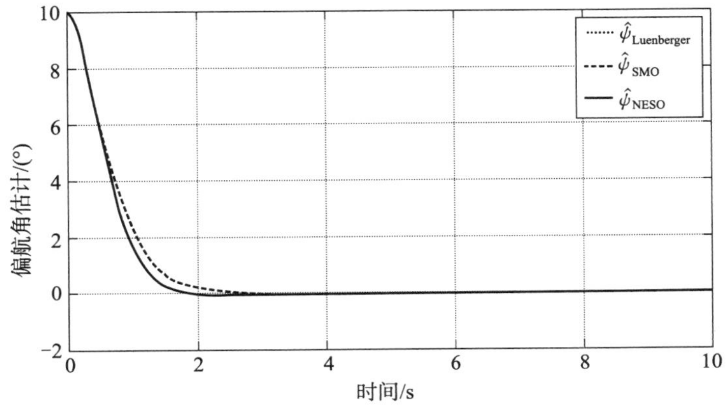


图 6-7　三种观测器的偏航角估计

图 6－8 为三种观测器输出的偏航角速度曲线，图 6－9 和图 6－10 分别为偏航角估计误差和偏航角速度估计误差的仿真结果。图 6－11 为 NESO 观测器的扩展状态。图 6－12 为基于三种观测器的 PD 控制器偏航控制信号。

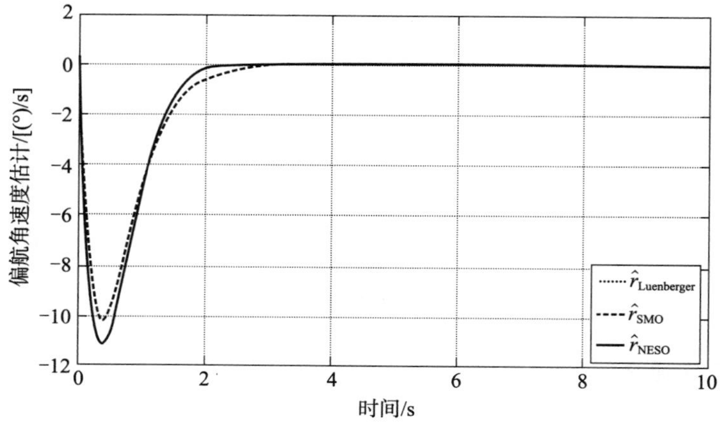


图 6－8　三种观测器的偏航角速度估计

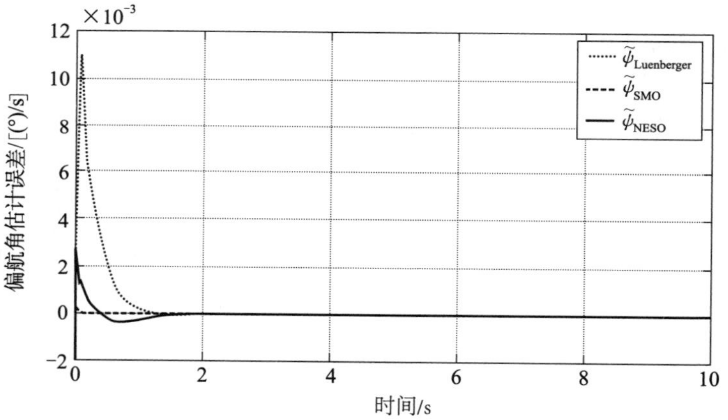


图 6－9　三种状态观测器的偏航角估计误差

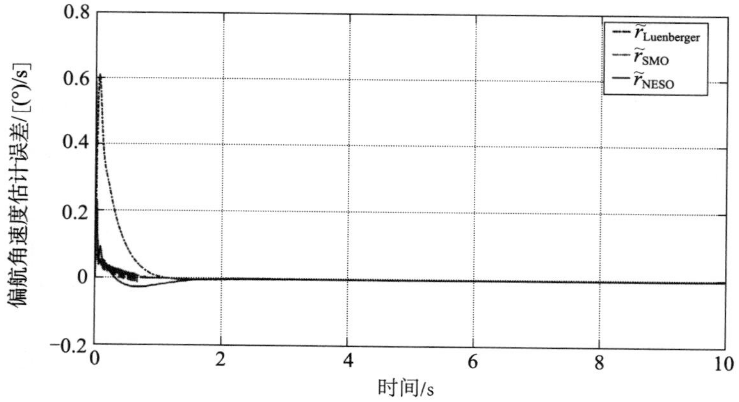


图 6－10　三种状态观测器的偏航角速度估计误差

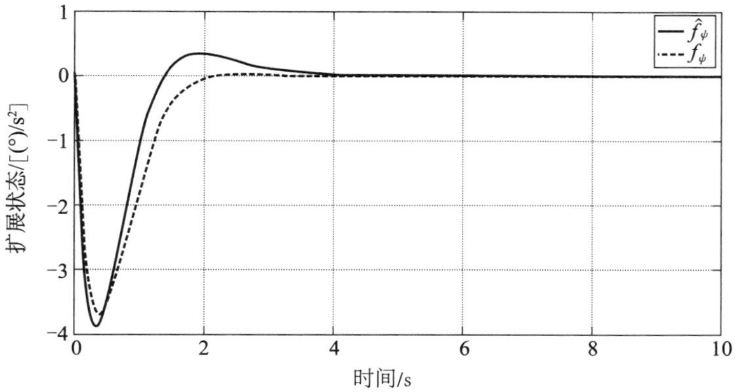


图 6-11　偏航运动的扩展状态

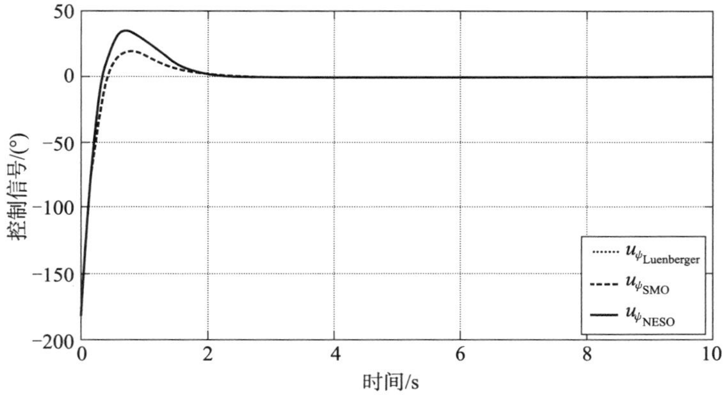


图 6-12　偏航通道 PD 控制信号

### 6.6.5　带观测器的高度 PD 控制仿真

本节给出了基于三种高度观测器的高度控制仿真结果，图 6-13 给出了三种观测器的俯仰角估计结果。图 6-14 为三种观测器的俯仰角速度估计，图 6-15 和图 6-16 分别为俯仰角和俯仰角速度的估计误差，图 6-17 为 NESO 观测器的高度扩展状态。

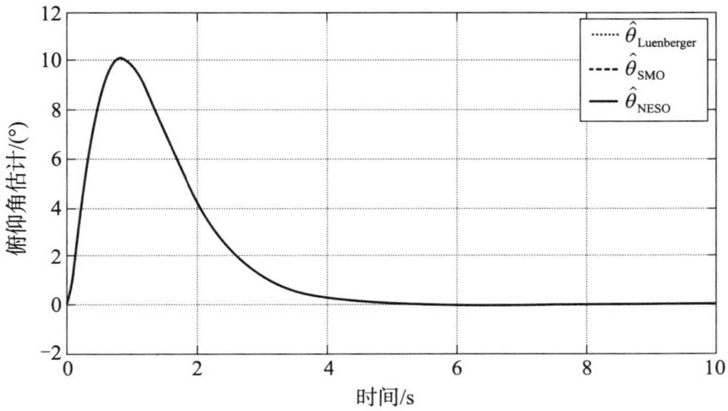


图 6-13　三种状态观测器的俯仰角估计

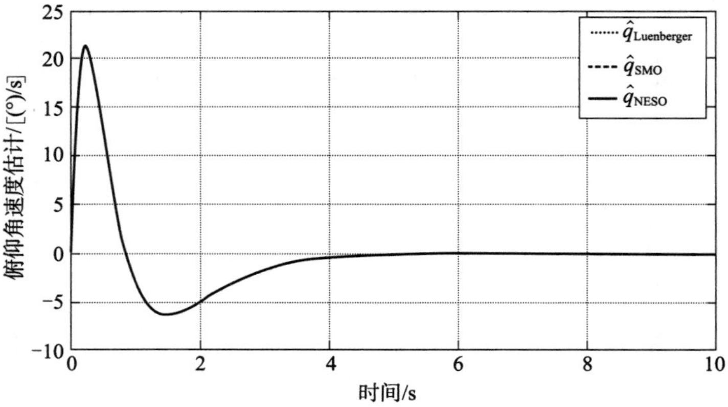


图 6-14　三种状态观测器的俯仰角速度估计

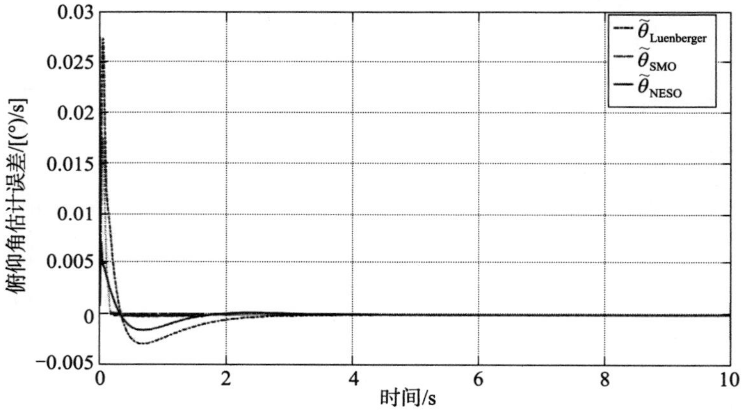


图 6-15　三种状态观测器的俯仰角估计误差

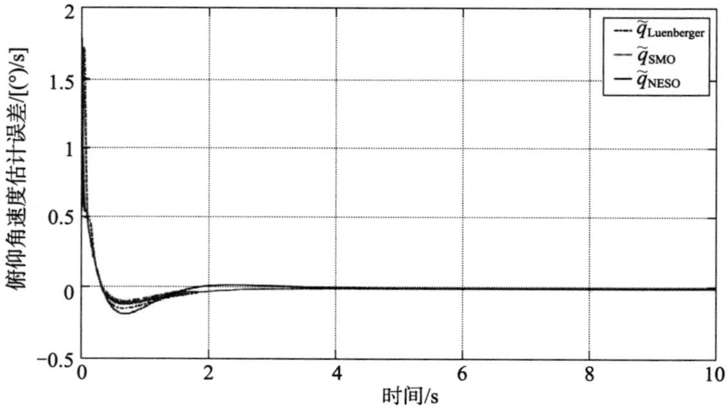


图 6-16　三种状态观测器的俯仰角速度估计误差

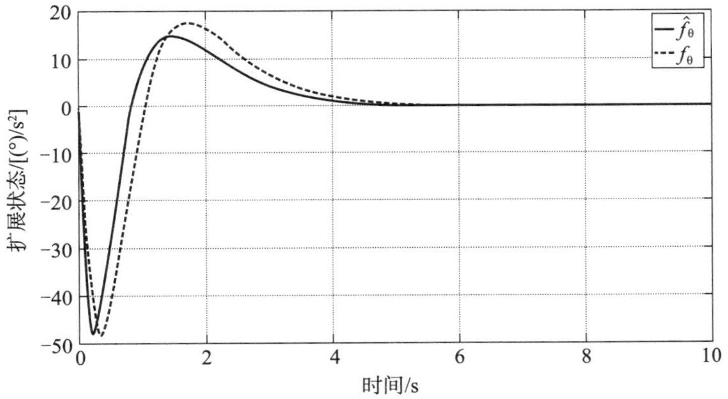


图 6-17　俯仰运动的扩展状态

对于高度控制仿真，状态观测器的输出作为 PD 控制器的输入，设置初始高度从零开始（相对于无人机初始高度），期望高度相对于初始高度为 5 m，高度仿真结果如图 6-18 所示。图 6-19 为三种观测器的 PD 控制器控制输出。

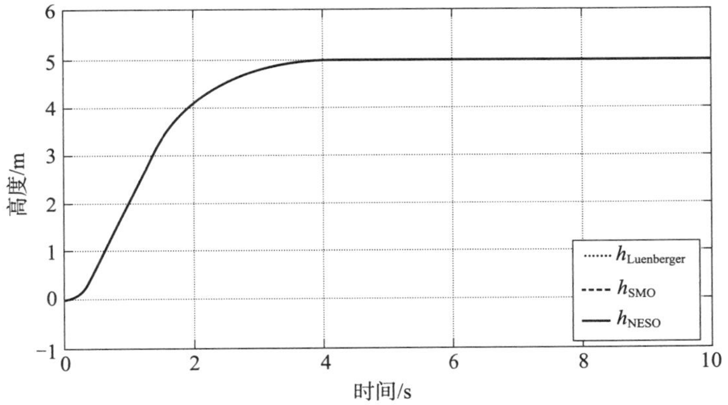


图 6-18　基于三种观测器的高度控制仿真结果

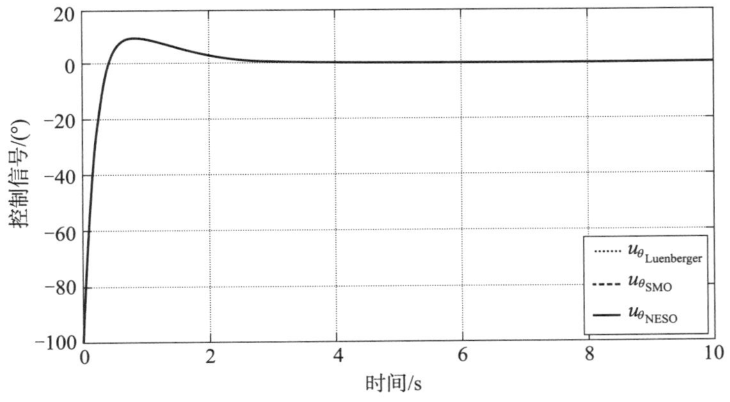


图 6-19　俯仰通道仿真控制信号

### 6.6.6　带观测器的滚转通道反步控制仿真

通过将状态观测器的输出反馈至反步控制器，本节给出了三种状态观测器（Luenberger、SMO 和 NESO）的滚转通道控制仿真结果，图 6－20 和图6－21 分别为滚转角和滚转角速度估计。图 6－22 和图 6－23 别为滚转角和滚转角速度的估计误差，图 6－24 为 NESO 观测器的滚转运动扩展状态。

图 6－25 为基于三种观测器的 PD 控制器控制输出。

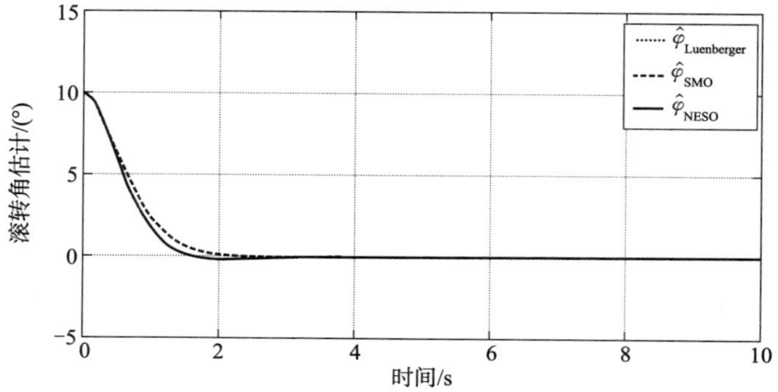


图 6－20　三种状态观测器的滚转角估计

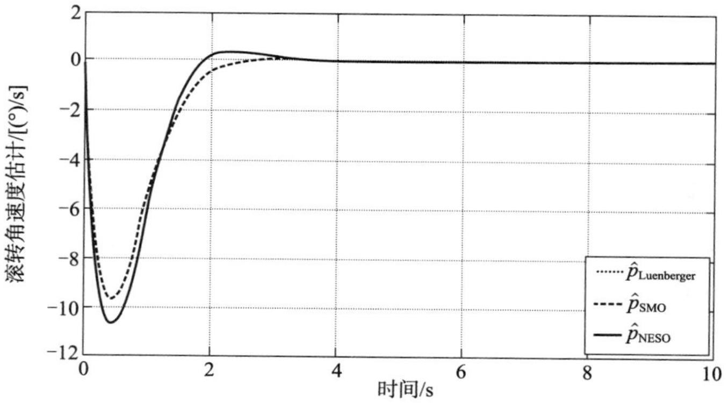


图 6－21　三种状态观测器的滚转角速度估计

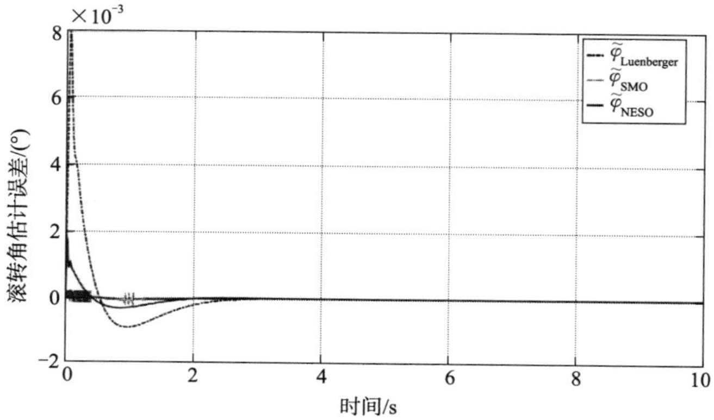


图 6－22　三种状态观测器的滚转角估计误差

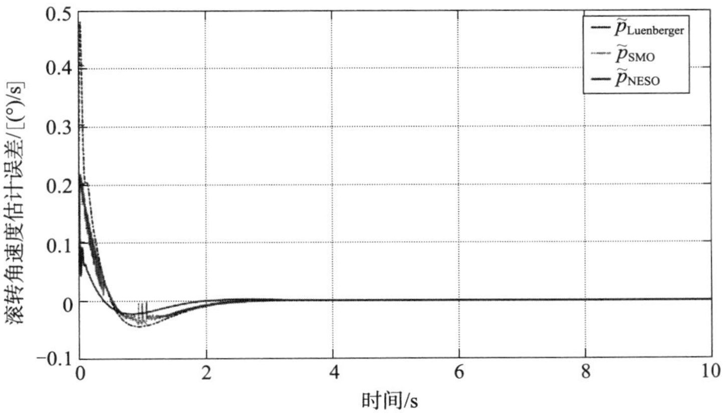


图 6-23 三种状态观测器的滚转角速度估计误差

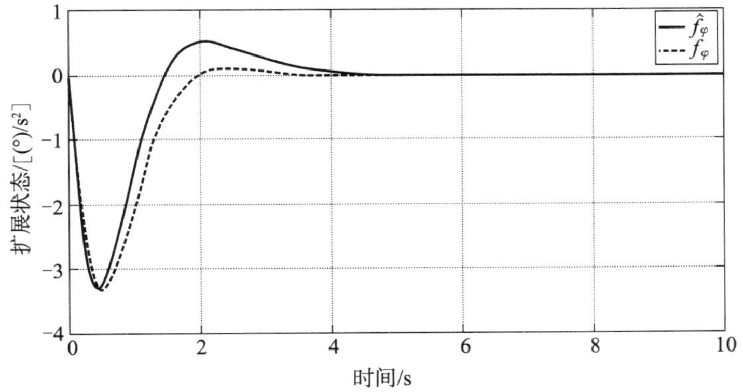


图 6-24 滚转通道扩展状态

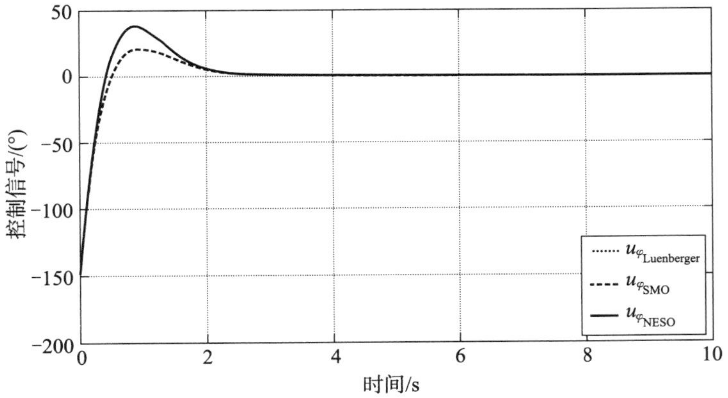


图 6-25 滚转通道仿真反步控制信号

### 6.6.7 带观测器的偏航通道反步控制仿真

将三种观测器和反步控制相结合，对偏航通道进行控制仿真，图 6－26 和图 6－27 为偏航角和偏航角速度状态估计结果，图 6－28 和图 6－29 分别为偏航角和偏航角速度的估计误差，图 6－30 为偏航运动的扩展状态，图 6－31 为反步控制器的控制信号。

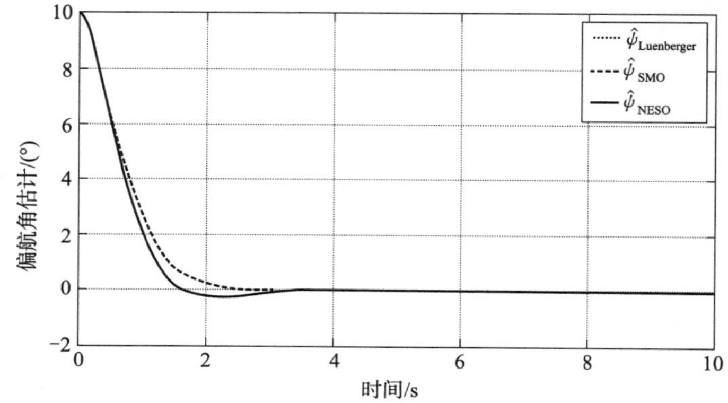


图 6－26　三种状态观测器的偏航角估计

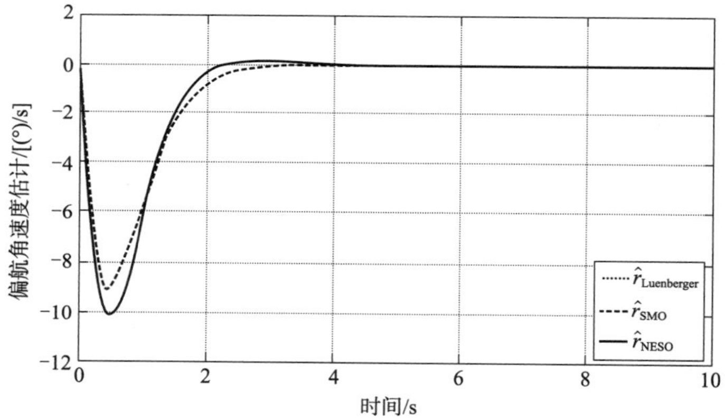


图 6－27　三种状态观测器的偏航角速度估计

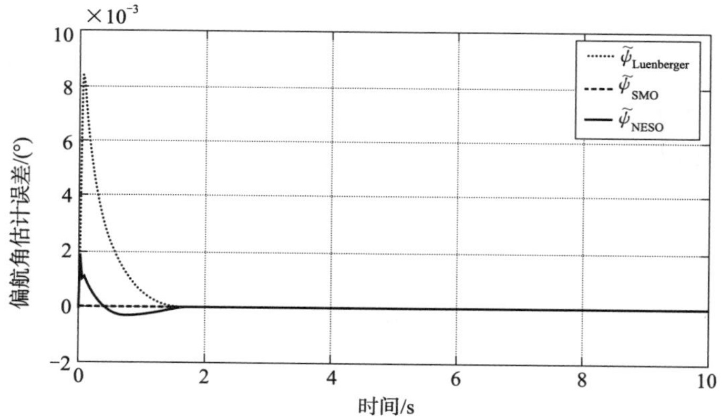


图 6－28　三种状态观测器的偏航角估计误差

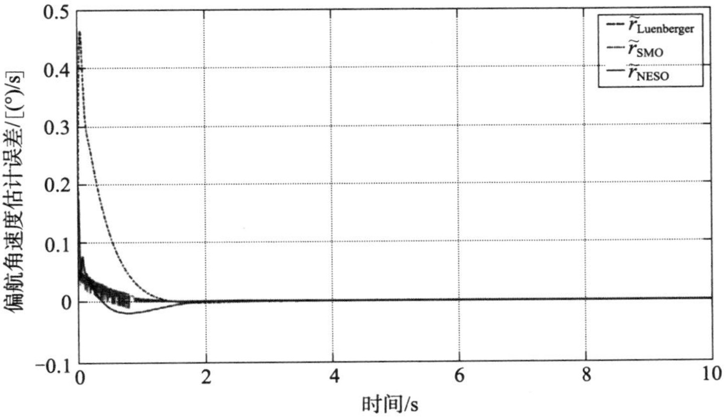


图 6 - 29　三种状态观测器的偏航角速度估计误差

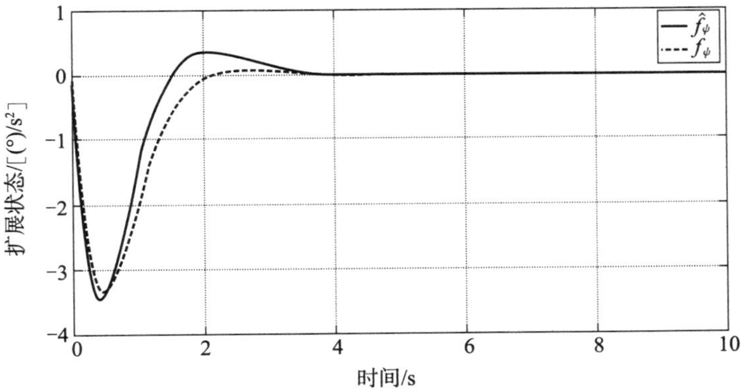


图 6 - 30　偏航通道扩展状态

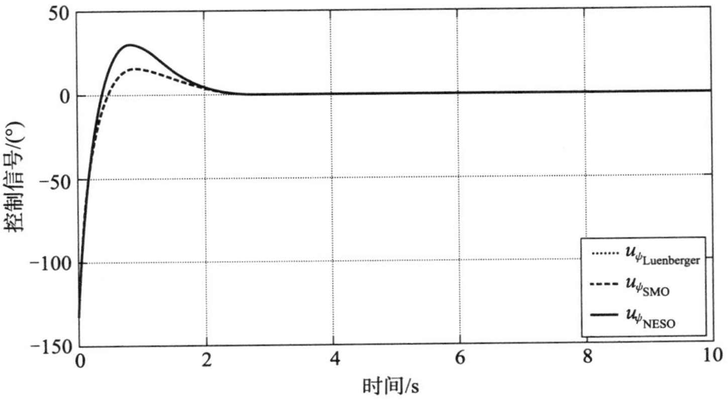


图 6 - 31　偏航通道仿真反步控制信号

### 6.6.8　带观测器的高度反步控制仿真

本节给出了基于三种高度观测器的高度控制仿真结果，图 6-32 和图 6-33 分别为俯仰角和俯仰角速度的估计。图 6-34 和图 6-35 分别为俯仰角和俯仰角速度的估计误差，图 6-36 为 NESO 观测器的高度扩展状态。高度仿真结果如图 6-37 所示。图 6-38 为三种观测器的控制输出。表 6-1 为不同控制器和观测器组合的仿真误差。

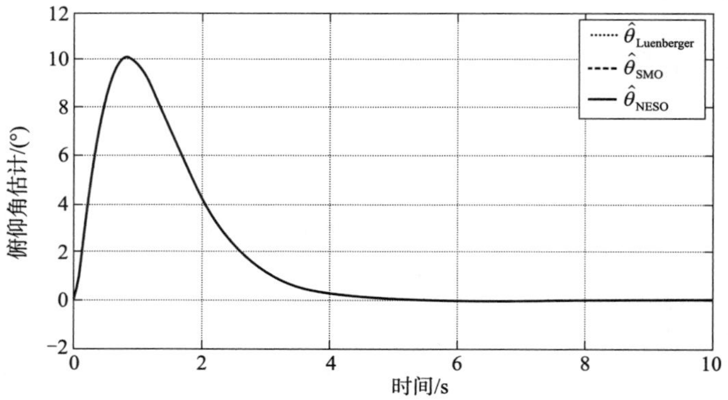


图 6-32　三种状态观测器的俯仰角估计

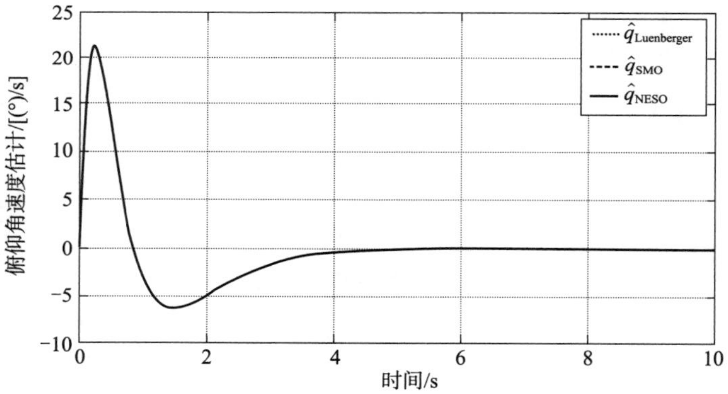


图 6-33　三种状态观测器的俯仰角速度估计

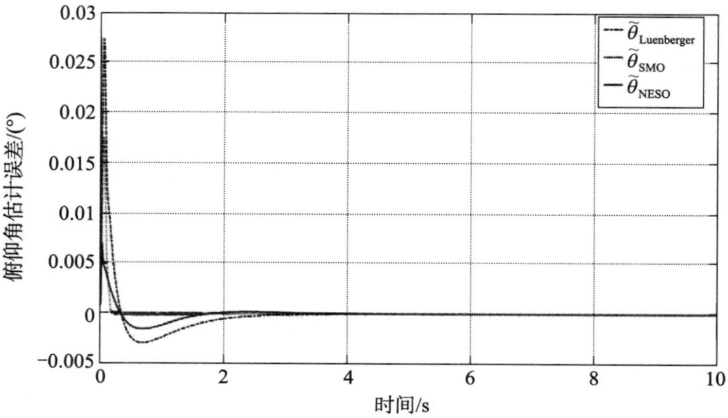


图 6-34　三种状态观测器的俯仰角估计误差

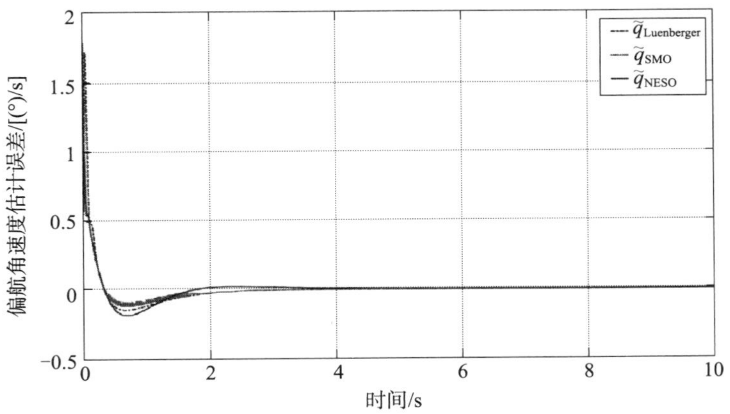


图 6-35　三种状态观测器的俯仰角速度估计误差

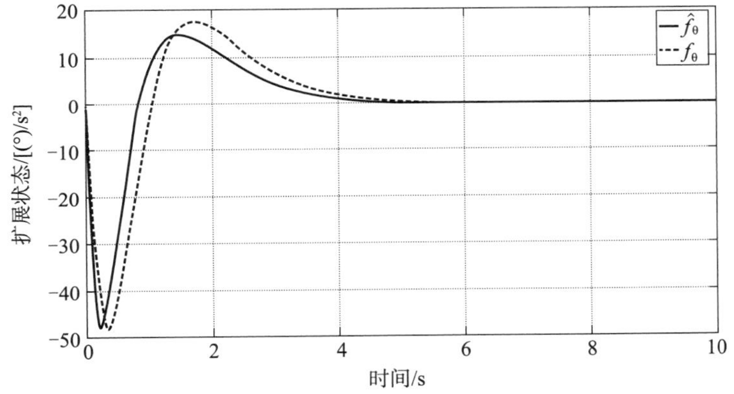


图 6-36　俯仰通道扩展状态

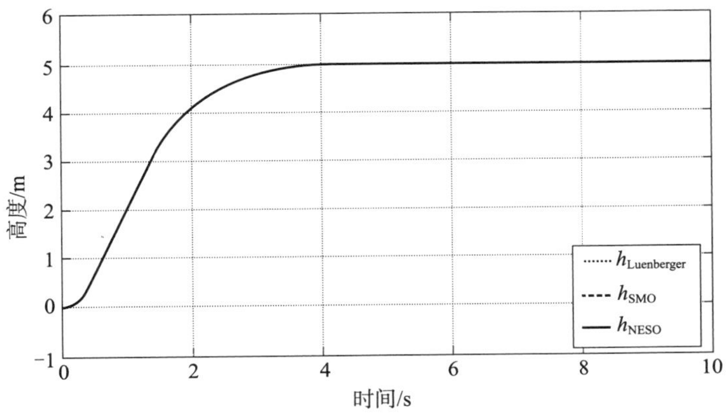


图 6-37　三种观测器对飞行高度控制的影响

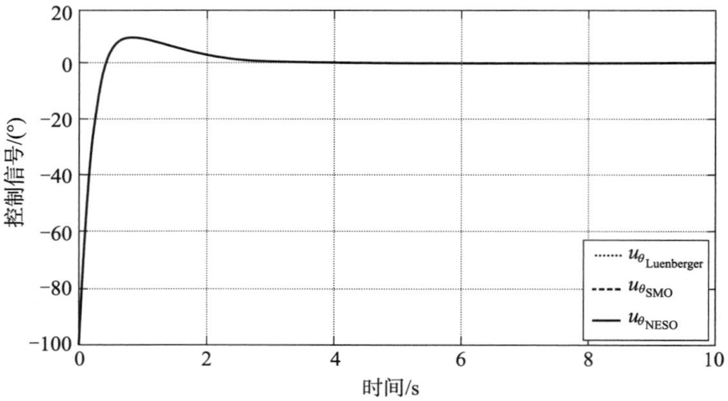


图 6-38　俯仰通道反步控制信号

**表 6-1　不同控制器和观测器组合误差 $L_2$ 范数**

| 控制器 | 观测器 | 俯仰/(°) | |
|---|---|---|---|
| | | $L_2[\tilde{\theta}]$ | $L_2[\tilde{q}]$ |
| PD | Luenberger | 7.4384e−05 | 0.004 0 |
| PD | SMO | 3.9026e−05 | 0.003 3 |
| PD | NESO | 2.1874e−05 | 0.002 7 |
| Backstepping | Luenberger | 5.8393e−05 | 0.003 1 |
| Backstepping | SMO | 1.9963e−05 | 0.002 4 |
| Backstepping | NESO | 1.7831e−05 | 0.002 2 |

| 控制器 | 观测器 | 偏航/(°) | |
|---|---|---|---|
| | | $L_2[\tilde{\psi}]$ | $L_2[\tilde{p}]$ |
| PD | Luenberger | 2.8827e−05 | 0.001 5 |
| PD | SMO | 1.2846e−06 | 8.9948e−04 |
| PD | NESO | 5.5272e−06 | 4.4866e−04 |
| Backstepping | Luenberger | 2.6158e−05 | 0.001 4 |
| Backstepping | SMO | 1.0655e−06 | 8.2088e−04 |
| Backstepping | NESO | 5.0468e−06 | 4.0466e−04 |

| 控制器 | 观测器 | 滚转/(°) | |
|---|---|---|---|
| | | $L_2[\tilde{\varphi}]$ | $L_2[\tilde{r}]$ |
| PD | Luenberger | 4.3017e−05 | 0.002 2 |
| PD | SMO | 3.9781e−07 | 2.5759−04 |
| PD | NESO | 6.6230e−06 | 4.6950e−04 |
| Backstepping | Luenberger | 3.7438e−05 | 0.001 9 |
| Backstepping | SMO | 2.8633e−07 | 2.2965e−04 |
| Backstepping | NESO | 5.4340e−06 | 3.79353e−04 |

## 6.7 小结

本章介绍了包含线性和非线性状态观测器的闭环控制律的设计。无人机模型同样为第 3 章中定义的固定翼无人机模型。基于 PD 控制器和反步控制器，分别介绍了 Luenberger、SMO 和 NESO 观测器的结果，针对无人机的高度、偏航和滚转通道分别进行了控制仿真。

# 第 7 章　试验机及试验结果

无论是线性还是非线性控制律，固定翼无人机是验证各类控制算法的理想平台。目前，有多种飞机可用于自动飞行测试，但由于制造商一般不允许对飞机的自驾仪进行更改，因此利用这些飞机测试控制算法很不方便，这种系统称为封闭系统。

目前，市场上还有一些无人机可用于编程并测试其他控制算法。但由于软件或硬件结构的问题，一些系统并不支持鲁棒控制算法、非线性控制算法和状态观测器技术的引入。基于上述技术缺陷，本书作者开发了一种能够支持硬件扩展和软件开发的固定翼无人机，控制器和观测器采用鲁棒算法实现。

本章 7.1 节介绍了测试平台；在试验台上编程实现了前文提到的控制律和状态观测器。7.2 节介绍了固定翼无人机使用的无刷和伺服电机。7.3 节介绍了嵌入式系统中用到的惯性测量单元 IMU。7.4 节～7.8 节介绍了自动驾驶系统中的电气系统。7.9 节介绍了基于线性和非线性控制器和状态观测器开展飞行试验的结果。

## 7.1　试验平台

设计固定翼无人机试验平台时，基于 T－28 特洛伊航模进行设计。飞机参数如表 7－1 所示。

**表 7－1　T－28 特洛伊航模的参数**

| 参数 | 取值 |
|---|---|
| 翼展 | 1.118 m |
| 机身长度 | 0.914 m |
| 机翼面积 | 0.09 m |
| 机身重量 | 1 500 g |
| 控制机构 | 副翼、升降舵、方向舵、前置发动机 |

## 7.2　电机和舵机

试验平台使用四个作动器；一个是无人机头部的电机（图 7－1）。对于无刷电机，还需要一个 40 A 的电调。另外有三个伺服舵机，用于控制面的偏转控制：升降舵、方向舵和副翼（图 7－2）。

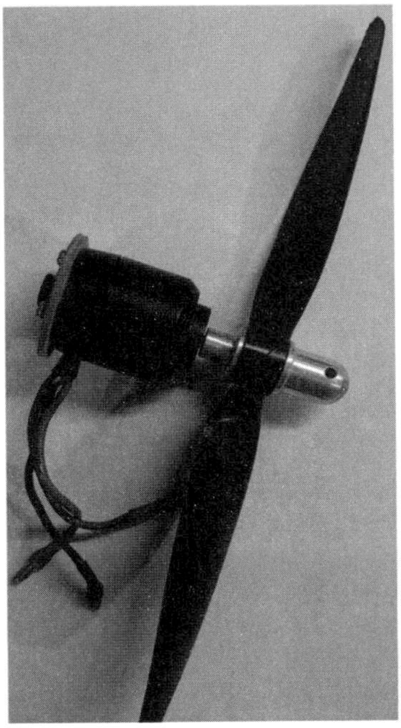

图 7-1　无刷电机

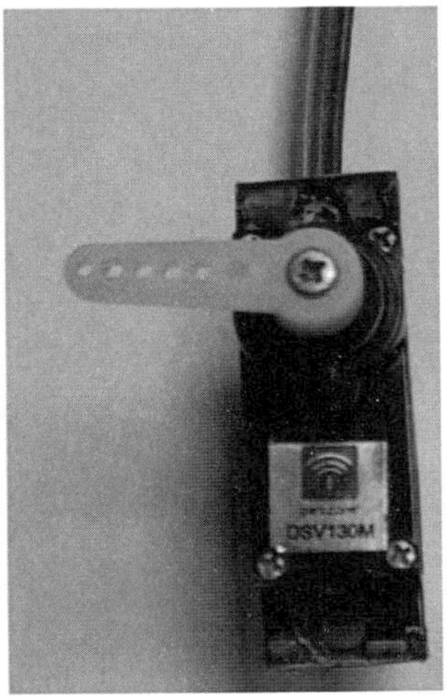


图 7-2　舵机

## 7.3　惯性测量单元（IMU）

固定翼无人机上有一个 IMU，用于提供飞机的欧拉角和角速率。这里使用的是 Microbotics MIDG Ⅱ，如图 7-3 所示，使用 232 串口（RS232）协议提供欧拉角和角速率。IMU 需要 9V 的直流供电，这里使用 Traco Power 的直流转换器。

图 7-3　MIDG Ⅱ惯性测量单元

## 7.4 电台

电台采用XBeed的XBee－PRO S2B数传电台，其通信距离为1.5 km，使用3.3 V直流供电，如图7－4所示。

图7－4 固定翼无人机使用的XBee电台

## 7.5 光耦合模块

使用光耦合模块可防止高压影响信号的传输。光耦合器，也称光隔离器，通过使用光在两个隔离电路之间传输电信号，可隔离舵机的电子控制器模块，避免损坏舵机。

图7－5为电子控制器中的电路图，电阻器$R_1$和$R_2$分别为100 Ω和1 kΩ，输入信号来自Rabbit 6000微处理器，输出信号为舵机的输入信号。舵机接收信号的振幅为5 V。

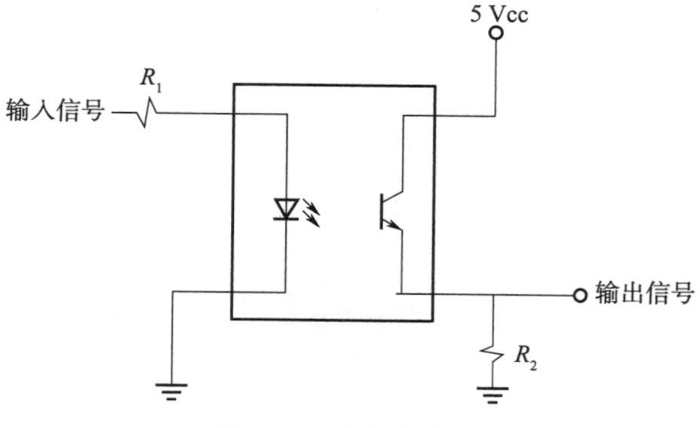


图7－5 光耦合模块

## 7.6　微控制器和高度计

使用的高度计为 MS5607（图 7－7），安装在固定翼无人机的一个机翼上，微控制器 Propeller（图 7－6）与其相连，用于处理高度计数据并提供给微处理器 Rabbit，二者均由 Parallax 公司研发。

高度计和微控制器之间遵守 $I^2C$ 通信协议，微控制器和微处理器之间通过串口 RS232 通信。高度传感器和微控制器供电电压为 5V 直流。

P8X32A QuickStart 是一个简单易用、可扩展的开发平台，其所有 I/O 引脚均可进行通信访问，包括一些输入按钮和 LED 编程显示，主要功能包括：

• 提供对 Vss、Vdd 及 32 个 I/O 引脚的访问。

• 板上的 5 MHz 处理单元可通过 SMT 跳线禁用，从而允许用外部通孔晶体进行更换。

• 8 个电阻式触摸按钮。

• 8 个缓冲 LED。

• 可以与 MS5607 高度计配合使用。

高度计 MS5607 分辨率为 20 cm，可提供大气高度、压力和温度。模块包含一个线性气压传感器和一个高分辨率温度传感器，可在没有附加传感器的情况下输出高度和温度，并提供多种操作模式，可对转换速度或能耗进行设定，以优化传感器性能。主要功能包括：

• 24 位压力和温度输出。

• 较宽的压力测量范围。

• 使用高度达 120 000 ft（1 ft＝0.305 m）。

图 7－6　微控制器（Propeller P8X32A）

图 7-7　高度计（MS5607）

## 7.7　Rabbit 6000 微处理器

开发控制器和状态观测器的电路板采用的中央处理器是 Rabbit 6000 微处理器，如图 7-8 所示，此外，控制舵面偏转的舵机驱动信号也来自于该处理器。

图 7-8　Rabbit 微处理器（RCM6000）

来自地面的遥控信号由 Futaba 接收机通过串口 RS232 通信发送至伺服电机。基于微处理器 Rabbit 6000 设计的 PCB 母版如图 7-9 所示。

遥控器采用 Futaba T7C，遥控飞行时，遥控信号通过接收机直接发给舵机，从而控制无人机起飞和着陆，见图 7-10。通过遥控器可将无人机设置为自动驾驶模式，由自驾仪接管并操纵无人机飞行。Futaba 接收机需要 5V 直流供电，而遥控器则由 9.6 V 电池供电。

控制信号在进入舵机之前，需对其进行线性变换并限幅，确保控制信号在舵机允许的范围内，舵面偏转不会超出使用范围。

线性变换为

$$y = mx + b \tag{7-1}$$

式中，$m$ 表示斜率，$x$ 为自变量，$b$ 的取值决定了与 $y$ 轴的交点。图 7-11 为在固定翼无人

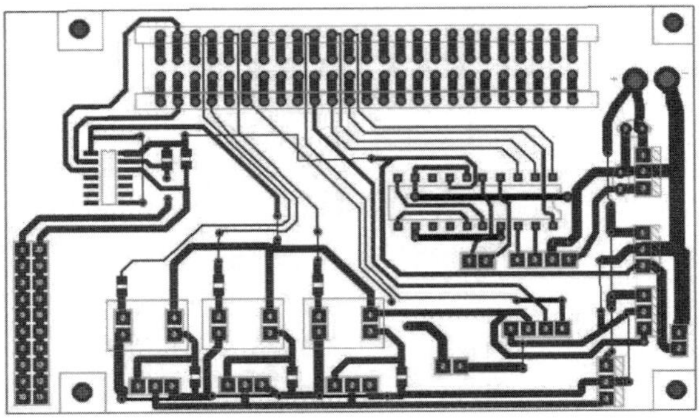

图 7－9　Rabbit 微处理器的 PCB（RCM6000）

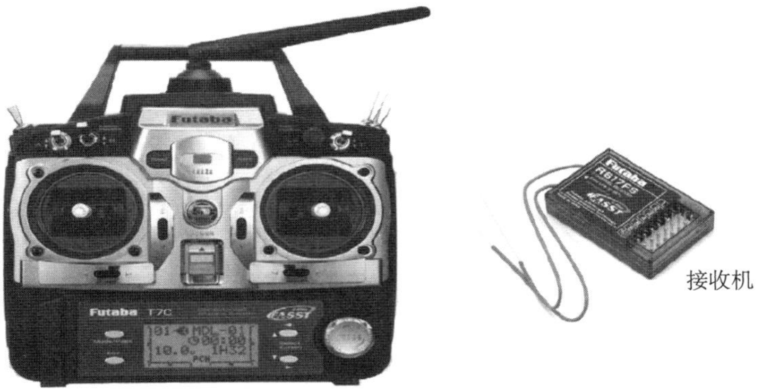


图 7－10　Fubaba T7C 遥控器和接收机

机试验平台上采用的线性变换。±200 表示微处理器 PWM 波的占空比，±20°表示舵面偏转的最大值和最小值，式（7－1）中变量 $y$ 值即为发送到控制面的舵机控制信号。

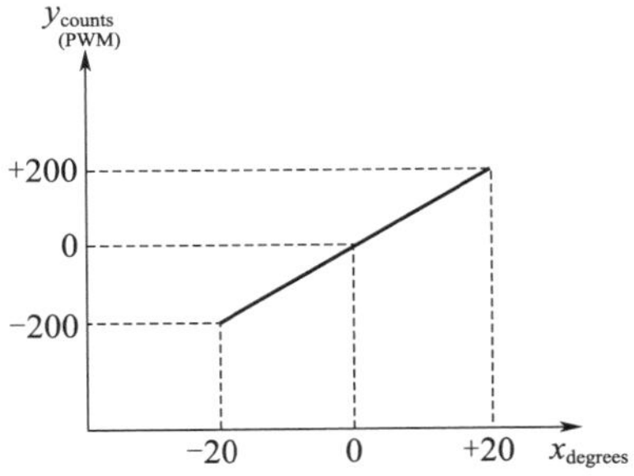


图 7－11　线性变换

图 7－12 为安装在固定翼无人机上的航电系统。图 7－13 为飞行试验平台上的航电系统框图，微处理器上运行嵌入式系统，控制律和状态观测器运用动态 C 语言实现，编译运行于嵌入式系统之上。动态 C 语言为 Rabbit 系列微处理器的主要编程语言。

作动器主要是通过 PWM 波控制的无刷电机和舵机，PWM 波由 Rabbit 处理器产生。

图 7-12　固定翼无人机的航电系统

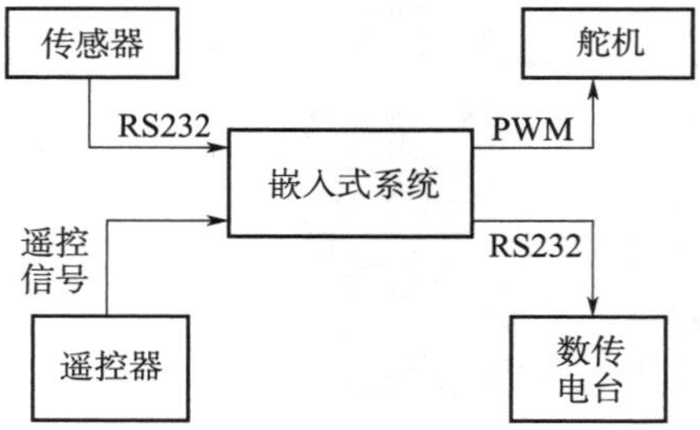


图 7-13　航电系统框图

飞行试验平台共有 3 个舵机驱动控制面（升降舵、方向舵和副翼），无刷电机提供飞行所需推力。

作为无人机与地面站之间的信息传输通道，数传电台是必不可少的设备，试验平台采用的 XBee 数传模块，天空端安装于无人机平台上，地面端和无人机地面站电脑连接，均采用 RS232 串口通信。

另一方面，机载传感器主要是 IMU 和高度计，Parallax 微控制器首先读取高度计数据，处理后通过 RS232 串口发送给 Rabbit 微处理器。

无人机起飞和着陆的控制信号通过遥控器和接收机传输，无人机在空中飞行时，通过遥控器来切换/激活控制律和状态观测器，以测试算法的实际控制性能。

## 7.8　锂电池

固定翼无人机试验平台采用锂电池为所有电子设备供电，锂电池可为无人机提供更好的动力性能。在每次飞行试验中均使用相同型号的电池，因为不同型号、不同放电特性的电池对飞行性能也有影响，而这对于控制律和状态观测器的测试非常重要。

试验平台采用的电池为 2 200 mAh、11.1 V，寿命周期内支持 45～90 次充放电循环(图 7-14)。

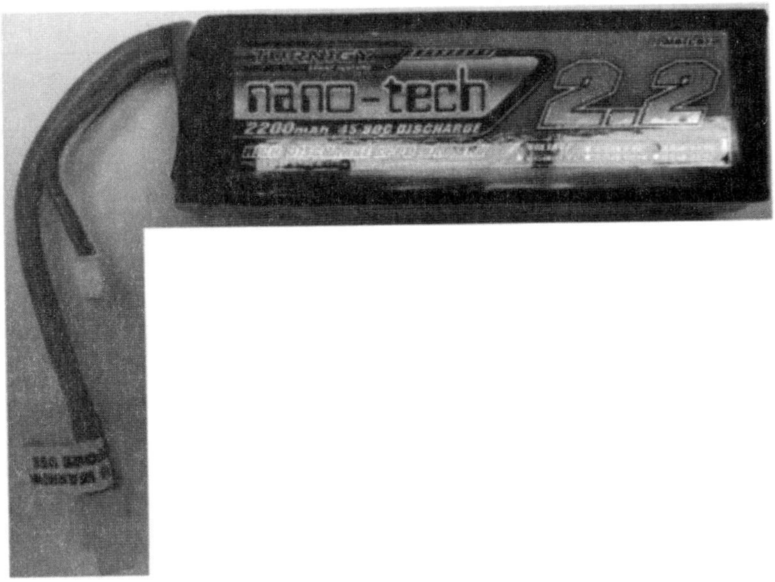


图 7-14　试验用锂电池

## 7.9　线性/非线性控制器试验结果

本节给出 PD 控制器、PID 控制器、LQR 控制器、带离散卡尔曼滤波器的 LQR 控制器和非线性反步控制器的试验结果。

### 7.9.1　PD 控制器

表 7-2 给出了飞行试验中 PD 控制器使用的增益，增益初始值通过前面几章仿真获得，利用飞行试验数据进行调整。

**表 7-2　PD 控制器在试验中的增益**

| 通道 | $k_{pl}$ | $k_{vl}$[s] |
|---|---|---|
| 高度 | 10 | 0.1 |
| 偏航 | 5 | 1 |
| 滚转 | 5 | 1 |

图 7-15 为 PD 控制器参与高度控制的飞行试验结果。从上图可以看出，飞行试验先后设定了三个不同飞行高度。图中 AC 表示控制律应用时刻，MC 表示切换为手动控制，即遥控飞行。

从图 7－15 上图中可以看出，固定翼无人机高度跟踪较好，下图为控制舵面偏转角度，控制信号限幅为±20°，这是固定翼无人机控制面（升降舵、方向舵和副翼）的最大偏转幅度。

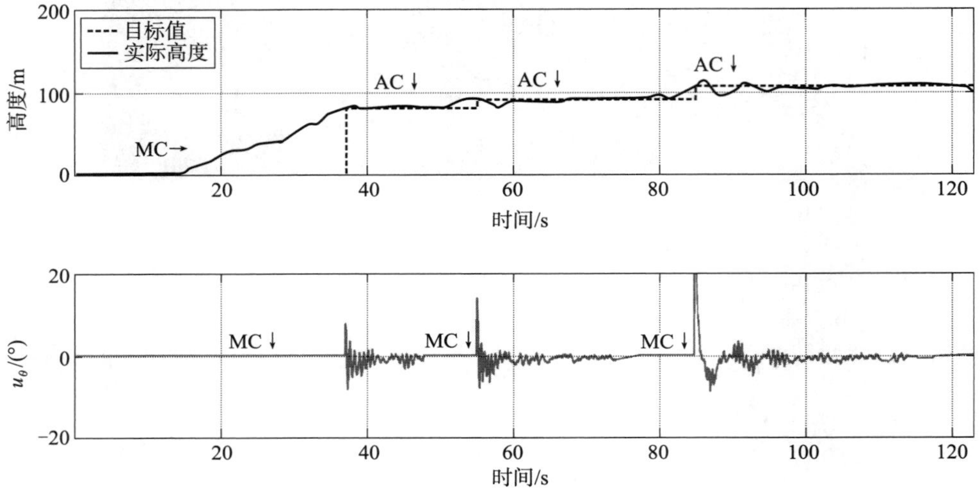


图 7－15　PD 控制器高度控制效果（见彩插）

在偏航通道飞行试验结果中，除了前述缩写，CS 和 WG 分别表示阵风的方向和风速的变化。图 7－16 为偏航通道采用 PD 控制器进行控制的飞行结果，从上图可以看出在 40 s 内，阵风的方向发生了改变；IMU 对偏航角的敏感工作范围为±180°。

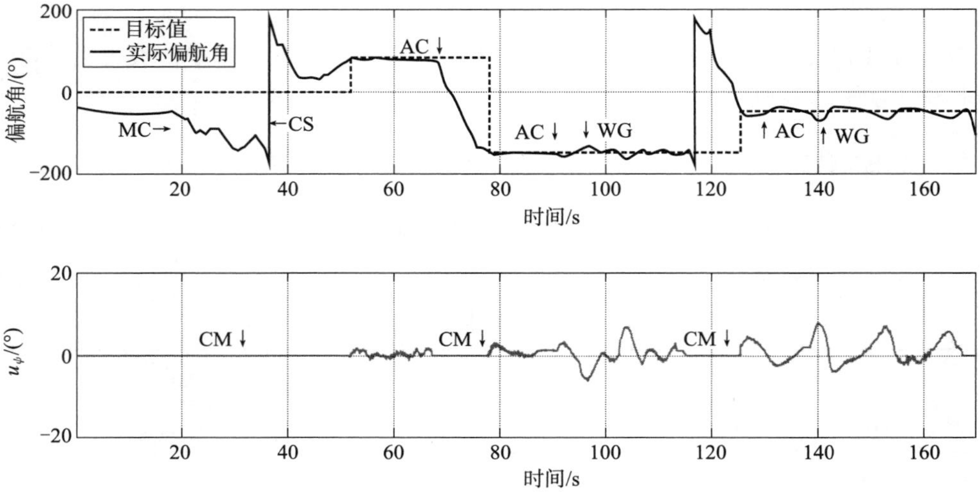


图 7－16　PD 控制器偏航控制效果（见彩插）

对于偏航角控制时，为解决阵风方向变化引起 IMU 输出符号变化的现象，建立了控制范围在±100°的控制律。从图 7－16 上图可以看出，针对设置的不同目标偏航角，PD 控制器能够较好地实现控制目标。在第二次切换控制器时（AC），虽然固定翼无人机受到阵风干扰，控制器仍能较好地控制无人机逼近参考偏航角。

第三次切换自驾仪控制时，传感器更频繁地敏感到阵风，但在自驾仪的控制下，无人机偏航角仍能够保持在参考偏航角附近。图 7－16 下图为 PD 控制器用于偏航通道控制时的舵偏角变化，可以看出在干扰、阵风出现时，方向舵需要偏转更大的角度以跟踪指令偏航角。

对于滚转运动，控制目标是将滚转角保持在 0°。图 7－17 为将 PD 控制器用于滚转通道控制的试验结果。上图为试验中滚转角的变化曲线，第二次切换至控制器时，受到阵风干扰，从下图可以观察到为了将滚转角保持在指令滚转角，舵面需要更大的偏转角度，而第三次切换至控制器控制时，由于没有干扰，因此舵面偏转角度相对较低。

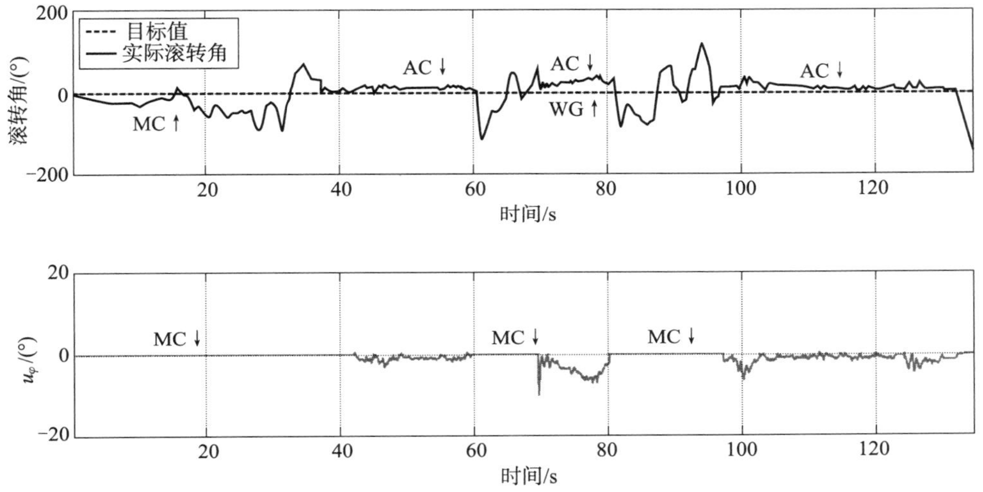


图 7－17　PD 控制器滚转控制效果（见彩插）

## 7.9.2　PID 控制器

表 7－3 为 PID 控制器开展飞行试验时使用的增益。利用仿真值作为增益初始值，并通过飞行试验进行调整。

**表 7－3　PID 控制器在试验中的增益**

| 通道 | $k_{pl}$ | $k_{il}$ [1/s] | $k_{vl}$ [s] |
|---|---|---|---|
| 高度 | 10 | 0.000 01 | 0.1 |
| 偏航 | 5 | 0.01 | 1 |
| 滚转 | 5 | 0.01 | 1 |

图 7－18 为飞行试验结果，上图为高度跟踪结果，可以看出，无人机实际飞行高度沿指令高度上下振荡，当偏离指令高度越大时，对应的控制舵偏角越大（下图）。

可以看到，在 140～160 s 第三次切换至控制器控制时，控制器控制效果最好。

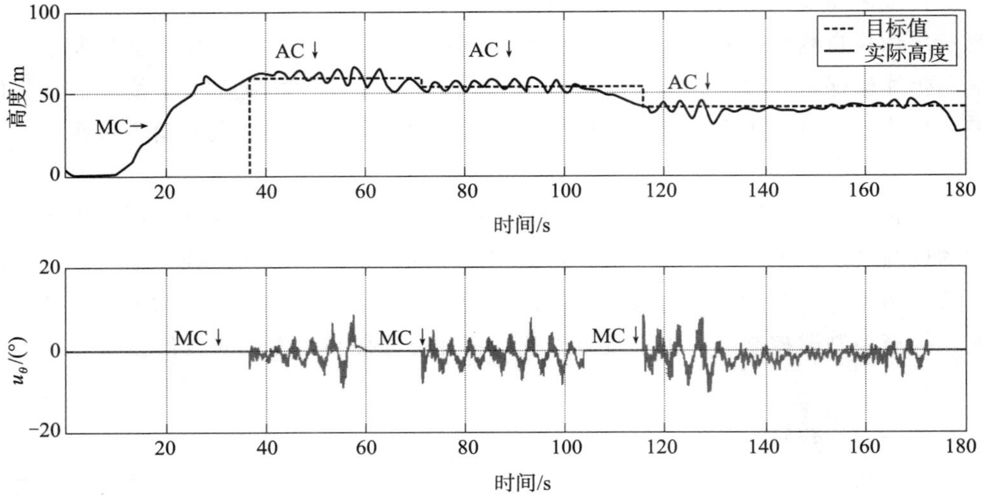


图 7-18　PID 控制器高度控制效果

图 7-19 为 PID 控制器偏航通道控制结果。上图为偏航角保持情况，下图为对应的方向舵舵面偏转情况。可以看到，第一次切换控制器控制时，受到阵风干扰，即使在出现阵风时，控制器仍能引导无人机至期望偏航角，第四次切换控制器控制时，无人机偏航角长时间保持在指令偏航角上。

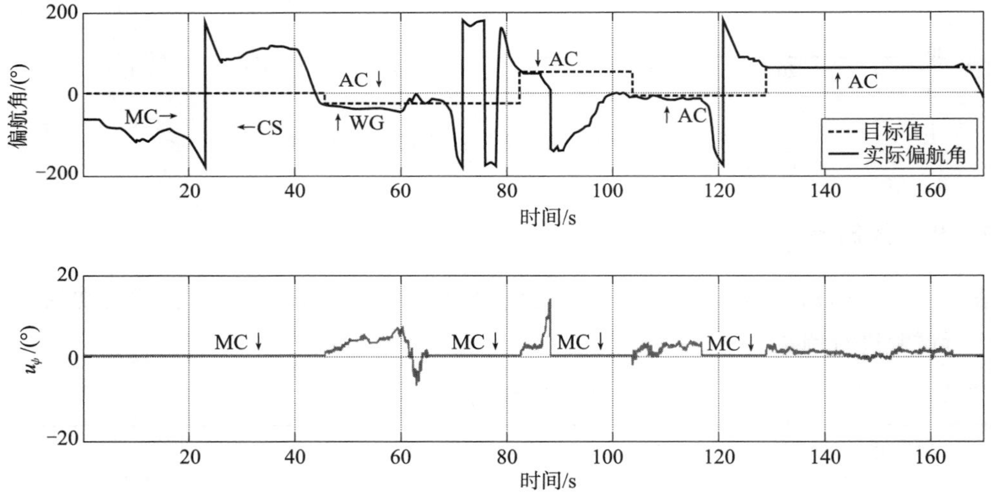


图 7-19　PID 控制器偏航控制效果

PID 控制器应用于滚转通道的控制效果如图 7-20 所示。上图为滚转角变化曲线，下图为舵面角偏转变化情况。可以看出，第二次切换至控制器控制时，无人机受到阵风干扰，此时，控制器仍能保持滚转角为 0°附近，第三次切换至控制器控制时，控制器性能表现最好。

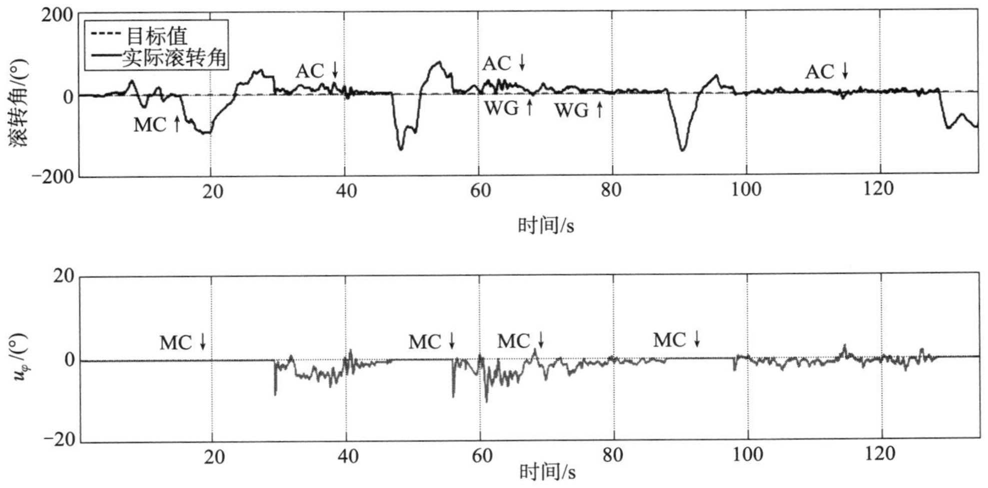


图 7－20　PID 控制器滚转控制效果

### 7.9.3　LQR 控制器

对 LQR 控制器进行试验时，试验采用的增益和仿真数值一样，如表 4－4 所示。

图 7－21 为 LQR 控制器参与固定翼无人机高度控制飞行试验结果。上图为高度跟踪曲线，可以观察到无人机的高度一直保持在指令高度附近。下图为控制器的舵面输出。通过优化调整反馈增益可以获得更好的控制器响应，但前提是保持固定翼无人机稳定飞行，至少保持在期望航迹位置稳定飞行。

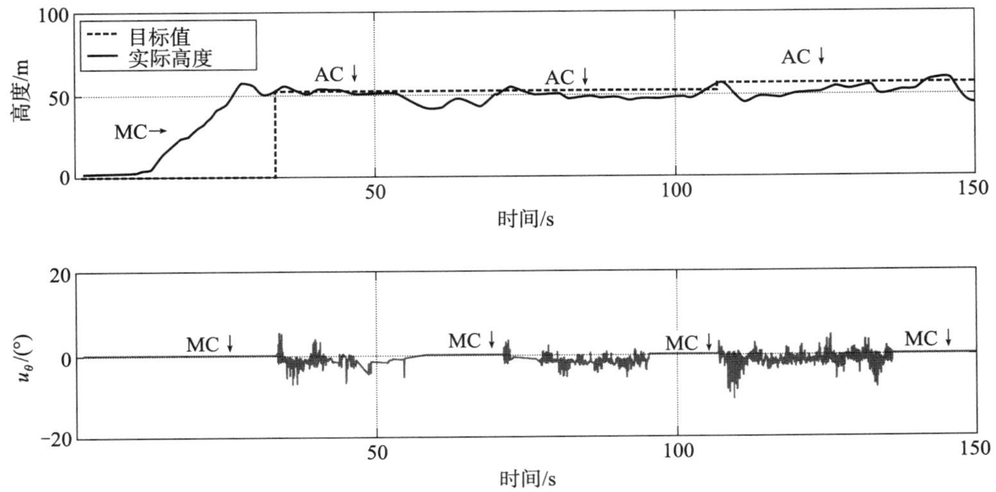


图 7－21　LQR 控制器用于高度控制

图 7－22 为 LQR 控制器参与偏航控制飞行试验结果。在上图偏航角跟踪曲线可以看出，LQR 控制器能够将偏航角调整至参考值，但第一次切换至控制器控制时，偏航角偏

离参考值较大，第二次切换至控制器控制时，由于阵风干扰，偏航角变化和第一次相同，对于阵风干扰，计算的增益很低，因此误差的校正很慢。

第三次切换控制器控制时，由于控制器敏感的阵风弱很多，LQR 控制器控制性能相比前两次更好（图 7－22 上图）。下图为作动器输出，可以看到当跟踪误差较大时，作动器需要更大的控制动作才能在较短的时间内调整至指令状态，对应的控制舵面偏转幅度增加，但这并不会使得系统变得不稳定。

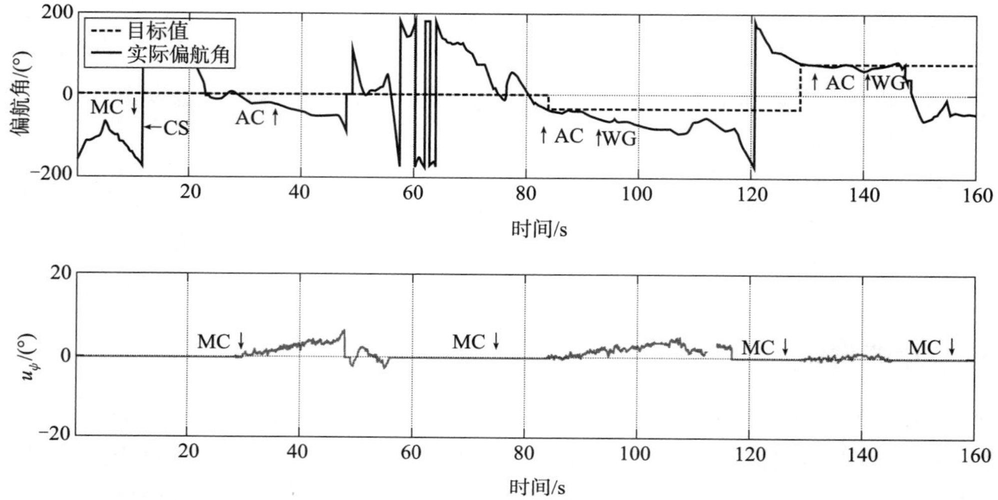


图 7－22　LQR 控制器用于偏航控制

LQR 控制器参与滚转通道控制飞行试验结果如图 7－23 所示。无人机受到阵风干扰时，滚转角跟踪误差较大，需要指出的是，飞行试验采用的增益是通过仿真手段获得的，因此，可以通过调整控制器增益来改善控制性能。飞行试验时采用仿真增益，试验也证明 LQR 控制器在滚转通道的控制是有效的。

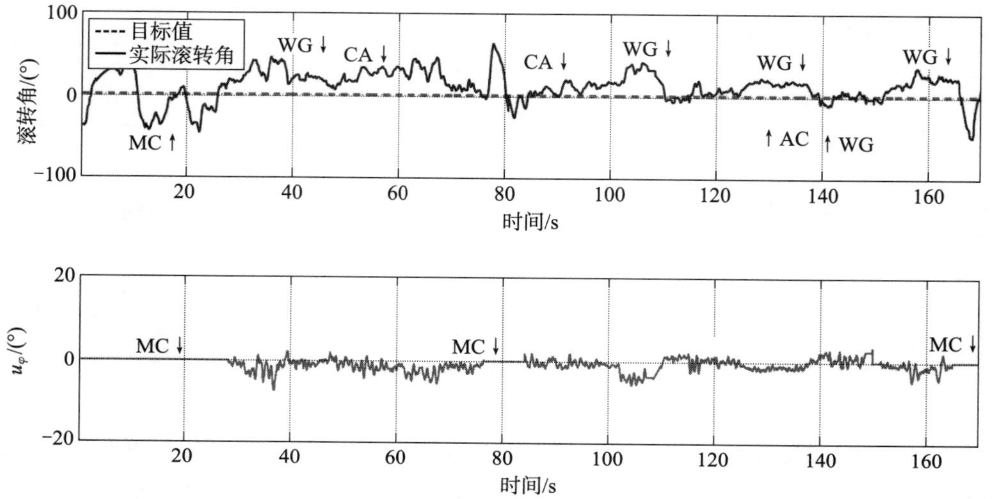


图 7－23　LQR 控制器用于滚转控制

试验结果表明存在干扰时，LQR 控制器在滚转通道控制上响应时间效果不好，即 LQR 控制器需较长时间将滚转角控制到接近期望值。图 7－23 的下图为 LQR 控制器进行滚转角控制时的舵面偏转角变化情况。

### 7.9.4　含离散卡尔曼滤波器的 LQR 控制器

针对含离散卡尔曼滤波器的 LQR 控制器进行飞行试验时，试验增益与仿真相同，如表 4－4 和表 4－3 所示，图 7－24～图 7－26 分别显示了高度、偏航和滚转通道的飞行试验结果。

图 7－24 上图为高度跟踪结果，下图为舵面偏转角变化情况，可以看出，控制器参与控制时，飞行高度维持在参考高度附近。

控制器参与偏航控制时，控制目标为保持偏航角为 0°，可以预见，采用和前述 LQR 控制器相同的增益时，控制器表现一般。当受到阵风干扰时，无人机偏航角会随之偏离目标位置，但这尚不足以导致系统不稳定，从试验结果可以看出，偏航角一般围绕参考位置附近或上方振动，如图 7－25 上图所示，可通过调整增益来改善控制效果；下图则为舵面偏转角的变化情况，舵偏角均保持在限幅之内。

滚转控制飞行试验时，控制目标为保持滚转角为 0°。从图 7－26 上图可以观察到当控制器参与控制时，滚转角一直在参考值附近小幅振荡，第一次切换控制器参与控制时，传感器敏感到阵风扰动。下图则为舵面偏转角的变化情况，均保持在限幅之内。

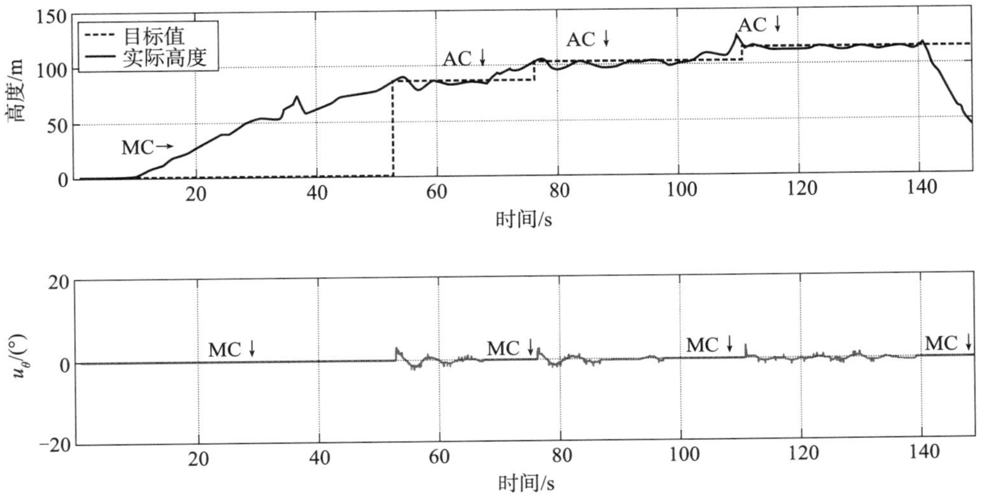


图 7－24　带离散卡尔曼滤波器的 LQR 控制器用于高度控制

### 7.9.5　反步控制器

表 7－4 为反步控制器飞行试验中使用的增益，通过启发式即试错的方式对增益进行调整。

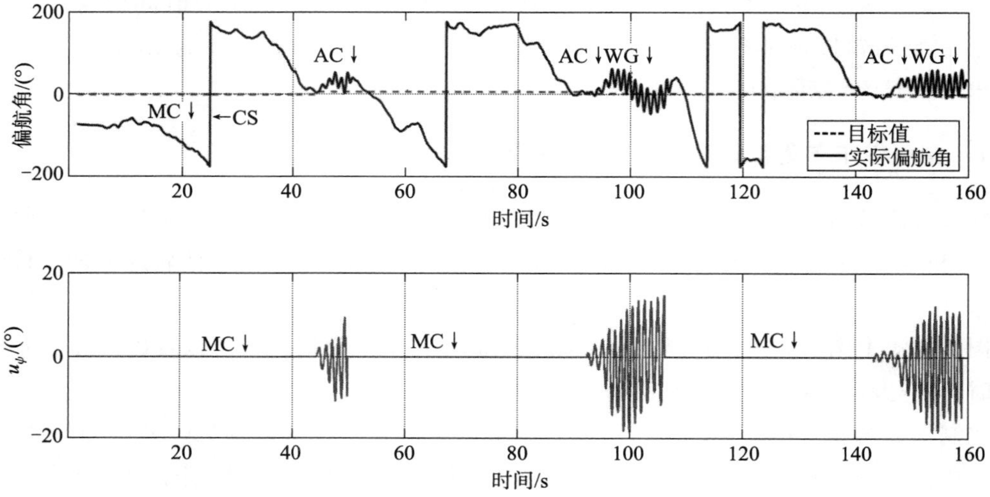


图 7-25 带离散卡尔曼滤波器的 LQR 控制器用于偏航控制

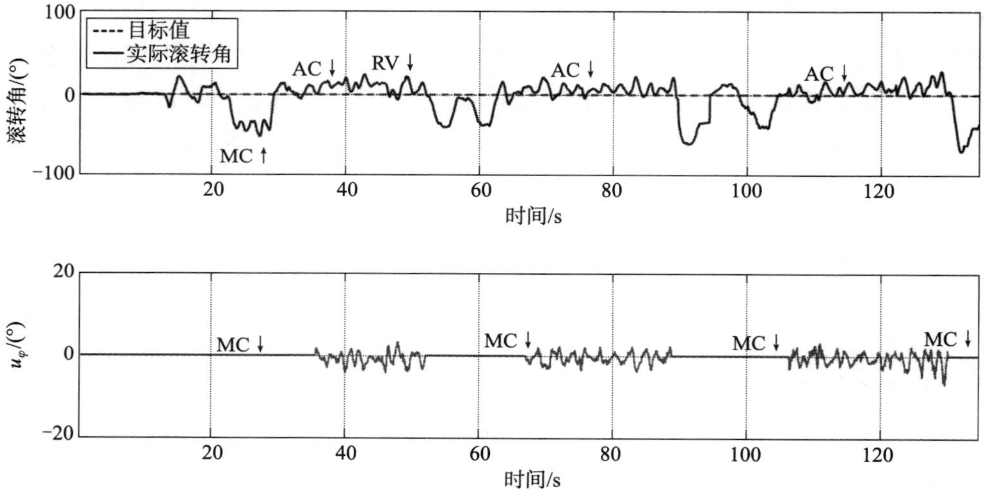


图 7-26 带离散卡尔曼滤波器的 LQR 控制器用于滚转控制

**表 7-4 反步控制器在试验中的增益**

| 通道 | $k_{1l}$[1/s] | $k_{2l}$[1/s] | $k_{3l}$[1/s²] |
|---|---|---|---|
| 高度 | 0.1 | 0.5 | 4 |
| 偏航 | 0.1 | 0.5 | 2 |
| 滚转 | 0.1 | 1 | 3 |

图 7-27～图 7-29 为反步控制器参与飞行试验时，分别在高度、偏航和滚转通道的飞行试验数据。从图 7-27 上图可以看出，反步控制器在高度控制方面表现优异，与之前的控制器相比，为了维持无人机在期望高度，该控制器的控制舵面舵偏角也较小。从偏航

通道试验结果可以看出，反步控制器同样显示了较好的控制性能，在其作用下，无人机能够保持期望的偏航角度且对应的舵偏角也低于之前的控制器。

对于滚转通道，从图 7－29 可以看出，反步控制器能保持滚转角在期望滚转角附近，第三次切换控制器控制时，控制器能够维持滚转角在期望值附近（译者注：原文对为什么后续产生大的滚转没解释，推测应该是受到干扰），下图为对应舵偏角变化，表 7－5 为不同控制器控制效果的 $L_2$ 范数，可以看出，反步控制器应用于滚转通道控制的控制性能没有高度和偏航通道控制时优势明显。

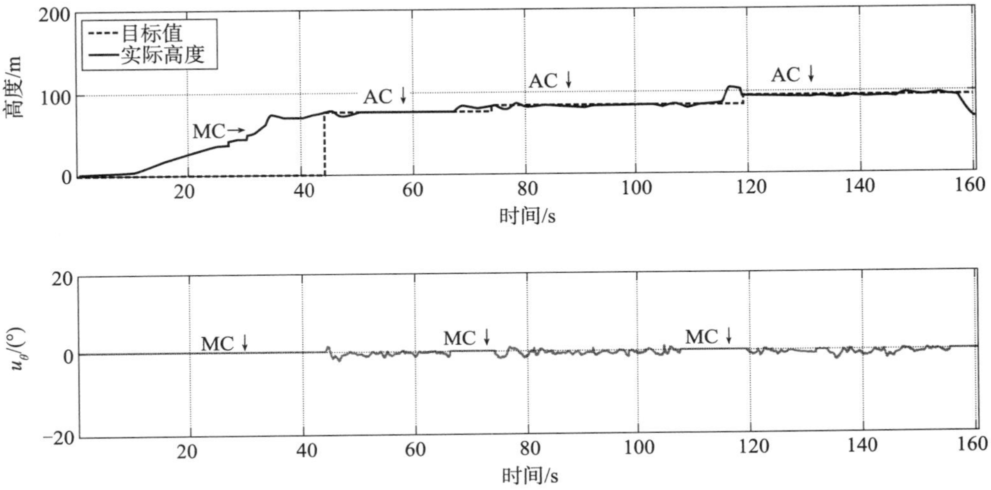


图 7－27　反步控制器用于高度控制

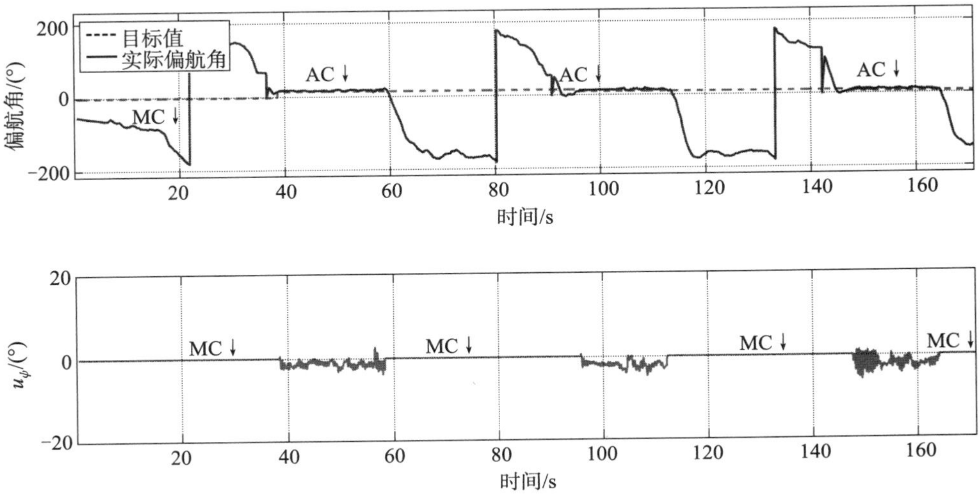


图 7－28　反步控制器用于偏航控制

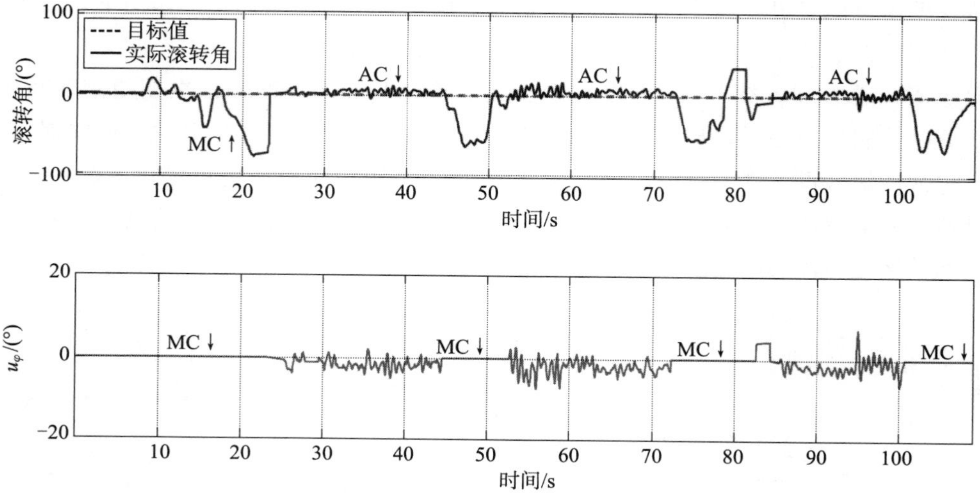


图 7-29 反步控制器用于滚转控制

**表 7-5 不同控制器误差的 $L_2$ 范数**

| 控制器 | 高度 /m | | 偏航/(°) | | 滚转/(°) | |
|---|---|---|---|---|---|---|
| | $L_2[e_\theta]$ | $L_2[u_\theta]$ | $L_2[e_\psi]$ | $L_2[u_\psi]$ | $L_2[e_\varphi]$ | $L_2[u_\varphi]$ |
| PD | 14.951 3 | 0.448 9 | 13.478 7 | 0.264 8 | 10.381 2 | 0.219 4 |
| PID | 8.878 3 | 0.384 1 | 11.801 6 | 0.213 0 | 2.499 7 | 0.232 2 |
| LQR | 8.317 6 | 0.243 6 | 11.643 7 | 0.233 2 | 2.998 5 | 0.215 4 |
| LQR-DKF | 15.654 3 | 0.077 7 | 14.859 5 | 0.492 3 | 2.888 4 | 0.156 8 |
| Backstepping | 13.977 1 | 0.126 2 | 14.633 9 | 0.161 5 | 3.115 2 | 0.236 7 |

## 7.10 线性和非线性观测器试验结果

本节基于 PD 和反步控制器，分别将线性和非线性观测器用于固定翼无人机俯仰、偏航和滚转通道控制，并开展了飞行试验，无人机平台信息见 7.1 节。

### 7.10.1 Luenberger 观测器+PD 控制

本节给出了 Luenberger 观测器与 PD 控制器组合参与无人机俯仰、滚转、偏航通道控制的飞行试验结果。

**俯仰运动**

图 7-30 和图 7-31 为 Luenberger 观测器+PD 控制器参与俯仰控制的俯仰角和俯仰角速度曲线，图 7-32 和图 7-33 为角度和角速度估计误差，图 7-34 为高度变化曲线，图 7-35 为飞行试验过程中的控制信号（舵偏角）。

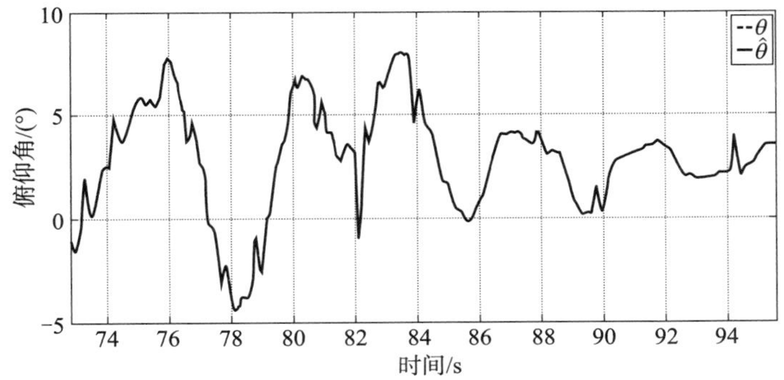


图 7-30　Luenberger 观测器应用于固定翼无人机飞行试验结果（俯仰角）（见彩插）

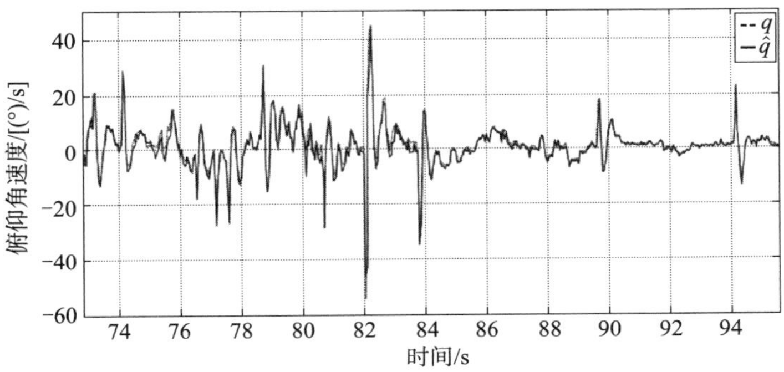


图 7-31　Luenberger 观测器应用于固定翼无人机飞行试验结果（俯仰角速度）（见彩插）

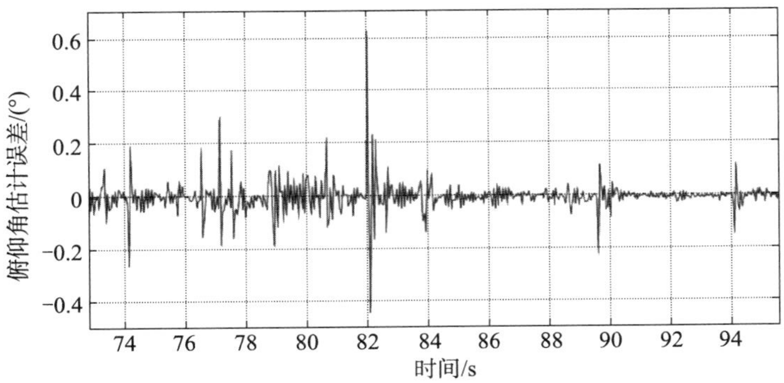


图 7-32　Luenberger 观测器应用于固定翼无人机的俯仰角估计误差

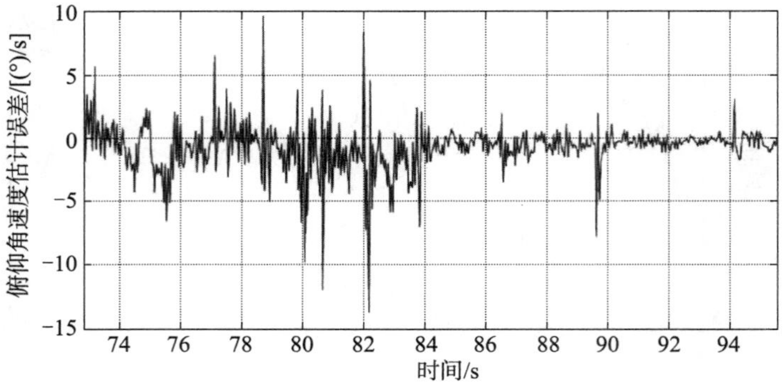


图 7－33　Luenberger 观测器应用于固定翼无人机的俯仰角速度估计误差

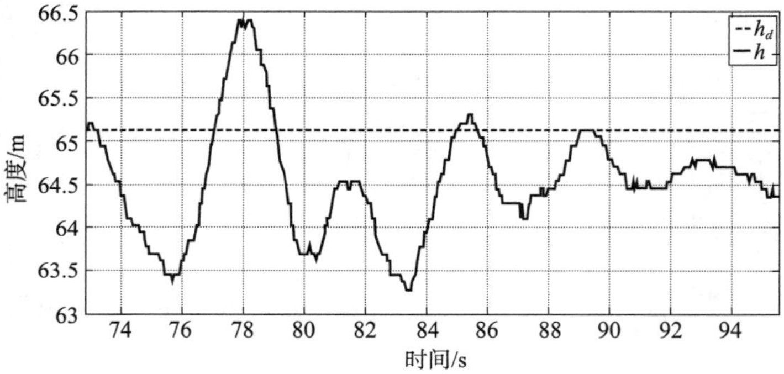


图 7－34　Luenberger 观测器应用于固定翼无人机的飞行高度

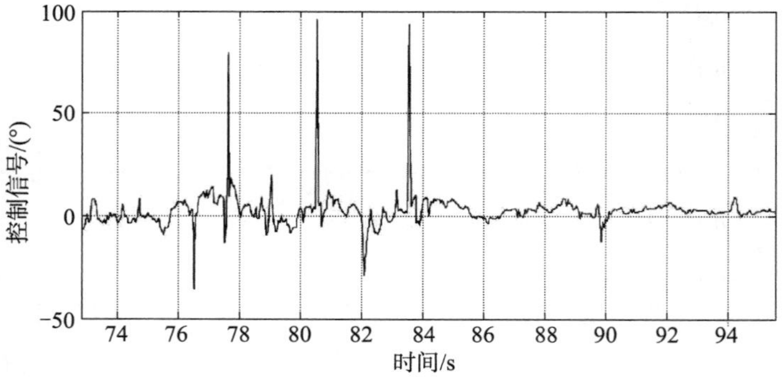


图 7－35　Luenberger 观测器应用于固定翼无人机的俯仰控制信号（舵偏角）

**滚转运动**

图 7 - 36 和图 7 - 37 为 Luenberger 观测器＋PD 控制器参与滚转控制的滚转角和滚转角速度曲线，图 7 - 38 和图 7 - 39 为角度和角速度估计误差。图 7 - 40 为飞行试验过程中的控制信号（舵偏角）。

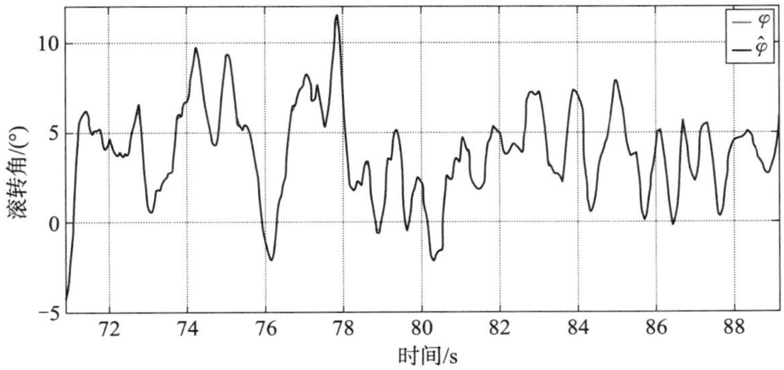


图 7 - 36　Luenberger 观测器应用于固定翼无人机飞行试验结果（滚转角）

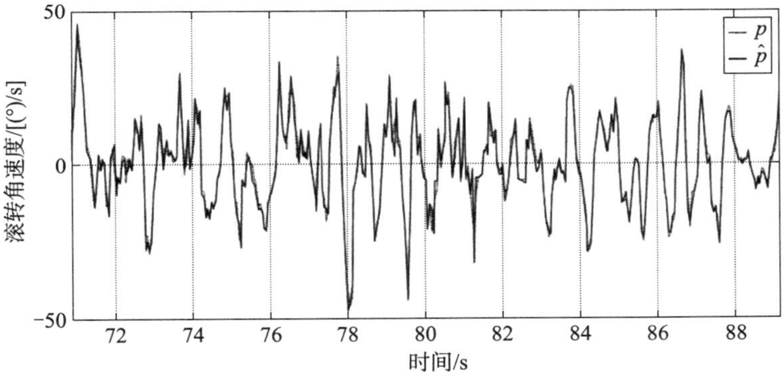


图 7 - 37　Luenberger 观测器应用于固定翼无人机飞行试验结果（滚转角速度）

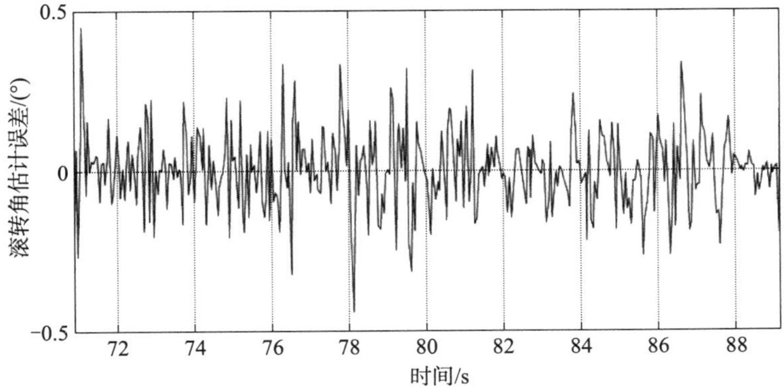


图 7 - 38　Luenberger 观测器应用于固定翼无人机的滚转角估计误差

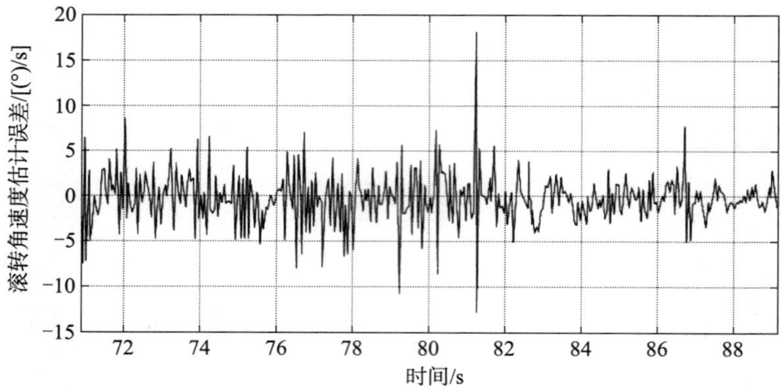


图 7－39　Luenberger 观测器应用于固定翼无人机的滚转角速度估计误差

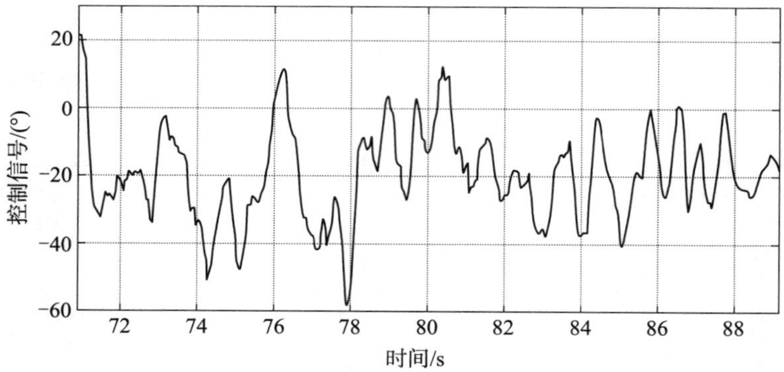


图 7－40　Luenberger 观测器应用于固定翼无人机的滚转控制信号（舵偏角）

**偏航运动**

图 7－41 和图 7－42 为 Luenberger 观测器＋PD 控制器参与偏航控制的偏航角和偏航角速度曲线，图 7－43 和图 7－44 为角度和角速度估计误差，图 7－45 为飞行试验过程中的控制信号（舵偏角）。

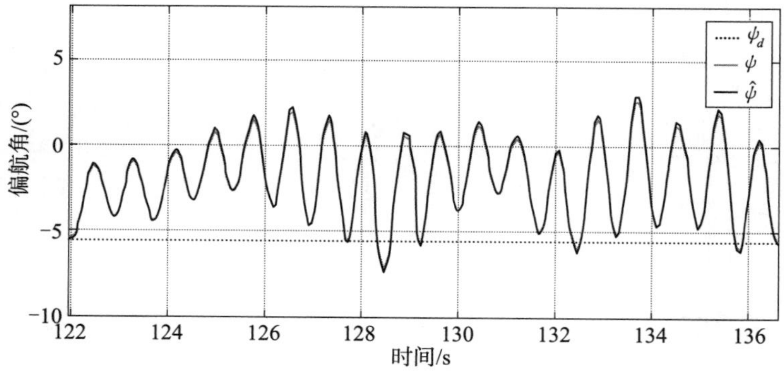


图 7－41　Luenberger 观测器应用于固定翼无人机飞行试验结果（偏航角）

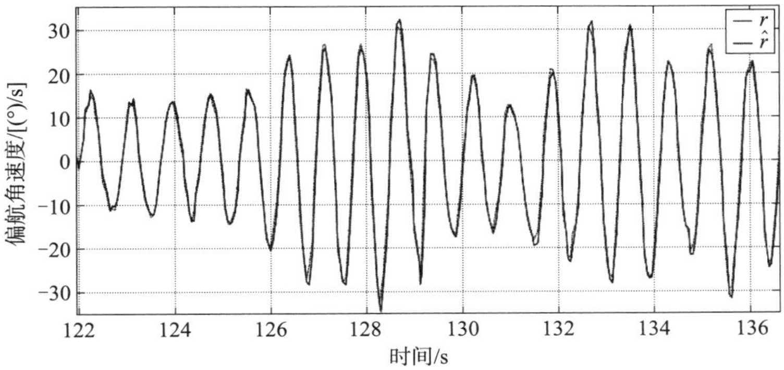


图 7-42　Luenberger 观测器应用于固定翼无人机飞行试验结果（偏航角速度）

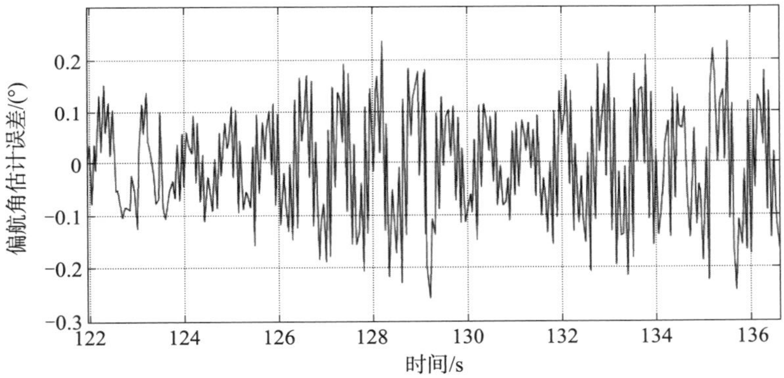


图 7-43　Luenberger 观测器应用于固定翼无人机的偏航角估计误差

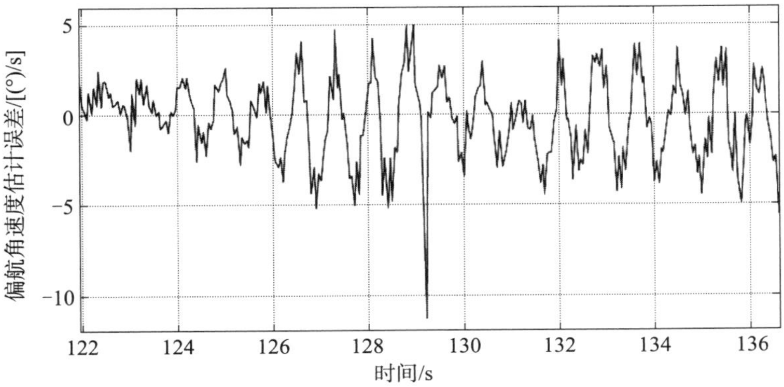


图 7-44　Luenberger 观测器应用于固定翼无人机的偏航角速度估计误差

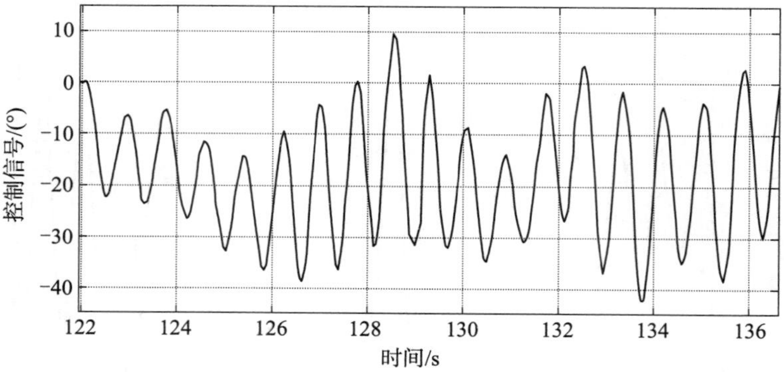


图 7－45　Luenberger 观测器应用于固定翼无人机的偏航控制信号（舵偏角）

### 7.10.2　滑模观测器（SMO）＋PD 控制

本节给出了 SMO 观测器与 PD 控制器组合参与无人机俯仰、滚转、偏航通道控制的飞行试验结果。

**俯仰运动**

图 7－46 和图 7－47 为 SMO 观测器＋PD 控制器参与俯仰控制的俯仰角和俯仰角速度曲线，图 7－48 和图 7－49 为角度和角速度估计误差，图 7－50 为高度变化曲线，图 7－51 为飞行试验过程中的控制信号（舵偏角）。

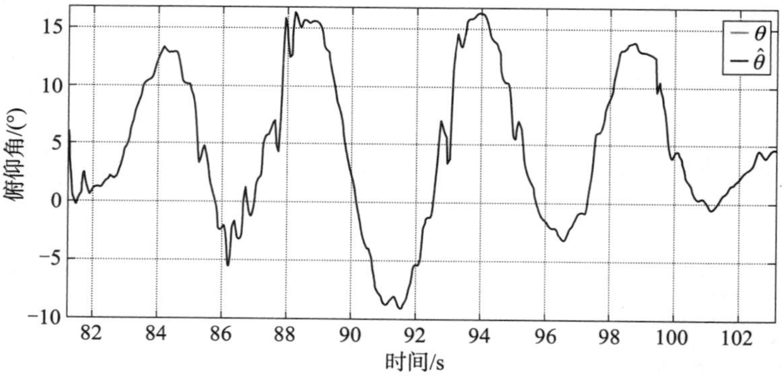


图 7－46　SMO 观测器应用于固定翼无人机飞行试验结果（俯仰角）

**滚转运动**

图 7－52 和图 7－53 为 SMO 观测器＋PD 控制器参与滚转控制的滚转角和滚转角速度曲线，图 7－54 和图 7－55 为角度和角速度估计误差。图 7－56 为飞行试验过程中的控制信号（舵偏角）。

**偏航运动**

图 7－57 和图 7－58 为 SMO 观测器＋PD 控制器参与偏航控制的偏航角和偏航角速度曲线，图 7－59 和图 7－60 为角度和角速度估计误差，图 7－61 为飞行试验过程中的控制信号（舵偏角）。

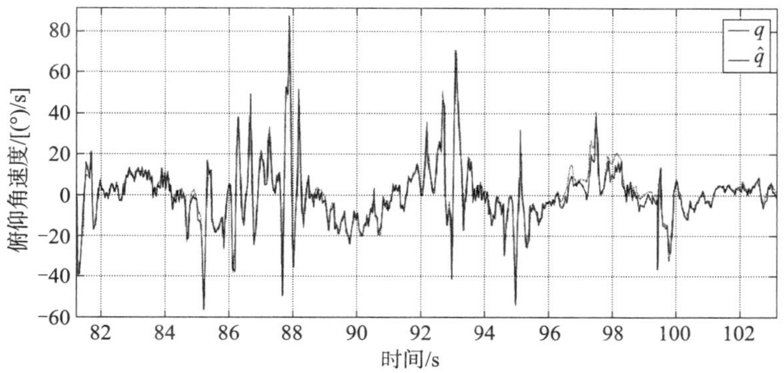


图 7-47　SMO 观测器应用于固定翼无人机飞行试验结果（俯仰角速度）

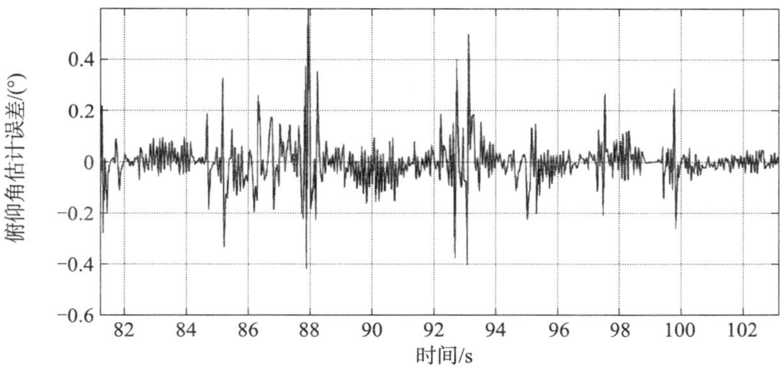


图 7-48　SMO 观测器应用于固定翼无人机的俯仰角估计误差

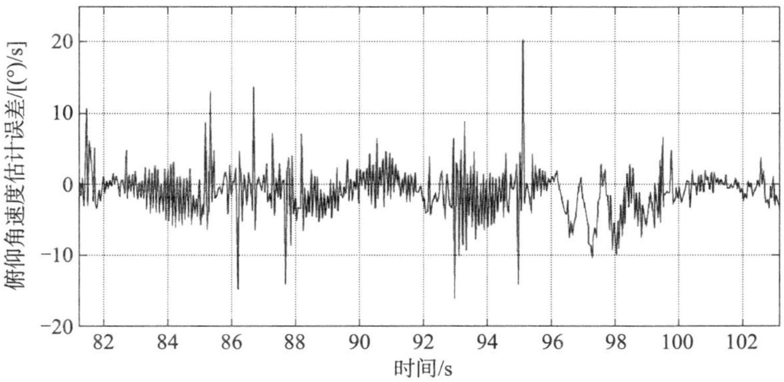


图 7-49　SMO 观测器应用于固定翼无人机的俯仰角速度估计误差

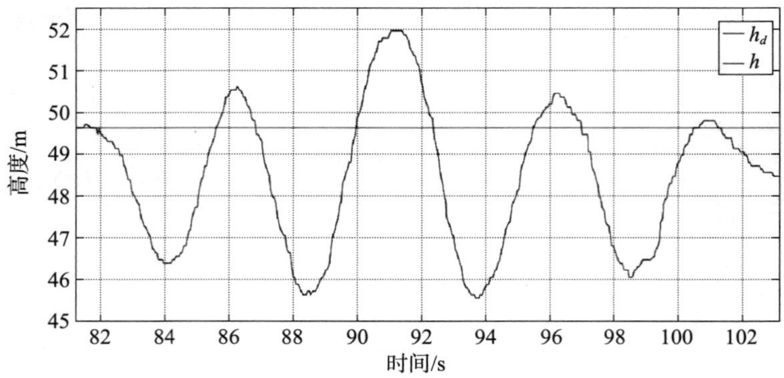


图 7-50　SMO 观测器应用于固定翼无人机的飞行高度

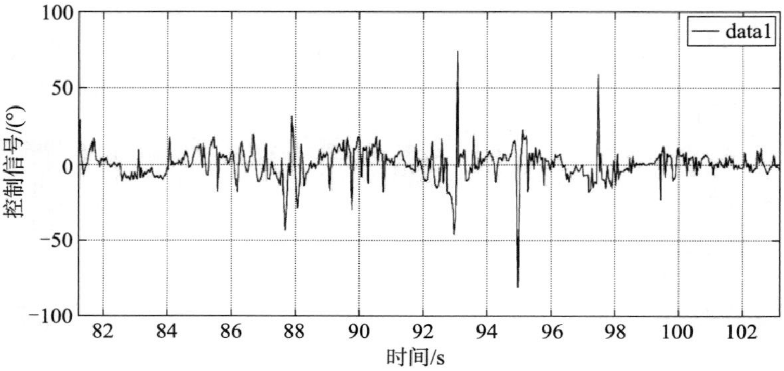


图 7-51　SMO 观测器应用于固定翼无人机的俯仰控制信号（舵偏角）

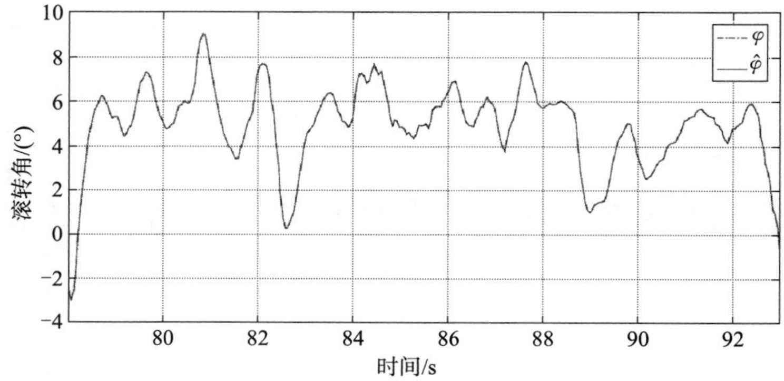


图 7-52　SMO 观测器应用于固定翼无人机飞行试验结果（滚转角）

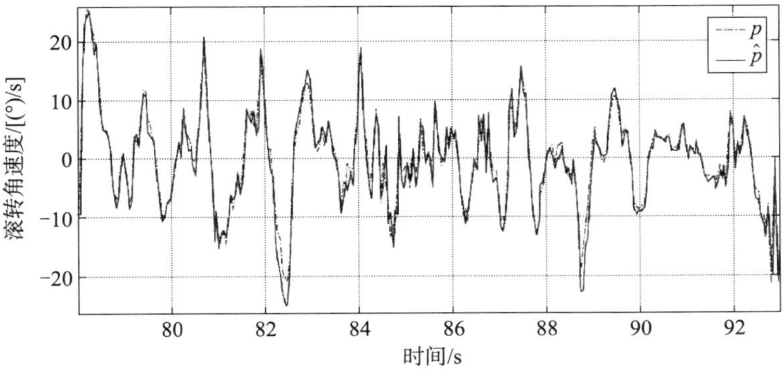


图 7-53　SMO 观测器应用于固定翼无人机飞行试验结果（滚转角速度）

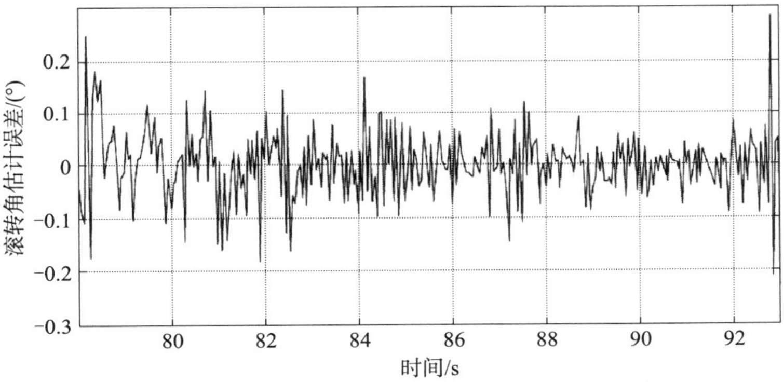


图 7-54　SMO 观测器应用于固定翼无人机的滚转角估计误差

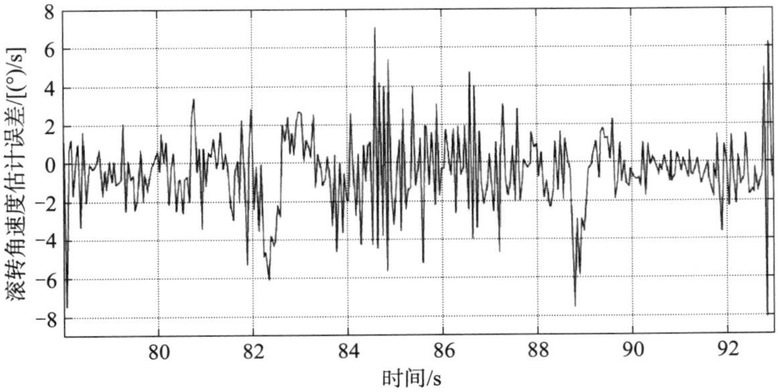


图 7-55　SMO 观测器应用于固定翼无人机的滚转角速度估计误差

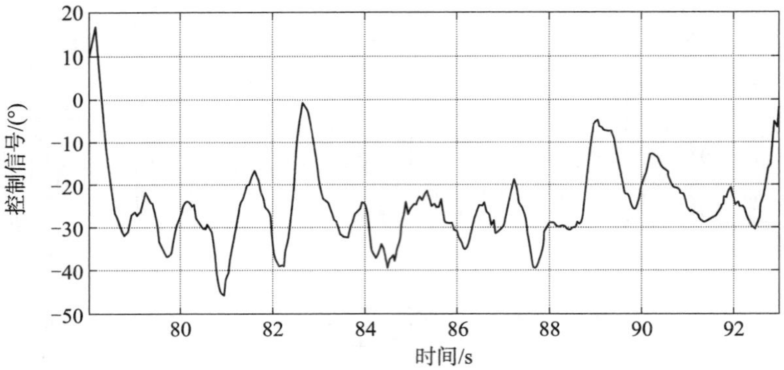


图 7-56　SMO 观测器应用于固定翼无人机的滚转控制信号（舵偏角）

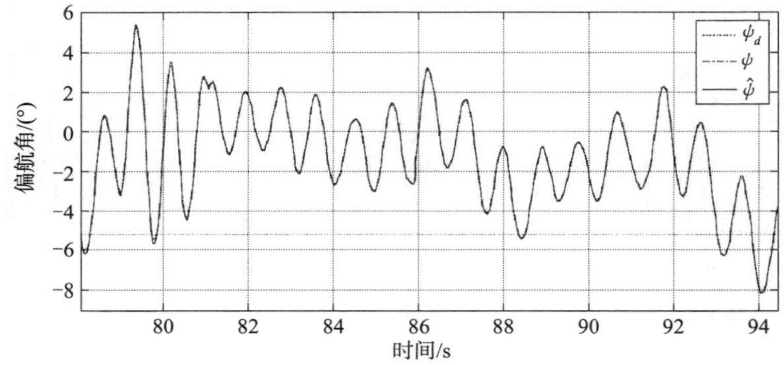


图 7-57　SMO 观测器应用于固定翼无人机飞行试验结果（偏航角）

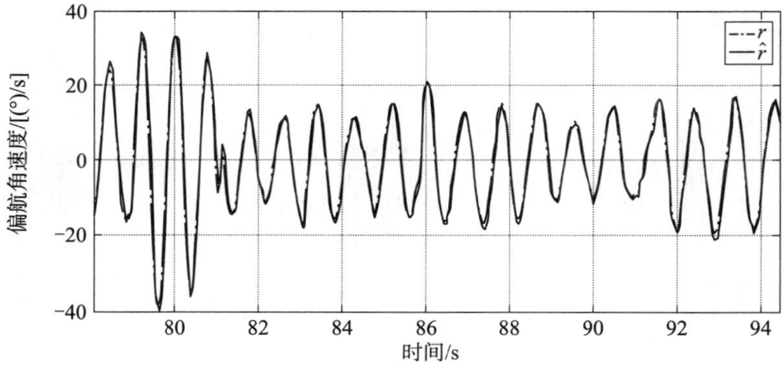


图 7-58　SMO 观测器应用于固定翼无人机飞行试验结果（偏航角速度）

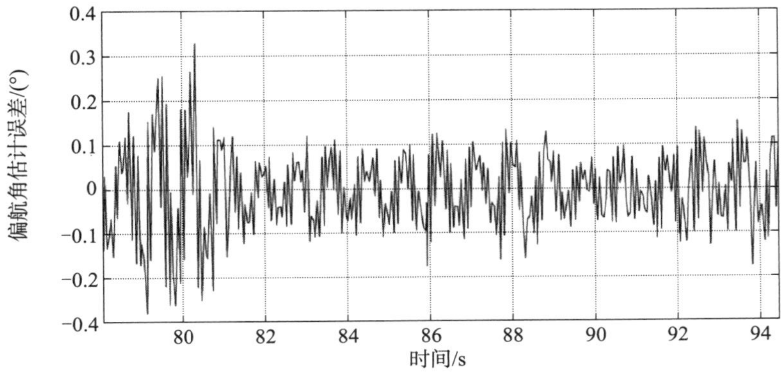


图 7-59　SMO 观测器应用于固定翼无人机的偏航角估计误差

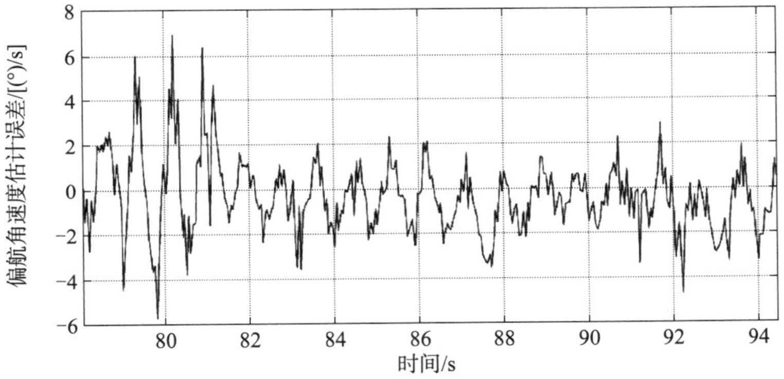


图 7-60　SMO 观测器应用于固定翼无人机的偏航角速度估计误差

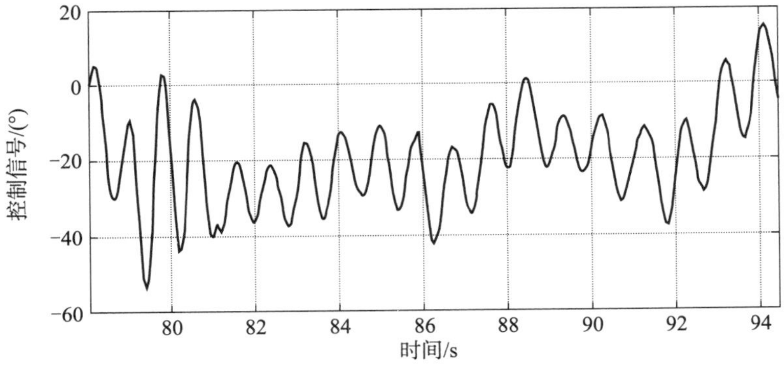


图 7-61　SMO 观测器应用于固定翼无人机的偏航控制信号（舵偏角）

### 7.10.3 NESO（非线性扩展状态观测器）+PD 控制

本节给出了 NESO 状态观测器与 PD 控制器组合参与无人机俯仰、滚转、偏航通道控制的飞行试验结果。

**俯仰运动**

图 7-62 和图 7-63 为 NESO 观测器+PD 控制器参与俯仰控制的俯仰角和俯仰角速度曲线，图 7-64 和图 7-65 为角度和角速度估计误差，图 7-66 为高度变化曲线，图 7-67 为飞行试验过程中的控制信号（舵偏角）。

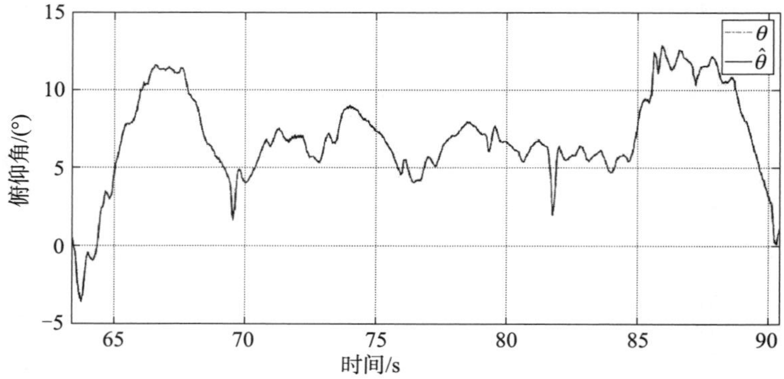


图 7-62　NESO 观测器应用于固定翼无人机飞行试验结果（俯仰角）

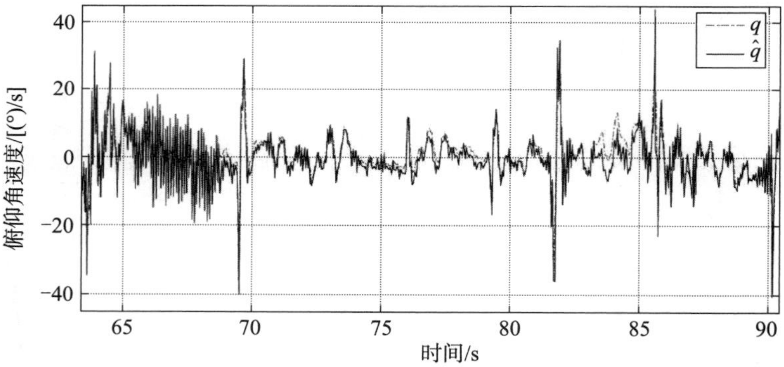


图 7-63　NESO 观测器应用于固定翼无人机飞行试验结果（俯仰角速度）

**滚转运动**

图 7-68 和图 7-69 为 NESO 观测器+PD 控制器参与滚转控制的滚转角和滚转角速度曲线，图 7-70 和图 7-71 为角度和角速度估计误差。图 7-72 为飞行试验过程中的控制信号（舵偏角）。

**偏航运动**

图 7-73 和图 7-74 为 NESO 观测器+PD 控制器参与偏航控制的偏航角和偏航角速度曲线，图 7-75 和图 7-76 为角度和角速度估计误差，图 7-77 为飞行试验过程中的控制信号（舵偏角）。

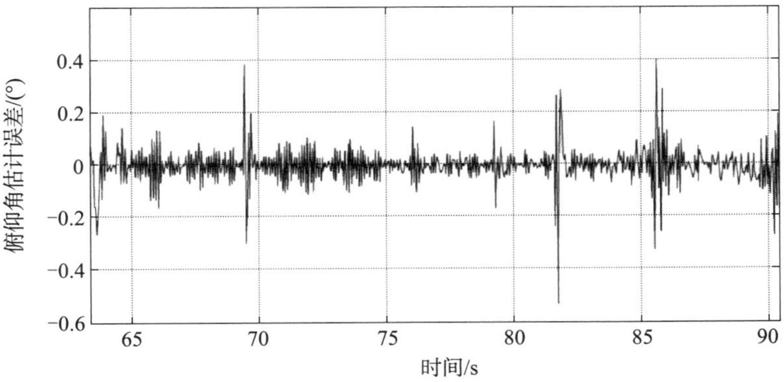


图 7-64　NESO 观测器应用于固定翼无人机的俯仰角估计误差

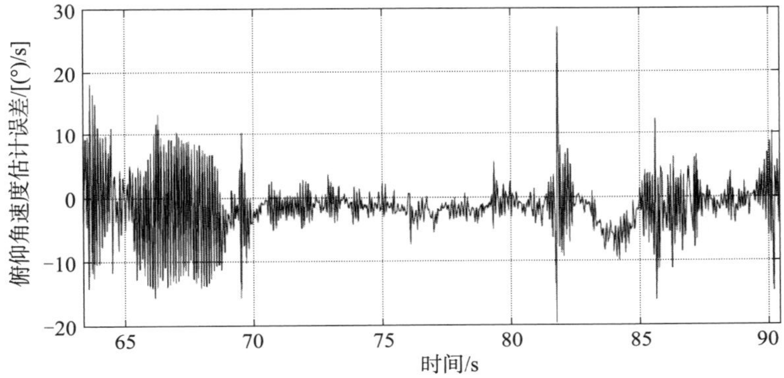


图 7-65　NESO 观测器应用于固定翼无人机的俯仰角速度估计误差

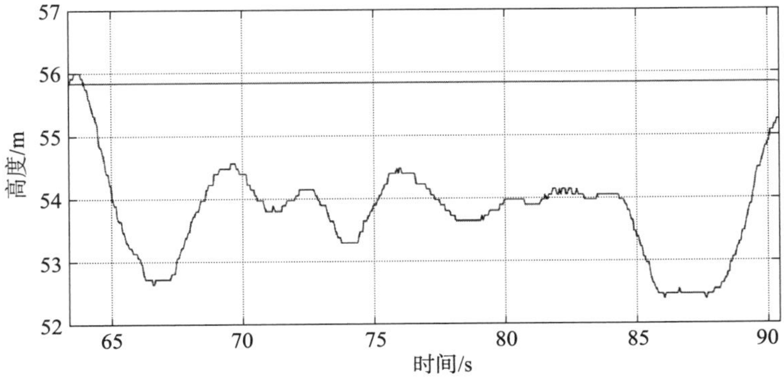


图 7-66　NESO 观测器应用于固定翼无人机的飞行高度

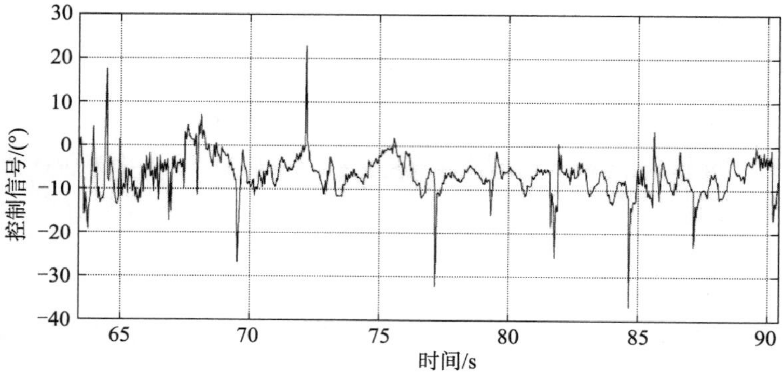


图 7-67　NESO 观测器应用于固定翼无人机的俯仰控制信号（舵偏角）

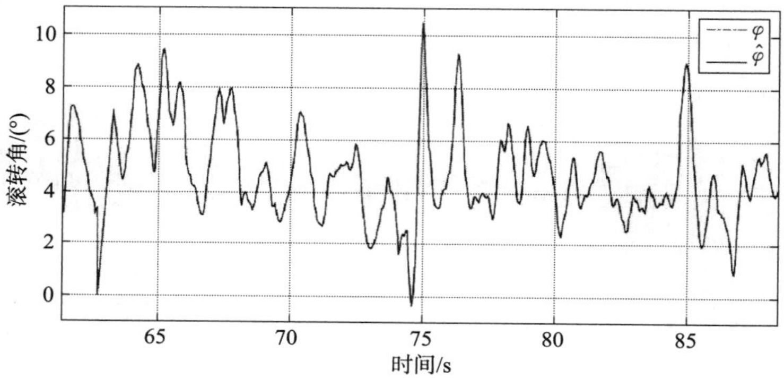


图 7-68　NESO 观测器应用于固定翼无人机飞行试验结果（滚转角）

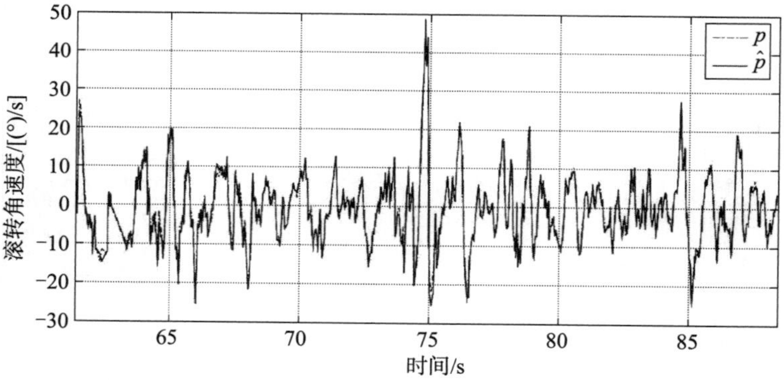


图 7-69　NESO 观测器应用于固定翼无人机飞行试验结果（滚转角速度）

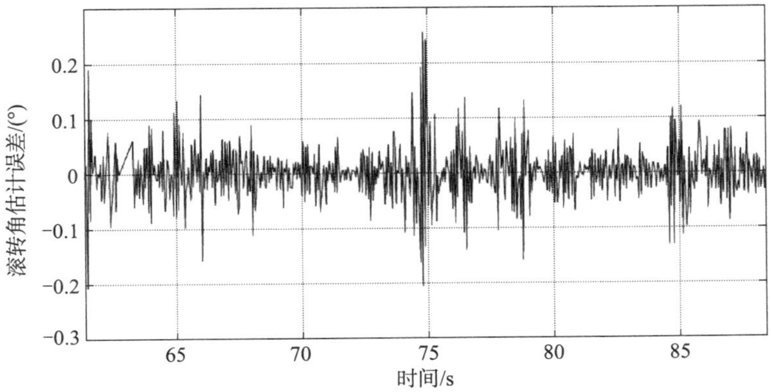


图 7 - 70　NESO 观测器应用于固定翼无人机的滚转角估计误差

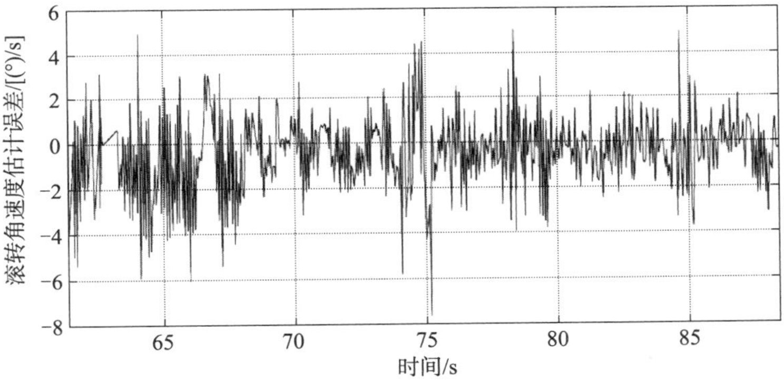


图 7 - 71　NESO 观测器应用于固定翼无人机的滚转角速度估计误差

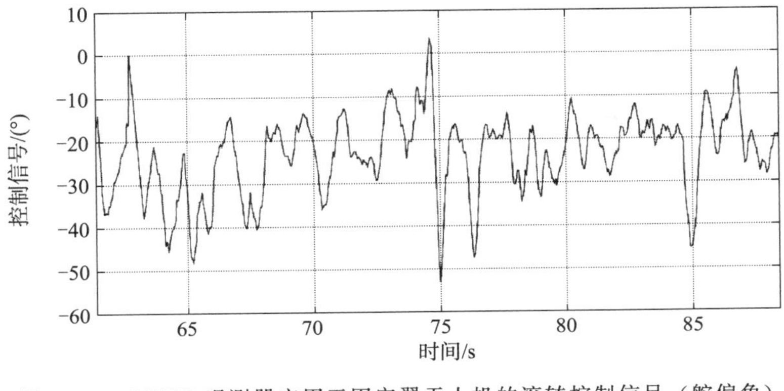


图 7 - 72　NESO 观测器应用于固定翼无人机的滚转控制信号（舵偏角）

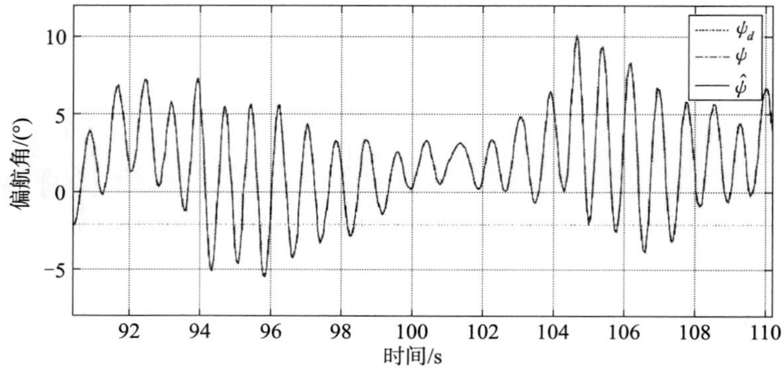


图 7-73　NESO 观测器应用于固定翼无人机飞行试验结果（偏航角）

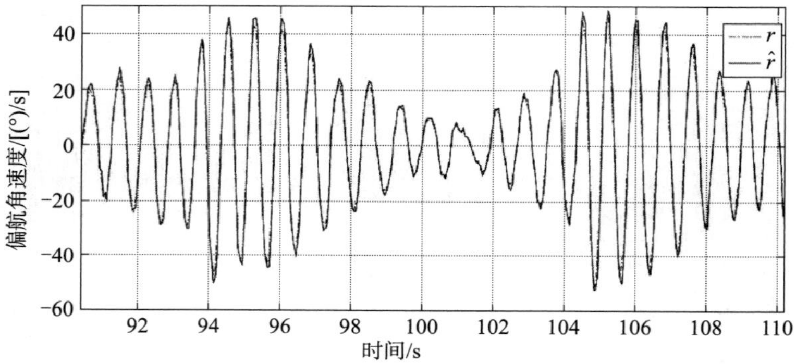


图 7-74　NESO 观测器应用于固定翼无人机飞行试验结果（偏航角速度）

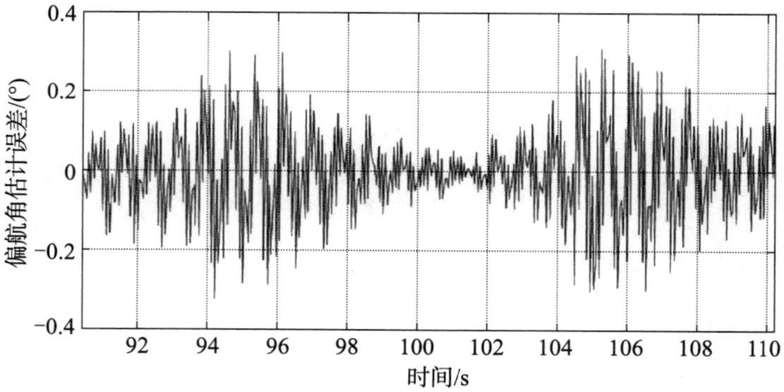


图 7-75　NESO 观测器应用于固定翼无人机的偏航角估计误差

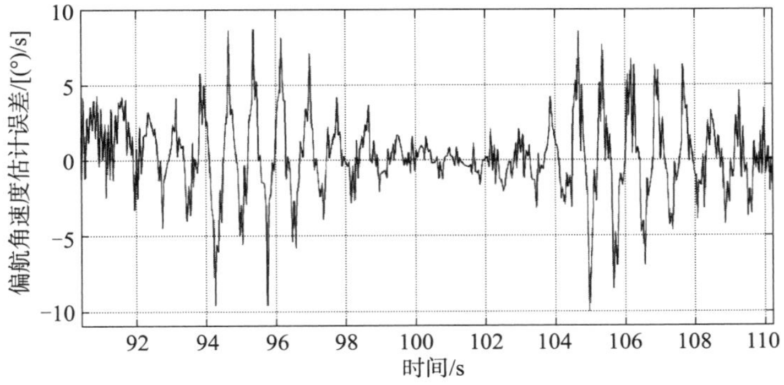


图 7-76　NESO 观测器应用于固定翼无人机的偏航角速度估计误差

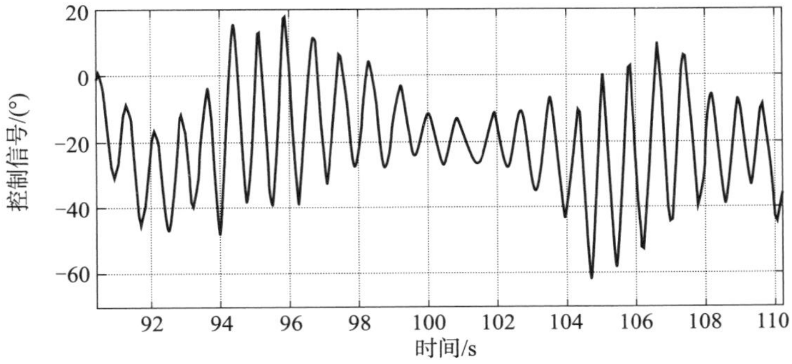


图 7-77　NESO 观测器应用于固定翼无人机的偏航控制信号（舵偏角）

### 7.10.4　SMO（滑模状态观测器）+反步控制

本节给出了 SMO（滑模状态观测器）+反步控制器参与无人机俯仰、滚转、偏航通道控制的飞行试验结果。

**俯仰运动**

图 7-78 和图 7-79 为 SMO 观测器+反步控制器参与俯仰控制的俯仰角和俯仰角速度曲线，图 7-80 和图 7-81 为角度和角速度估计误差，图 7-82 为高度变化曲线，图 7-83 为飞行试验过程中的控制信号（舵偏角）。

**滚转运动**

图 7-84 和图 7-85 为 SMO 观测器+反步控制器参与滚转控制的滚转角和滚转角速度曲线，图 7-86 和图 7-87 为角度和角速度估计误差。图 7-88 为飞行试验过程中的控制信号（舵偏角）。

**偏航运动**

图 7-89 和图 7-90 为 SMO 观测器+反步控制器参与偏航控制的偏航角和偏航角速度曲线，图 7-91 和图 7-92 为角度和角速度估计误差，图 7-93 为飞行试验过程中的控制信号（舵偏角）。

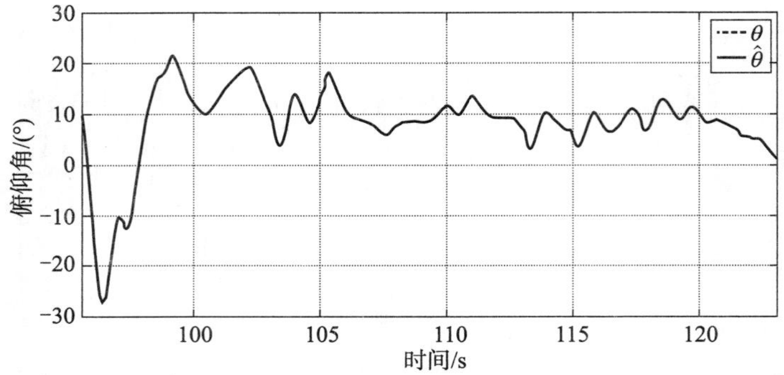


图 7-78 SMO 观测器应用于固定翼无人机飞行试验结果（俯仰角）

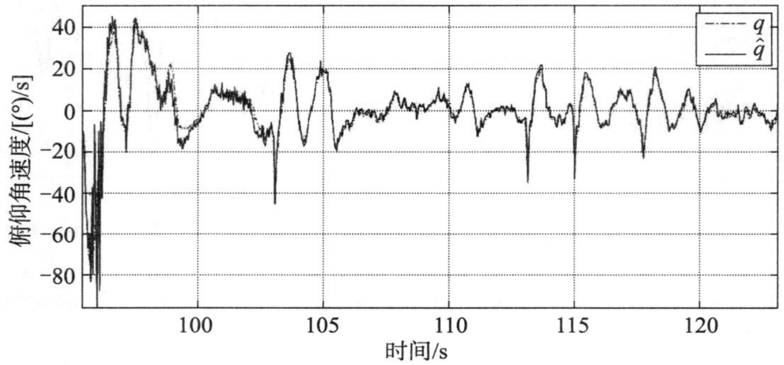


图 7-79 SMO 观测器应用于固定翼无人机飞行试验结果（俯仰角速度）

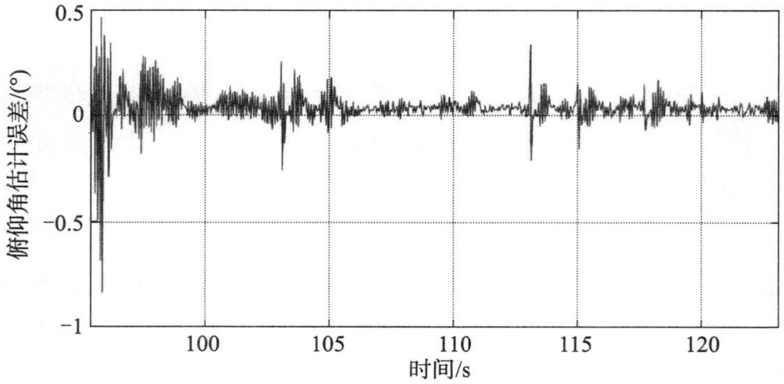


图 7-80 SMO 观测器应用于固定翼无人机的俯仰角估计误差

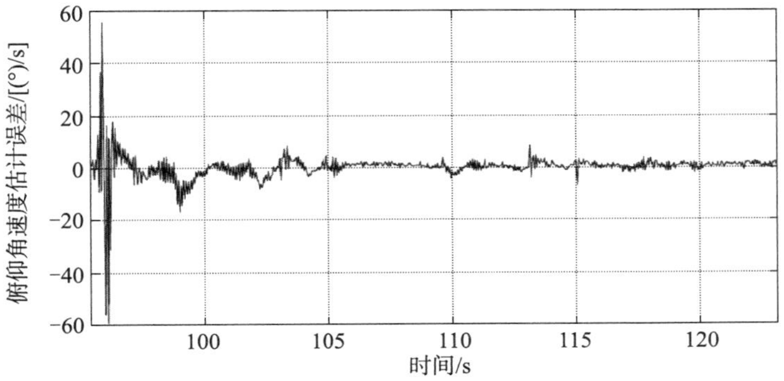


图 7 - 81　SMO 观测器应用于固定翼无人机的俯仰角速度估计误差

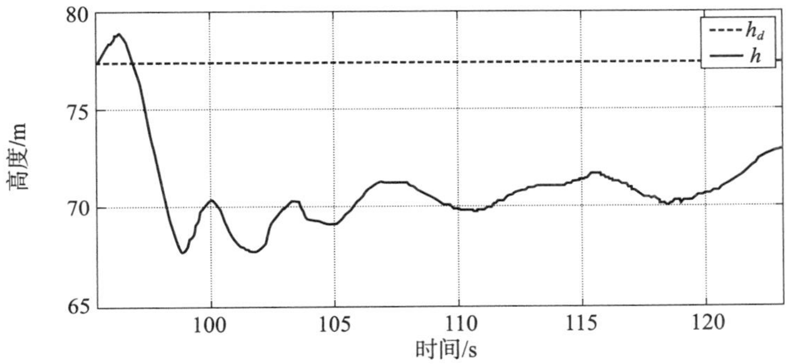


图 7 - 82　SMO 观测器应用于固定翼无人机的飞行高度

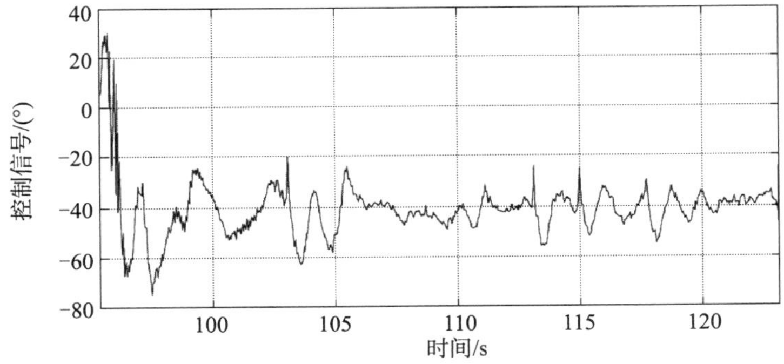


图 7 - 83　SMO 观测器应用于固定翼无人机的俯仰控制信号（舵偏角）

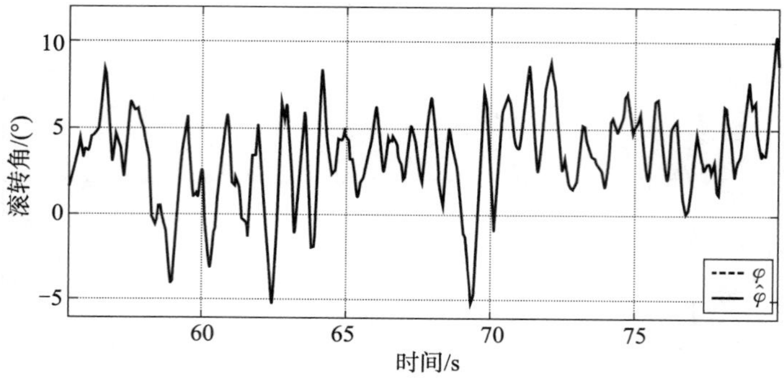


图 7-84　SMO 观测器应用于固定翼无人机飞行试验结果（滚转角）

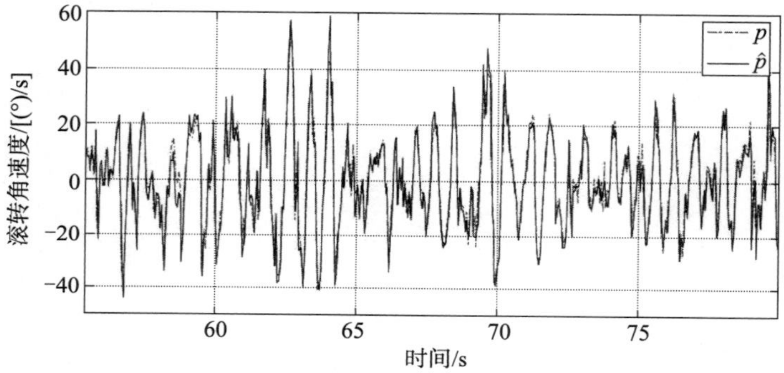


图 7-85　SMO 观测器应用于固定翼无人机飞行试验结果（滚转角速度）

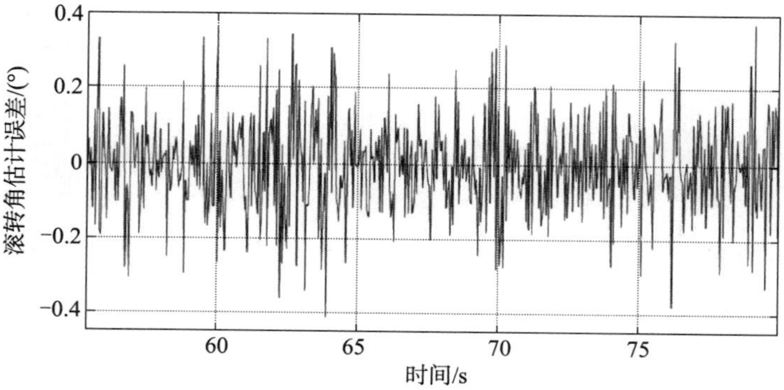


图 7-86　SMO 观测器应用于固定翼无人机的滚转角估计误差

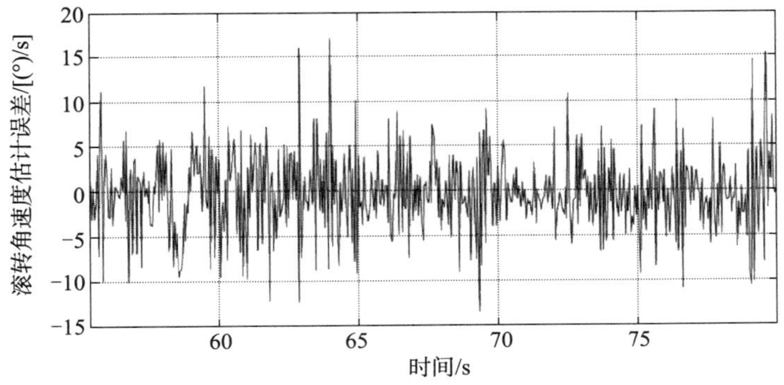


图 7－87　SMO 观测器应用于固定翼无人机的滚转角速度估计误差

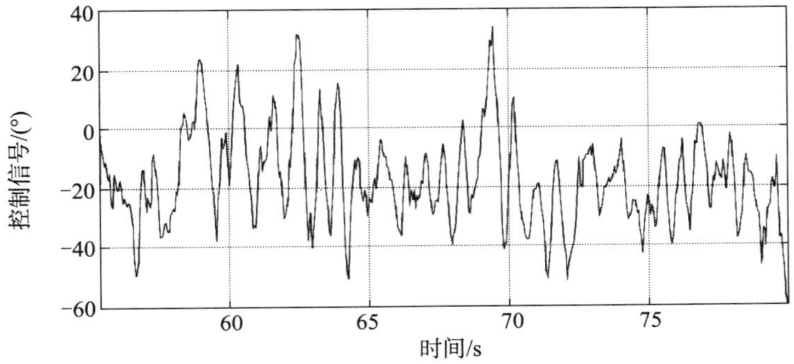


图 7－88　SMO 观测器应用于固定翼无人机的滚转控制信号（舵偏角）

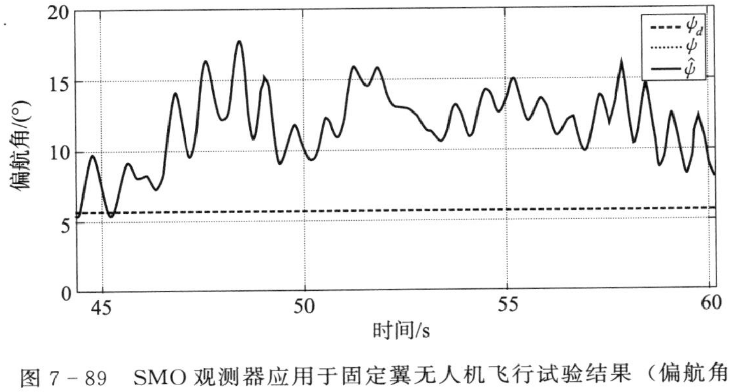


图 7－89　SMO 观测器应用于固定翼无人机飞行试验结果（偏航角）

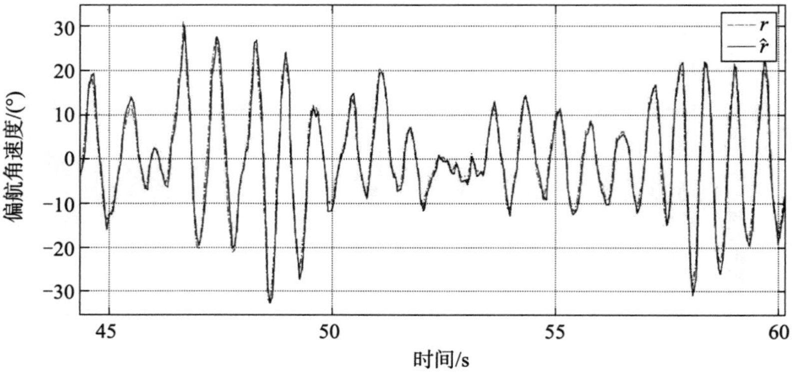


图 7-90　SMO 观测器应用于固定翼无人机飞行试验结果（偏航角速度）

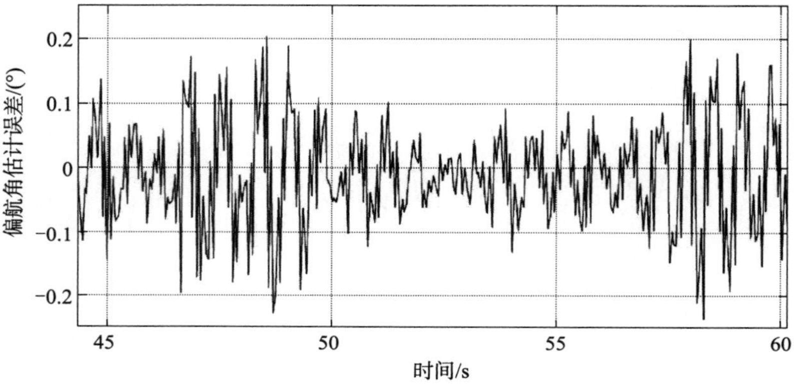


图 7-91　SMO 观测器应用于固定翼无人机的偏航角估计误差

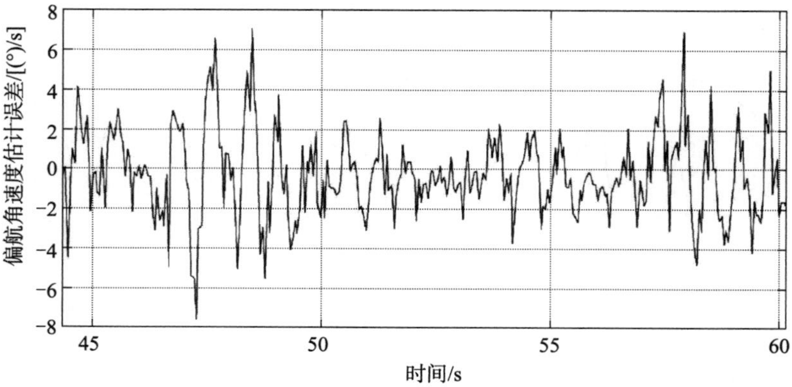


图 7-92　SMO 观测器应用于固定翼无人机的偏航角速度估计误差

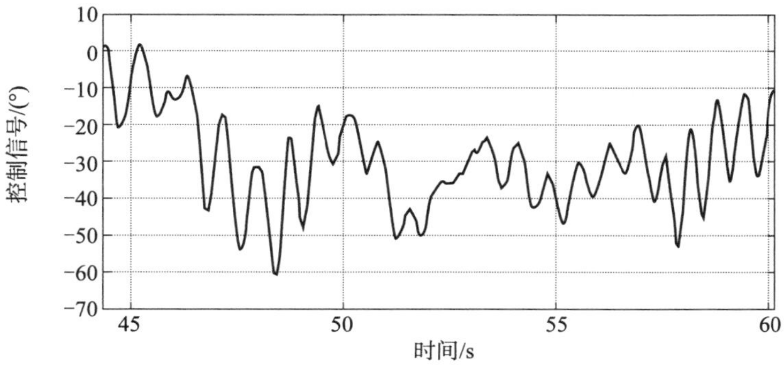


图 7－93　SMO 观测器应用于固定翼无人机的偏航控制信号（舵偏角）

### 7.10.5　NESO（非线性扩展状态观测器）＋反步控制

本节给出了 NESO 状态观测器与反步控制器组合参与无人机俯仰、滚转、偏航通道控制的飞行试验结果。

**俯仰运动**

图 7－94 和图 7－95 为 NESO 观测器＋反步控制器参与俯仰控制的俯仰角和俯仰角速度曲线，图 7－96 和图 7－97 为角度和角速度估计误差，图 7－98 为高度变化曲线，图 7－99 为飞行试验过程中的控制信号（舵偏角）。

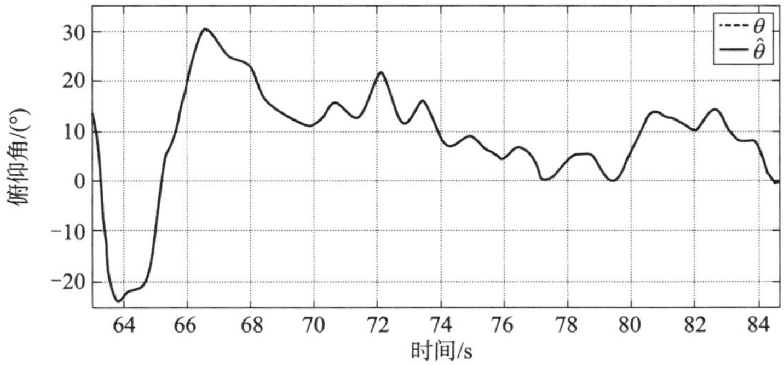


图 7－94　NESO 观测器应用于固定翼无人机飞行试验结果（俯仰角）

**滚转运动**

图 7－100 和图 7－101 为 NESO 观测器＋PD 控制器参与滚转控制的滚转角和滚转角速度曲线，图 7－102 和图 7－103 为角度和角速度估计误差。图 7－104 为飞行试验过程中的控制信号（舵偏角）。

**偏航运动**

图 7－105 和图 7－106 为 NESO 观测器＋反步控制器参与偏航控制的偏航角和偏航角速度曲线，图 7－107 和图 7－108 为角度和角速度估计误差，图 7－109 为飞行试验过程中的控制信号（舵偏角）。

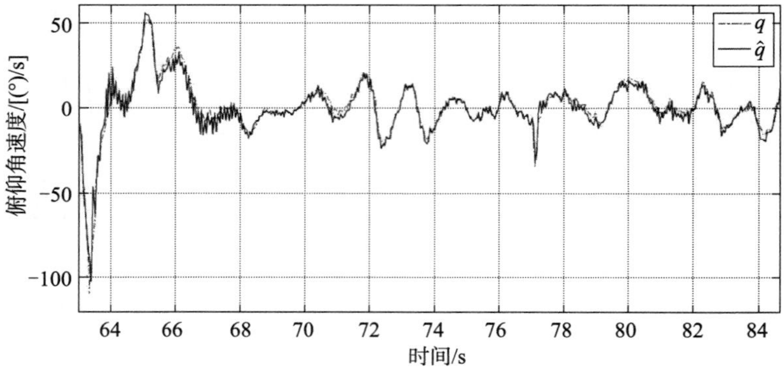


图 7－95　NESO 观测器应用于固定翼无人机飞行试验结果（俯仰角速度）

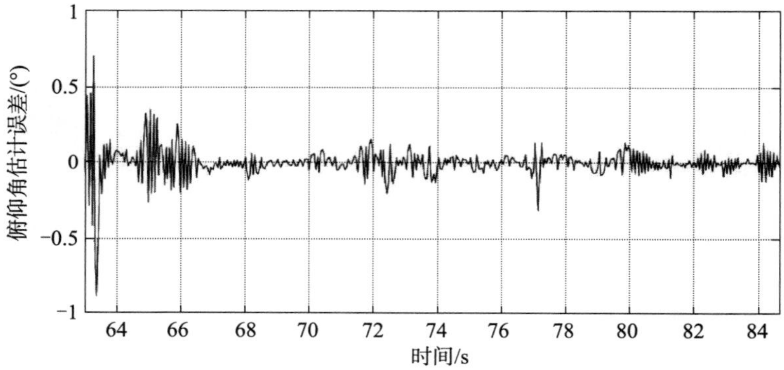


图 7－96　NESO 观测器应用于固定翼无人机的俯仰角估计误差

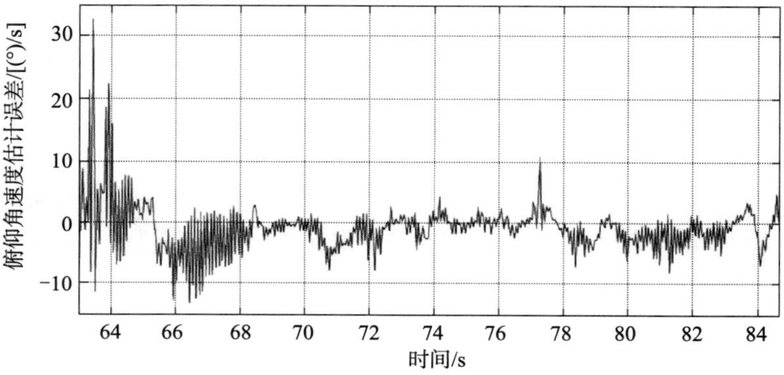


图 7－97　NESO 观测器应用于固定翼无人机的俯仰角速度估计误差

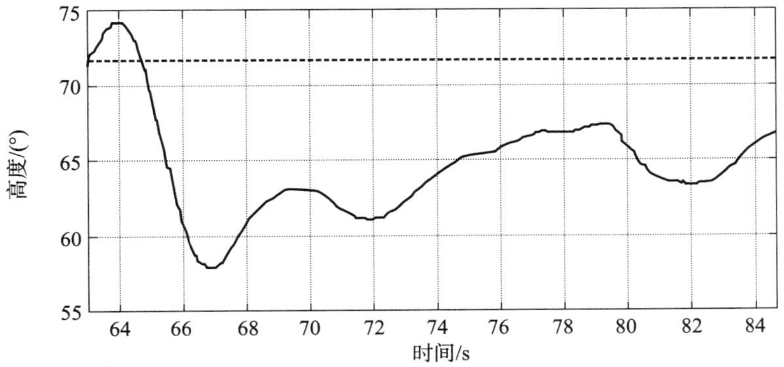


图7-98　NESO观测器应用于固定翼无人机的飞行高度

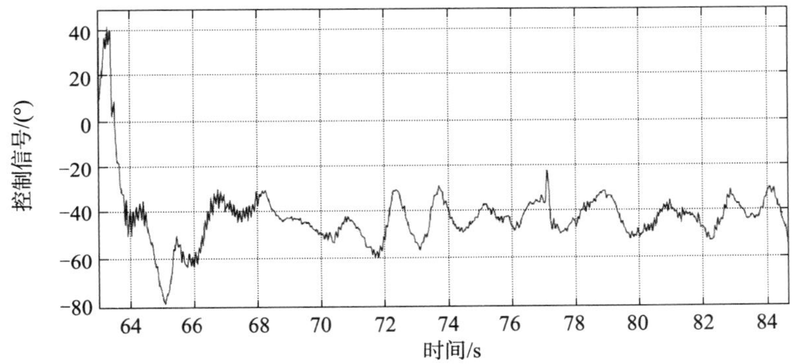


图7-99　NESO观测器应用于固定翼无人机俯仰控制信号（舵偏角）

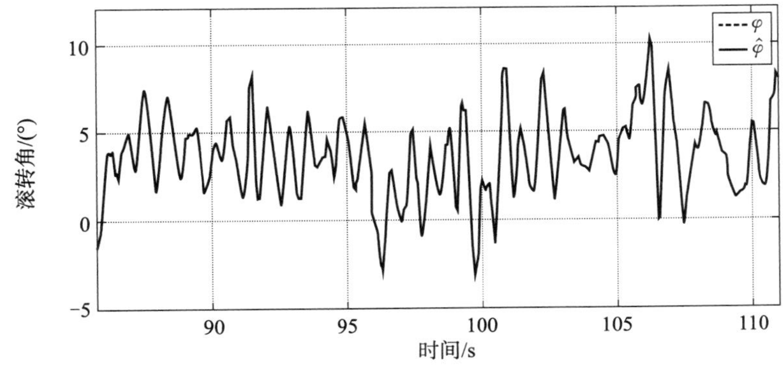


图7-100　NESO观测器应用于固定翼无人机飞行试验结果（滚转角）

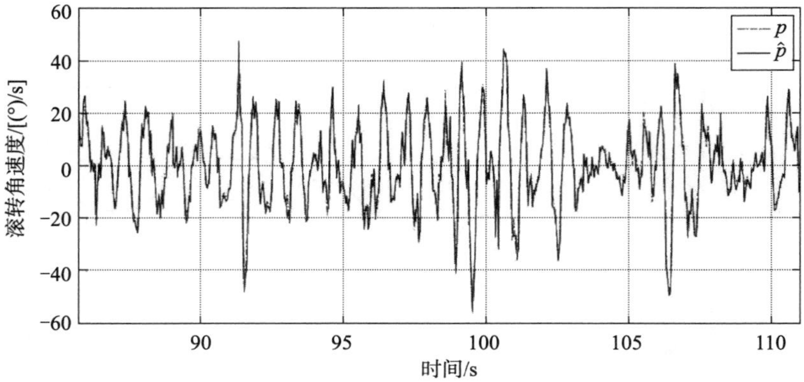


图 7-101　NESO 观测器应用于固定翼无人机飞行试验结果（滚转角速度）

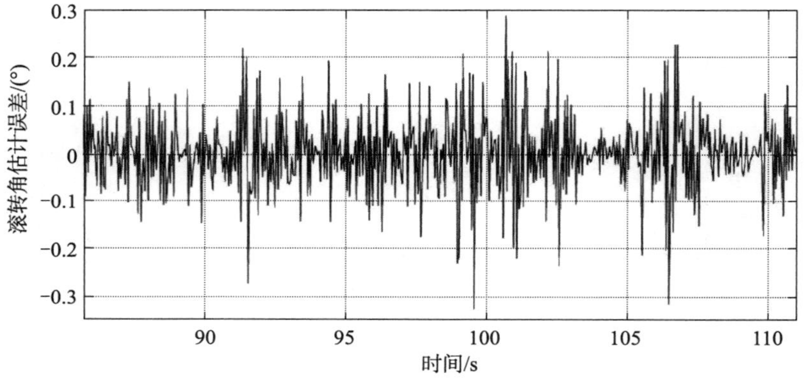


图 7-102　NESO 观测器应用于固定翼无人机的滚转角估计误差

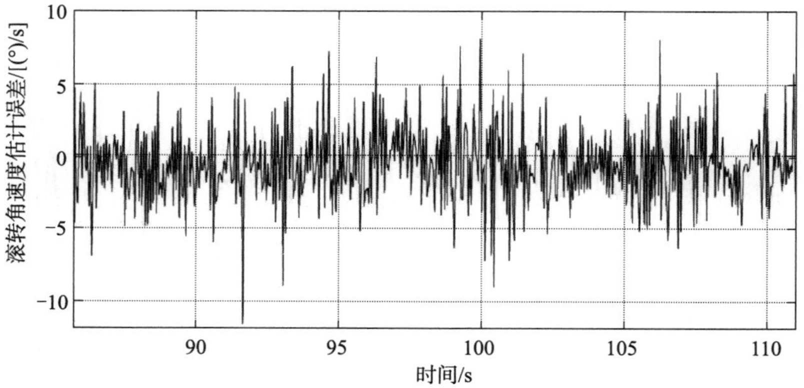


图 7-103　NESO 观测器应用于固定翼无人机的滚转角速度估计误差

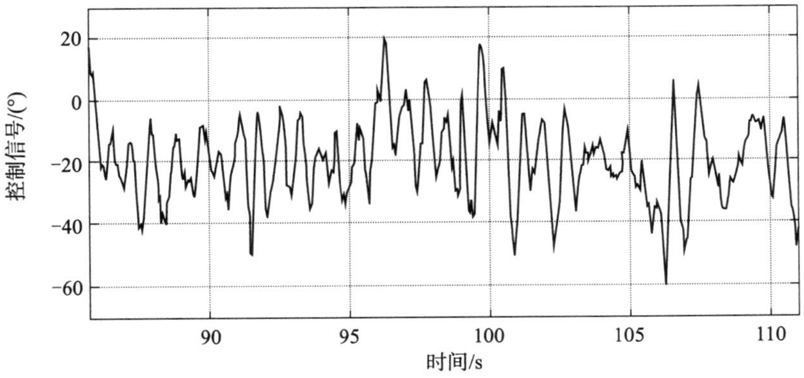


图 7－104　NESO 观测器应用于固定翼无人机的滚转控制信号（舵偏角）

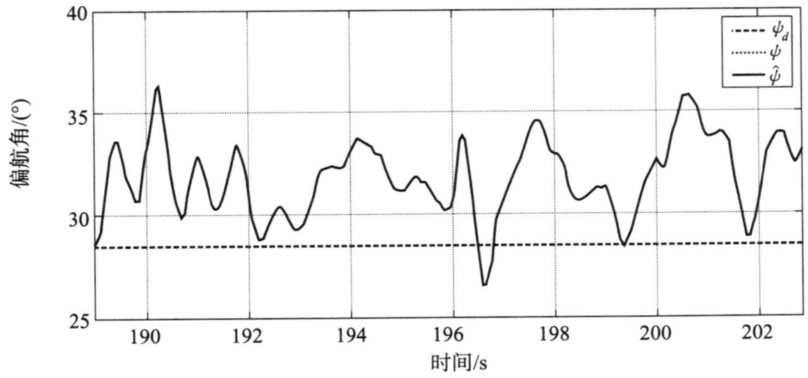


图 7－105　NESO 观测器应用于固定翼无人机飞行试验结果（偏航角）

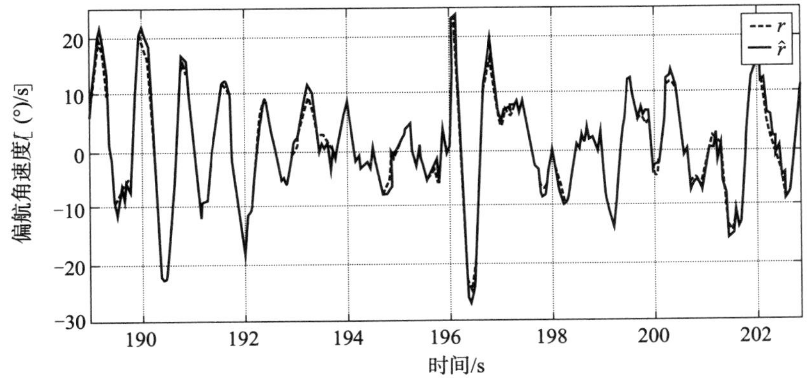


图 7－106　NESO 观测器应用于固定翼无人机飞行试验结果（偏航角速度）

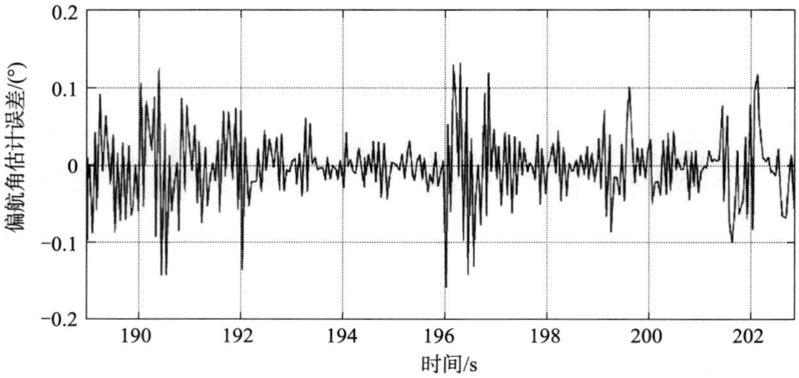


图 7-107　NESO 观测器应用于固定翼无人机的偏航角估计误差

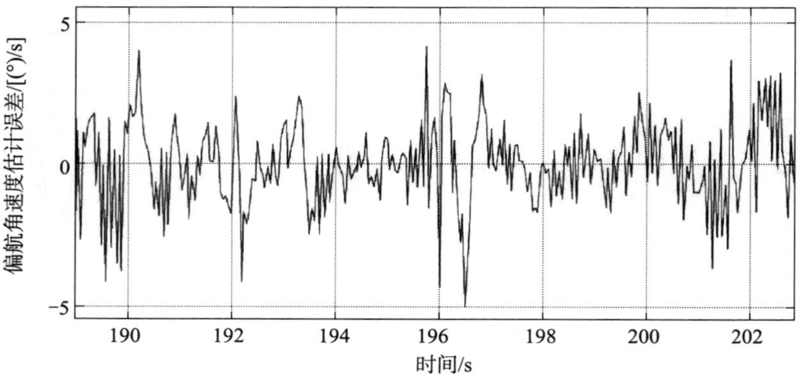


图 7-108　NESO 观测器应用于固定翼无人机的偏航角速度估计误差

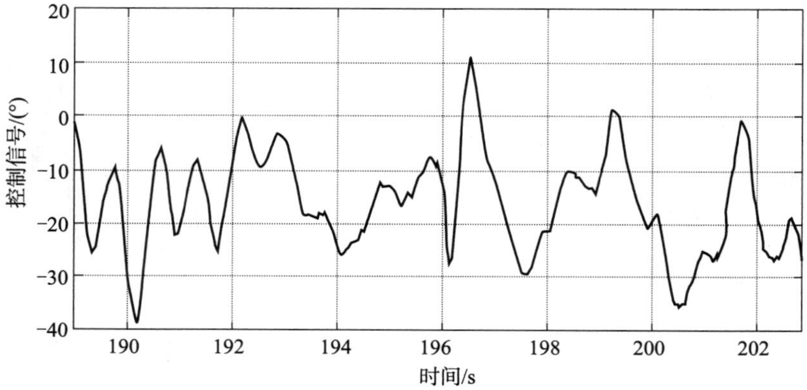


图 7-109　NESO 观测器应用于固定翼无人机的偏航控制信号（舵偏角）

表 7-6 给出了控制器和状态观测器组合的估计误差的范数。范数计算方式为

$$\|\tilde{x}_i\| = \|x_i - \hat{x}_i\| = \sqrt{\frac{1}{T-t_0}\int_{t_0}^{T}(x_i - \hat{x}_i)^2 \mathrm{d}t} \tag{7-2}$$

计算了每个通道控制的范数，如对于偏航运动，$x_1$ 和 $x_2$ 分别为 $x_1=\psi$ 和 $x_2=r$，即偏航角和偏航角速度，因此方程（7-2）定义为 $\|\psi-\hat{\psi}\|$ 和 $\|r-\hat{r}\|$。对于俯仰和滚转通道，以此类推。

**表 7-6　不同控制器和观测器组合误差的 $L_2$ 范数**

| 控制器 | 观测器 | 俯仰/(°) | | 偏航/(°) | | 滚转/(°) | |
|---|---|---|---|---|---|---|---|
| | | $L_2[\tilde{\theta}]$ | $L_2[\tilde{q}]$ | $L_2[\tilde{\psi}]$ | $L_2[\tilde{p}]$ | $L_2[\tilde{\varphi}]$ | $L_2[\tilde{r}]$ |
| PD | Luenberger | 0.063 8 | 2.159 2 | 0.118 3 | 2.953 5 | 0.110 2 | 2.261 0 |
| PD | SMO | 0.097 7 | 3.848 4 | 0.065 0 | 2.171 7 | 0.095 4 | 1.689 4 |
| PD | NESO | 0.097 7 | 3.848 4 | 0.065 0 | 2.171 7 | 0.095 4 | 1.689 4 |
| Backstepping | SMO | 0.097 1 | 5.668 2 | 0.136 4 | 4.566 3 | 0.085 3 | 2.145 1 |
| Backstepping | NESO | 0.104 9 | 4.300 3 | 0.085 8 | 2.792 0 | 0.049 2 | 1.516 8 |

## 7.11　小结

本章介绍了支持控制器和观测器测试的固定翼无人机试验台，包括支持线性/非线性控制器和观测器算法开发的自驾仪模块、嵌入式系统的电子设备等。基于该固定翼无人机平台，给出了线性/非线性控制器和状态观测器参与俯仰、偏航和滚转控制的飞行试验结果。

# 附录 A　数学基础

本部分介绍了理解正文理论所需的数学基础知识。

## A.1　向量

向量是 $n$ 个数所组成的有序数组，即

$$\boldsymbol{x}=\begin{bmatrix}x_1\\x_2\\\vdots\\x_3\end{bmatrix}=[x_1\quad x_2\quad\cdots\quad x_n]^{\mathrm{T}}\tag{A-1}$$

$x_1$，$x_2$，…，$x_n$ 为向量 $\boldsymbol{x}$ 的分量（或坐标），上标 T 表示向量 $\boldsymbol{x}$ 的转置。

将所有 $n$ 维向量所张成的空间称为 $n$ 维欧氏空间，记为 $\mathbb{R}^n$ 。因此，如果 $\boldsymbol{x}$ 为 $n$ 维向量，则可表示为 $\boldsymbol{x}\in\mathbb{R}^n$ 。一维欧氏空间即为所有实数的集合 $\mathbb{R}$ 。

两个维数相等的向量可相加，即对应的分量（坐标）相加，令 $\boldsymbol{x}$，$\boldsymbol{y}$，$\boldsymbol{z}\in\mathbb{R}^n$ 则

$$\boldsymbol{z}=\boldsymbol{x}+\boldsymbol{y}=\begin{bmatrix}x_1\\x_2\\\vdots\\x_n\end{bmatrix}+\begin{bmatrix}y_1\\y_2\\\vdots\\y_n\end{bmatrix}=\begin{bmatrix}x_1+y_1\\x_2+y_2\\\vdots\\x_n+y_n\end{bmatrix}=\begin{bmatrix}z_1\\z_2\\\vdots\\z_n\end{bmatrix}\tag{A-2}$$

向量 $\boldsymbol{x}\in\mathbb{R}^n$ 和标量 $\alpha$ 相乘即 $\boldsymbol{x}$ 的每个元素均乘以 $\alpha$ 。两个向量 $\boldsymbol{x}$，$\boldsymbol{y}\in\mathbb{R}^n$ ，其内积定义为

$$\boldsymbol{x}^{\mathrm{T}}\boldsymbol{y}=[x_1\quad x_2\quad\cdots\quad x_n]\begin{bmatrix}y_1\\y_2\\\vdots\\y_3\end{bmatrix}=x_1y_1+x_2y_2+\cdots+x_ny_n=\sum_{i=1}^{n}x_iy_i\tag{A-3}$$

如果两个向量的内积为零，则称这两个向量正交或垂直。可以证明，内积具有如下性质：

- $\boldsymbol{x}^{\mathrm{T}}\boldsymbol{y}=\boldsymbol{y}^{\mathrm{T}}\boldsymbol{x}$ ，对于所有的 $\boldsymbol{x}$，$\boldsymbol{y}\in\mathbb{R}^n$ ；
- $\boldsymbol{x}^{\mathrm{T}}(\boldsymbol{y}+\boldsymbol{z})=\boldsymbol{x}^{\mathrm{T}}\boldsymbol{y}+\boldsymbol{x}^{\mathrm{T}}\boldsymbol{z}$ ，对于所有的 $\boldsymbol{x}$，$\boldsymbol{y}$，$\boldsymbol{z}\in\mathbb{R}^n$ 。

## A.2　线性变换

设 $V_n$，$W_m$ 分别为实数域 $\mathbb{R}$ 上的 $n$ 维和 $m$ 维线性空间，如果映射（变换）$F$：$V_n\rightarrow W_m$ 满足：

- 任意给定 $v_1$，$v_2\in V$ ，有 $F(v_1+v_2)=F(v_1)+F(v_2)$

• 任意给定 $v_1 \in V$，$\lambda \in \mathbb{R}$，有 $F(\lambda v_1)=\lambda F(v_1)$

那么，称 $F$ 为从 $V_n$ 到 $W_m$ 的线性变换。

## A.3 欧几里得范数

向量 $\boldsymbol{x} \in \mathbb{R}^n$ 的欧几里得范数记为 $\|\boldsymbol{x}\|$，定义为

$$\|\boldsymbol{x}\|=\sqrt{\sum\nolimits_{i=1}^{n} x_i^2}=\sqrt{\boldsymbol{x}^{\mathrm{T}}\boldsymbol{x}} \tag{A-4}$$

其具有如下性质：

• $\|\boldsymbol{x}\|=0$ 当且仅当 $\boldsymbol{x}=0 \in \mathbb{R}^n$；

• 对于任意 $\boldsymbol{x} \in \mathbb{R}^n$ 且 $\boldsymbol{x} \neq 0$，$\|\boldsymbol{x}\|>0$；

• 对于任意 $\boldsymbol{x} \in \mathbb{R}^n$，$\alpha \in \mathbb{R}$，$\|\alpha\boldsymbol{x}\|=|\alpha|\,\|\boldsymbol{x}\|$；

• 对于任意 $\boldsymbol{x}$，$\boldsymbol{y} \in \mathbb{R}^n$，$\|\boldsymbol{x}\|-\|\boldsymbol{y}\| \leqslant \|\boldsymbol{x}+\boldsymbol{y}\| \leqslant \|\boldsymbol{x}\|+\|\boldsymbol{y}\|$（三角不等式）；

• 对于任意 $\boldsymbol{x}$，$\boldsymbol{y} \in \mathbb{R}^n$，$|\boldsymbol{x}^{\mathrm{T}}\boldsymbol{y}| \leqslant \|\boldsymbol{x}\|\,\|\boldsymbol{y}\|$（Schwarz 不等式）。

## A.4 矩阵

矩阵是由 $n \times m$ 个数 $a_{ij} \in \mathbb{R}$，$(i=1, 2, \cdots, n; j=1, 2, \cdots, m)$ 按一定的次序排成的 $n$ 行 $m$ 列数组

$$\boldsymbol{A}=\begin{bmatrix} a_{11} & a_{12} & \cdots & a_{1m} \\ a_{21} & a_{22} & \cdots & a_{2m} \\ \vdots & \vdots & \ddots & \vdots \\ a_{n1} & a_{n2} & \cdots & a_{nm} \end{bmatrix} \tag{A-5}$$

$a_{ij}$ 称为矩阵 $\boldsymbol{A}$ 的元素，称 $\boldsymbol{A}$ 的维数为 $n \times m$。将所有定义在 $\mathbb{R}$ 上的 $n \times m$ 矩阵几何表示为 $\mathbb{R}^{n\times m}$，因此 $\boldsymbol{A} \in \mathbb{R}^{n\times m}$，向量 $\boldsymbol{x} \in \mathbb{R}^n$ 可看作矩阵的特殊形式：$\mathbb{R}^{n\times 1}=\mathbb{R}^n$。

矩阵 $\boldsymbol{A} \in \mathbb{R}^{n\times m}$ 的转置矩阵 $\boldsymbol{A}^{\mathrm{T}}$ 为将其行和列互换，即 $\boldsymbol{A}^{\mathrm{T}}=\{a_{ji}\} \in \mathbb{R}^{m\times n}$。

矩阵 $\boldsymbol{A} \in \mathbb{R}^{n\times p}$ 和 $\boldsymbol{B} \in \mathbb{R}^{p\times m}$ 相乘定义为

$$\begin{aligned}\boldsymbol{C}=\boldsymbol{AB}&=\begin{bmatrix} a_{11} & a_{12} & \cdots & a_{1p} \\ a_{21} & a_{22} & \cdots & a_{2p} \\ \vdots & \vdots & \ddots & \vdots \\ a_{n1} & a_{n2} & \cdots & a_{np} \end{bmatrix} \cdot \begin{bmatrix} b_{11} & b_{12} & \cdots & b_{1m} \\ b_{21} & b_{22} & \cdots & b_{2m} \\ \vdots & \vdots & \ddots & \vdots \\ b_{p1} & b_{p2} & \cdots & b_{pm} \end{bmatrix} \\ &=\begin{bmatrix} \sum\limits_{k=1}^{p} a_{1k}b_{k1} & \sum\limits_{k=1}^{p} a_{1k}b_{k2} & \cdots & \sum\limits_{k=1}^{p} a_{1k}b_{km} \\ \sum\limits_{k=1}^{p} a_{2k}b_{k1} & \sum\limits_{k=1}^{p} a_{2k}b_{k2} & \cdots & \sum\limits_{k=1}^{p} a_{2k}b_{km} \\ \vdots & \vdots & \ddots & \vdots \\ \sum\limits_{k=1}^{p} a_{nk}b_{k1} & \sum\limits_{k=1}^{p} a_{nk}b_{k1} & \cdots & \sum\limits_{k=1}^{p} a_{nk}b_{km} \end{bmatrix}\end{aligned} \tag{A-6}$$

和向量相同，矩阵相乘也具有以下特性：

- 对于任意 $\boldsymbol{A} \in \mathbb{R}^{n\times p}$，$\boldsymbol{B} \in \mathbb{R}^{p\times m}$，$(\boldsymbol{AB})^{\mathrm{T}} = \boldsymbol{B}^{\mathrm{T}}\boldsymbol{A}^{\mathrm{T}}$；
- $\boldsymbol{AB} \neq \boldsymbol{BA}$；
- 对于任意 $\boldsymbol{A} \in \mathbb{R}^{n\times p}$ 且 $\boldsymbol{B}$，$\boldsymbol{C} \in \mathbb{R}^{p\times m}$，$\boldsymbol{A}(\boldsymbol{B}+\boldsymbol{C}) = \boldsymbol{AB}+\boldsymbol{AC}$；
- 对于任意 $\boldsymbol{A} \in \mathbb{R}^{n\times p}$，$\boldsymbol{B} \in \mathbb{R}^{p\times m}$ 且 $\boldsymbol{C} \in \mathbb{R}^{m\times r}$，$\boldsymbol{ABC} = \boldsymbol{A}(\boldsymbol{BC}) = (\boldsymbol{AB})\boldsymbol{C}$。

如果 $n=m$，则矩阵 $\boldsymbol{A} \in \mathbb{R}^{n\times m}$ 称为 $n$ 阶方阵或 $n$ 阶矩阵。如果 $\boldsymbol{A}=\boldsymbol{A}^{\mathrm{T}}$，即方阵 $\boldsymbol{A}$ 与其转置相等，则称其为对称矩阵；如果 $\boldsymbol{A}=-\boldsymbol{A}^{\mathrm{T}}$，则称其为反对称矩阵。

如果 $\boldsymbol{A} \in \mathbb{R}^{n\times n}$ 为 $n$ 阶反对称矩阵，则对于任意 $\boldsymbol{x} \in \mathbb{R}^{n}$，$\boldsymbol{x}^{\mathrm{T}}\boldsymbol{Ax}=0$，即

$$\boldsymbol{x}^{\mathrm{T}}\boldsymbol{Ax}=0, \forall \boldsymbol{x} \in \mathbb{R}^{n} \tag{A-7}$$

如果 $\boldsymbol{A}=\{a_{ij}\} \in \mathbb{R}^{n\times n}$ 中元素 $a_{ij}=0(i\neq j)$，则称其为对角矩阵（对角阵），可将其表示为 $\mathrm{diag}\{a_{11}, a_{22}, \cdots, a_{nn}\} \in \mathbb{R}^{n\times n}$，如

$$\mathrm{diag}\{a_{11},a_{22},\cdots,a_{nn}\} = \begin{bmatrix} a_{11} & 0 & \cdots & 0 \\ 0 & a_{22} & \cdots & 0 \\ \vdots & \vdots & \ddots & \vdots \\ 0 & 0 & \cdots 7 & a_{nn} \end{bmatrix} \in \mathbb{R}^{n\times n} \tag{A-8}$$

任何对角阵均是对称阵，如果对角阵对角线上元素均相等，即 $a_{11}=a_{22}=\cdots=a_{nn}=\alpha$，$\alpha \in \mathbb{R}$，则可将对角阵表示为 $\mathrm{diag}\{\alpha\} \in \mathbb{R}^{n\times n}$，单位阵和零矩阵是两种特殊的对角阵。主对角线上元素全为 1 的对角阵称为单位阵，记为 $I=\mathrm{diag}\{1\} \in \mathbb{R}^{n\times n}$。元素全为零的矩阵称为零矩阵，记为 $0=\mathrm{diag}\{0\} \in \mathbb{R}^{n\times n}$。

任何方阵 $\boldsymbol{A}$ 均满足

$$\boldsymbol{A}^{\mathrm{T}}\boldsymbol{A}=\boldsymbol{AA}^{\mathrm{T}}=\boldsymbol{I} \tag{A-9}$$

方阵 $\boldsymbol{A} \in \mathbb{R}^{n\times n}$ 主对角线元素之和称为方阵 $\boldsymbol{A}$ 的迹，记作 $\mathrm{tr}(\boldsymbol{A})$ 或 $\mathrm{trace}(\boldsymbol{A})$，即

$$\mathrm{tr}(A)=\sum_{i=1}^{n} a_{ii} \tag{A-10}$$

如果方阵 $\boldsymbol{A} \in \mathbb{R}^{n\times n}$ 的行列式为零，即 $\det\boldsymbol{A}=0$，则称其为奇异矩阵，否则称为非奇异矩阵。奇异矩阵的一个特征是没有逆矩阵。

**定理 1**（Sylvester 定理）　$\boldsymbol{P}$ 为 $n$ 阶方阵，定义

$$\boldsymbol{A}=\{a_{ij}\}=\frac{\boldsymbol{P}+\boldsymbol{P}^{\mathrm{T}}}{2} \tag{A-11}$$

$\boldsymbol{P}$ 正定的充分必要条件为 $\boldsymbol{A}$ 的顺序主子式全大于零，即

$$\det[a_{11}]>0, \det\begin{bmatrix} a_{11} & a_{12} \\ a_{21} & a_{22} \end{bmatrix}>0, \cdots, \det[A]>0 \tag{A-12}$$

方阵 $\boldsymbol{A} \in \mathbb{R}^{n\times n}$ 非对称，如果

$$\boldsymbol{x}^{\mathrm{T}}\boldsymbol{Ax}>0, \forall \boldsymbol{x} \in \mathbb{R}^{n}, \boldsymbol{x}\neq \boldsymbol{0} \tag{A-13}$$

则称 $\boldsymbol{A}$ 正定。

用 $\boldsymbol{A}>0$ 表示方阵 $\boldsymbol{A}$ 正定，而非其大于零。同样，任何对于对称正定方阵 $\boldsymbol{A}=\boldsymbol{A}^{\mathrm{T}}>0$ 均是非奇异的，因此其存在逆矩阵。两个正定矩阵 $\boldsymbol{A}=\boldsymbol{A}^{\mathrm{T}}>0$，$\boldsymbol{B}=\boldsymbol{B}^{\mathrm{T}}>0$ 的和 $\boldsymbol{A}+\boldsymbol{B}$ 仍

为正定阵，一般而言，二者的乘积 $\boldsymbol{AB}$ 既不正定也不对称，但是 $\boldsymbol{AB}$ 非奇异。

方阵 $\boldsymbol{A} \in \mathbb{R}^{n\times n}$ ，如果

$$\boldsymbol{x}^{\mathrm{T}}\boldsymbol{A}\boldsymbol{x} \geqslant 0, \forall \boldsymbol{x} \in \mathbb{R}^{n} \tag{A-14}$$

则称 $\boldsymbol{A}$ 半正定。因此，如果 $-\boldsymbol{A}$ 正定，则可称 $\boldsymbol{A}$ 负定；如果 $-\boldsymbol{A}$ 半正定，则可称 $\boldsymbol{A}$ 半负定。

$\boldsymbol{A}$ 为 $n$ 阶方阵，则其存在 $n$ 个特征值 $\lambda_1\{\boldsymbol{A}\}$ ，$\lambda_2\{\boldsymbol{A}\}$ ，…，$\lambda_n\{\boldsymbol{A}\}$ ，满足

$$\det[\lambda_i\{\boldsymbol{A}\}I-\boldsymbol{A}]=0, \quad i=1,2,\cdots,n \tag{A-15}$$

式中，$\boldsymbol{I} \in \mathbb{R}^{n\times n}$ 为 $n$ 阶单位阵，当 $\boldsymbol{A}$ 为对称阵时，其特征值有如下性质：

- $\lambda_1\{\boldsymbol{A}\}$ ，$\lambda_2\{\boldsymbol{A}\}$ ，…，$\lambda_n\{\boldsymbol{A}\}$ 为实数；
- 分别用 $\lambda\{\boldsymbol{A}\}_{\max}$ 、$\lambda\{\boldsymbol{A}\}_{\min}$ 表示最大特征值和最小特征值，则

$$\lambda_{\max}\{\boldsymbol{A}\}\|\boldsymbol{x}\|^2 \geqslant \boldsymbol{x}^{\mathrm{T}}\boldsymbol{A}\boldsymbol{x} \geqslant \lambda_{\min}\{\boldsymbol{A}\}\|\boldsymbol{x}\|^2 \tag{A-16}$$

$n$ 阶方阵 $\boldsymbol{A}$ 正定，当且仅当 $\boldsymbol{A}+\boldsymbol{A}^{\mathrm{T}}$ 的特征值大于零，即 $\lambda_i\{\boldsymbol{A}+\boldsymbol{A}^{\mathrm{T}}\}>0, i=1$，2，…，$n$ 。$n$ 阶对称方阵 $\boldsymbol{A}$ 正定当且仅当 $\lambda_i\{\boldsymbol{A}\}>0, i=1$，2，…，$n$ 。

$n$ 阶方阵 $\boldsymbol{A}$ 特征值已知，则

$$\mathrm{tr}(\boldsymbol{A})=\sum_{i=1}^{n}\lambda_i\{\boldsymbol{A}\} \tag{A-17}$$

$$\det(\boldsymbol{A})=\prod_{i=1}^{n}\lambda_i\{\boldsymbol{A}\} \tag{A-18}$$

将矩阵 $\boldsymbol{A} \in \mathbb{R}^{n\times m}$ 看作 $n$ 个行向量或 $m$ 个列向量组成的向量组，则向量组 $\boldsymbol{A}$ 的任意一个极大无关组所含的向量的个数，称为向量组 $\boldsymbol{A}$ 的秩，记为 $\mathrm{rank}(\boldsymbol{A})$，任一 $n$ 维向量组 $\boldsymbol{A}$ 的秩 $\mathrm{rank}(\boldsymbol{A}) \leqslant n$ ，矩阵的行向量组的秩与它的列向量组的秩相等，都等于矩阵的秩。

## A.5 谱范数

矩阵 $\boldsymbol{A} \in \mathbb{R}^{n\times m}$ 的谱范数 $\|\boldsymbol{A}\|$ 定义为

$$\|\boldsymbol{A}\|=\sqrt{\lambda_{\max}\{\boldsymbol{A}^{\mathrm{T}}\boldsymbol{A}\}} \tag{A-19}$$

$\lambda_{\max}\{\boldsymbol{A}^{\mathrm{T}}\boldsymbol{A}\}$ 为对称阵 $\boldsymbol{A}^{\mathrm{T}}\boldsymbol{A} \in \mathbb{R}^{m\times m}$ 的最大特征值，特别地，当 $\boldsymbol{A}=\boldsymbol{A}^{\mathrm{T}} \in \mathbb{R}^{n\times n}$ 时：

- $\|\boldsymbol{A}\|=\max|\lambda_i\{\boldsymbol{A}\}|$
- $\|\boldsymbol{A}^{-1}\|=\dfrac{1}{\min|\lambda_i\{\boldsymbol{A}\}|}$

当 $\boldsymbol{A}$ 对称正定时，上式中绝对值符号可以略去。

谱范数具有如下特性：

- $\|\boldsymbol{A}\|=0$，当且仅当 $\boldsymbol{A}=\boldsymbol{0} \in \mathbb{R}^{n\times m}$
- $\forall \boldsymbol{A} \in \mathbb{R}^{n\times m}$，$\boldsymbol{A} \neq 0$，$\|\boldsymbol{A}\|>0$
- $\forall \boldsymbol{A}$，$\boldsymbol{B} \in \mathbb{R}^{n\times m}$ ，$\|\boldsymbol{A}+\boldsymbol{B}\| \leqslant \|\boldsymbol{A}\|+\|\boldsymbol{B}\|$
- $\forall \alpha \in \mathbb{R}$，$\boldsymbol{A} \in \mathbb{R}^{n\times m}$ ，$\|\alpha\boldsymbol{A}\|=|\alpha|\|\boldsymbol{A}\|$
- $\forall \boldsymbol{A}$，$\boldsymbol{B} \in \mathbb{R}^{n\times m}$ ，$\|\boldsymbol{A}^{\mathrm{T}}\boldsymbol{B}\| \leqslant \|\boldsymbol{A}\|\|\boldsymbol{B}\|$

此外，对于矩阵 $\boldsymbol{A} \in \mathbb{R}^{n\times m}$，向量 $\boldsymbol{x} \in \mathbb{R}^{m}$，向量 $\boldsymbol{Ax}$ 的欧几里得范数满足

$$\|\boldsymbol{Ax}\| \leqslant \|\boldsymbol{A}\|\|\boldsymbol{x}\| \tag{A-20}$$

其中 $\|\boldsymbol{A}\|$ 可认为是矩阵 $\boldsymbol{A}$ 的谱范数；$\|\boldsymbol{x}\|$ 为向量 $\boldsymbol{x}$ 的欧几里得范数；令 $\boldsymbol{y} \in \mathbb{R}^{n}$，则 $\boldsymbol{y}^{\mathrm{T}}\boldsymbol{Ax}$ 满足

$$\|\boldsymbol{y}^{\mathrm{T}}\boldsymbol{Ax}\| \leqslant \|\boldsymbol{A}\|\|\boldsymbol{y}\|\|\boldsymbol{x}\| \tag{A-21}$$

## A.6　P 范数

P 范数的定义为

$$\|\boldsymbol{x}\|_p = (|x_1|^p + \cdots + |x_n|^p)^{1/p}, \quad \forall \boldsymbol{x} \in \mathbb{R}^n, 1 \leqslant p < \infty \tag{A-22}$$

且

$$\|\boldsymbol{x}\|_\infty = \max_i |x_i| \tag{A-23}$$

$\|\boldsymbol{x}\|_1$，$\|\boldsymbol{x}\|_\infty$ 和欧几里得范数 $\|\boldsymbol{x}\|_2$ 为最常用的三个范数。所有 P 范数均等价，令 $\|\cdot\|_\alpha$ 和 $\|\cdot\|_\beta$ 为两个不同的 P 范数，则存在两个大于零的常数 $c_1$ 和 $c_2$，使得

$$c_1\|\boldsymbol{x}\|_\alpha \leqslant \|\boldsymbol{x}\|_\beta \leqslant c_2\|\boldsymbol{x}\|_\alpha, \quad \forall \boldsymbol{x} \in \mathbb{R}^n \tag{A-24}$$

上式的三种常用形式为

$$\|\boldsymbol{x}\|_2 \leqslant \|\boldsymbol{x}\|_1 \leqslant \sqrt{n}\,\|\boldsymbol{x}\|_2 \tag{A-25}$$

$$\|\boldsymbol{x}\|_\infty \leqslant \|\boldsymbol{x}\|_2 \leqslant \sqrt{n}\,\|\boldsymbol{x}\|_\infty \tag{A-26}$$

$$\|\boldsymbol{x}\|_\infty \leqslant \|\boldsymbol{x}\|_1 \leqslant n\,\|\boldsymbol{x}\|_\infty \tag{A-27}$$

式中 $\boldsymbol{x} \in \mathbb{R}^n$。针对 P 范数的两个重要性质如下：

Hölder 不等式：设 $\dfrac{1}{p}+\dfrac{1}{q}=1$，$\forall \boldsymbol{x}$，$\boldsymbol{y} \in \mathbb{R}^n$，

$$|\boldsymbol{x}^{\mathrm{T}}\boldsymbol{y}| \leqslant \|\boldsymbol{x}\|_p\,\|y\|_q \tag{A-28}$$

Minkowski 不等式：设 $p \geqslant 1$，$\forall \boldsymbol{x}$，$\boldsymbol{y} \in \mathbb{R}^n$，

$$\|\boldsymbol{x}+\boldsymbol{y}\|_p \leqslant \|\boldsymbol{x}\|_p + \|\boldsymbol{y}\|_p \tag{A-29}$$

对于实数矩阵 $\boldsymbol{A} \in \mathbb{R}^{n\times m}$ 和向量 $\boldsymbol{x} \in \mathbb{R}^m$，映射 $\boldsymbol{y}=\boldsymbol{Ax}$ 定义了从空间 $\mathbb{R}^m$ 到空间 $\mathbb{R}^n$ 的映射，则矩阵 $\boldsymbol{A}$ 的诱导范数可定义为

$$\|\boldsymbol{A}\|_p = \sup_{x\neq 0}\frac{\|\boldsymbol{Ax}\|_p}{\|\boldsymbol{x}\|_p} = \max_{\|x\|_p=1}\|\boldsymbol{Ax}\|_p \tag{A-30}$$

对于 $p=1$，2，$\infty$ 的情况，上式可改写成

$$\|\boldsymbol{A}\|_1 = \max_j \sum_{i=1}^{n} |a_{ij}| \tag{A-31}$$

$$\|\boldsymbol{A}\|_2 = [\lambda_{\max}\{\boldsymbol{A}^{\mathrm{T}}\boldsymbol{A}\}]^{1/2} \tag{A-32}$$

$$\|\boldsymbol{A}\|_\infty = \max_i \sum_{j=1}^{m} |a_{ij}| \tag{A-33}$$

对于实矩阵 $\boldsymbol{A} \in \mathbb{R}^{n\times m}$，$\boldsymbol{B} \in \mathbb{R}^{m\times l}$，关于范数的一般性质为

$$\frac{1}{\sqrt{m}}\|\boldsymbol{A}\|_{\infty} \leqslant \|\boldsymbol{A}\|_{2} \leqslant \sqrt{n}\ \|\boldsymbol{A}\|_{\infty} \tag{A-34}$$

$$\frac{1}{\sqrt{n}}\|\boldsymbol{A}\|_{1} \leqslant \|\boldsymbol{A}\|_{2} \leqslant \sqrt{m}\ \|\boldsymbol{A}\|_{1} \tag{A-35}$$

$$\|\boldsymbol{A}\|_{2} \leqslant \sqrt{\|\boldsymbol{A}\|_{1} + \|\boldsymbol{A}\|_{\infty}} \tag{A-36}$$

$$\|\boldsymbol{AB}\|_{p} \leqslant \|\boldsymbol{A}\|_{p}\ \|\boldsymbol{B}\|_{p} \tag{A-37}$$

## A.7 向量的点乘、叉乘和反对称矩阵

两个向量的并矢积定义为

$$\boldsymbol{x} \circ \boldsymbol{y} = \boldsymbol{x}\boldsymbol{y}^{\mathrm{T}} = \begin{bmatrix} x_1 \\ x_2 \\ \vdots \\ x_n \end{bmatrix} [y_1 \quad y_2 \quad \cdots \quad y_n] \in \mathbb{R}^{n\times n}, \forall \boldsymbol{x}, \boldsymbol{y} \in \mathbb{R}^n \tag{A-38}$$

如果 $\boldsymbol{x}$，$\boldsymbol{y}$，$\boldsymbol{z} \in \mathbb{R}^n$，可以证明

$$(\boldsymbol{x} \circ \boldsymbol{y})z = (\boldsymbol{y}^{\mathrm{T}}\boldsymbol{z})\boldsymbol{x} \tag{A-39}$$

$$(\boldsymbol{x} \circ \boldsymbol{y})^{\mathrm{T}}\boldsymbol{z} = (\boldsymbol{x}^{\mathrm{T}}\boldsymbol{z})\boldsymbol{y} \tag{A-40}$$

同样，$\boldsymbol{x} \circ \boldsymbol{x} = \boldsymbol{x}\boldsymbol{x}^{\mathrm{T}}$，结果为半正定对称矩阵。

对于三维向量而言，另一种向量叉乘定义如下。对于 $\boldsymbol{x}$，$\boldsymbol{y}$，$\boldsymbol{z} \in \mathbb{R}^3$，

$$\boldsymbol{z} = \boldsymbol{x} \times \boldsymbol{y} = \begin{bmatrix} x_1 \\ x_2 \\ x_3 \end{bmatrix} \times \begin{bmatrix} y_1 \\ y_2 \\ y_3 \end{bmatrix} = \begin{bmatrix} x_2y_3 - x_3y_2 \\ x_3y_1 - x_1y_3 \\ x_1y_2 - x_2y_1 \end{bmatrix} \tag{A-41}$$

还可用反对称矩阵来表示叉乘。对于 $\boldsymbol{x} \in \mathbb{R}^3$，反对称矩阵 $\hat{\boldsymbol{x}}$ 定义为

$$\hat{\boldsymbol{x}} = \begin{bmatrix} 0 & -x_3 & x_2 \\ x_3 & 0 & -x_1 \\ -x_2 & x_1 & 0 \end{bmatrix} \tag{A-42}$$

利用式（A-42），叉乘可表示为

$$\boldsymbol{x} \times \boldsymbol{y} = \hat{\boldsymbol{x}}\boldsymbol{y} \tag{A-43}$$

基于向量的三种乘积（点乘、叉乘和并矢），对于 $\boldsymbol{x}$，$\boldsymbol{y} \in \mathbb{R}^3$，有

$$\boldsymbol{x} \times (\boldsymbol{x} \times \boldsymbol{y}) = (\boldsymbol{x} \circ \boldsymbol{x})\boldsymbol{y} - (\boldsymbol{x}^{\mathrm{T}}\boldsymbol{x})\boldsymbol{y} \tag{A-44}$$

相当于

$$\hat{\boldsymbol{x}}\hat{\boldsymbol{x}}\boldsymbol{y} = \boldsymbol{x}\boldsymbol{x}^{\mathrm{T}}\boldsymbol{y} - \boldsymbol{x}^{\mathrm{T}}\boldsymbol{x}\boldsymbol{y} \tag{A-45}$$

因此，也可推出

$$\hat{\boldsymbol{x}}^2 = \hat{\boldsymbol{x}}\hat{\boldsymbol{x}} = \boldsymbol{x}\boldsymbol{x}^{\mathrm{T}} - \|\boldsymbol{x}\|^2\boldsymbol{I} \tag{A-46}$$

其中 $\boldsymbol{I} \in \mathbb{R}^{3\times3}$ 为单位阵。基于反对称矩阵定义（A-42），对于向量 $\boldsymbol{x}$，$\boldsymbol{y}$，$\boldsymbol{z} \in \mathbb{R}^3$ 有如下性质

$$\hat{\boldsymbol{x}}^{\mathrm{T}}=-\hat{\boldsymbol{x}} \tag{A-47}$$

$$\hat{\boldsymbol{x}}(\boldsymbol{y}+\boldsymbol{z})=\hat{\boldsymbol{x}}\boldsymbol{y}+\hat{\boldsymbol{x}}\boldsymbol{z} \tag{A-48}$$

$$\hat{\boldsymbol{x}}\boldsymbol{y}=-\hat{\boldsymbol{y}}\boldsymbol{x} \tag{A-49}$$

$$\hat{\boldsymbol{x}}\boldsymbol{x}=\boldsymbol{0}\in\mathbb{R}^3 \tag{A-50}$$

$$\boldsymbol{y}^{\mathrm{T}}\hat{\boldsymbol{x}}\boldsymbol{y}=\boldsymbol{0} \tag{A-51}$$

$$\boldsymbol{x}^{\mathrm{T}}\hat{\boldsymbol{y}}\boldsymbol{z}=\boldsymbol{z}^{\mathrm{T}}\hat{\boldsymbol{x}}\boldsymbol{y} \tag{A-52}$$

$$\hat{\boldsymbol{x}}\hat{\boldsymbol{y}}=\boldsymbol{y}\boldsymbol{x}^{\mathrm{T}}-\boldsymbol{x}^{\mathrm{T}}\boldsymbol{y}\boldsymbol{I} \tag{A-53}$$

$$(\hat{\boldsymbol{x}}\hat{\boldsymbol{y}})=\boldsymbol{y}\boldsymbol{x}^{\mathrm{T}}-\boldsymbol{x}\boldsymbol{y}^{\mathrm{T}} \tag{A-54}$$

## A.8 拓扑基本概念

### A.8.1 集合

某些指定的对象集在一起就成为一个集合，如数、点、图形、物体等。集合中的每个对象称为这个集合的元素，如 $A$ 为一个集合，$x$ 为集合 $A$ 的一个元素，则 $x\in A$ 。$A$、$B$ 为两个集合，如果 $A$ 中的任意一个元素都是 $B$ 的元素，则称集合 $A$ 是集合 $B$ 的子集，记作 $A\subset B$ 或 $B\supset A$ ，不包含任何元素的集合称为空集，记作 $\varnothing$ 。空集是任何集合的子集。两个集合的交集和并集定义为

$$A\cup B=\{x\mid x\in A\quad\text{or}\quad x\in B\} \tag{A-55}$$

$$A\cap B=\{x\mid x\in A\quad\text{and}\quad x\in B\} \tag{A-56}$$

由所有属于 $A$ 而不属于 $B$ 的元素组成的集合称为集合 $A$ 与集合 $B$ 之差 $A\setminus B$ 。考虑两个非空集合 $A$ 和 $B$，用 $A$ 中元素为第一元素，$B$ 中元素为第二元素，构成有序对，所有这样的有序对组成的集合称为 $A$ 和 $B$ 的笛卡尔积 $A\times B$

$$A\times B=\{(a,b)\mid a\in A\quad\text{and}\quad b\in B\} \tag{A-57}$$

假设 $S\subset\mathbb{R}^n$ 为度量空间 $\mathbb{R}^n$ 上的一个子集。如果 $S$ 中每一个点都有一个以该点为中心的邻域包含于 $S$ ，则称 $S$ 为 $\mathbb{R}^n$ 上的开集。即 $\forall x\in S$，$\exists\varepsilon>0$

$$N(x,\varepsilon)=\{z\in\mathbb{R}^n\mid\|z-x\|<\varepsilon\} \tag{A-58}$$

使得 $N(x,\varepsilon)\subset S$ 。当且仅当 $S$ 中每个收敛序列 $\{x_k\}$ 都收敛到 $S$ 中的一点时，称 $S$ 为闭集。如果存在 $r>0$，使得

$$\|x\|\leqslant r,\quad\forall x\in S \tag{A-59}$$

则称 $S$ 为有界集。如果集合 $S$ 是闭集且有界，则称其为紧集。

边界点。如果点 $p$ 的每个邻域都包含 $S$ 中至少一个点和一个不属于 $S$ 的点，则称点 $p$ 为 $S$ 的边界点。$S$ 的所有边界点组成的集合用 $\partial S$ 表示，称为集合 $S$ 的边界。闭集包含其所有边界点，开集不包含其边界点。

集合 $S$ 的内部用 $S-\partial S$ 表示，因此开集等于其内部。集合 $S$ 的闭包即集合与其边界的并集，用 $\overline{S}$ 表示，闭集即为其自身的闭包。如果开集 $S$ 中任意一对点都可用一条折线相连，且折线上的所有点都属于 $S$ ，则称其为连通集。

区域。一个开集与其部分或所有边界的并集称为区域，如果不包含边界点，则称为开区域。

凸集。如果对于任意 $x$，$y \in S$ 和实数 $\theta(0<\theta<1)$

$$\theta x+(1-\theta) y \in S \tag{A-60}$$

则称集合 $S$ 为凸集。

如果 $x \in X \subset \mathbb{R}^n$ 且 $y \in Y \subset \mathbb{R}^m$，则 $(x, y)$ 属于乘积集

$$X \times Y \subset \mathbb{R}^n \times \mathbb{R}^m \tag{A-61}$$

上述一些概念可以外推至 $\mathbb{R}^n$，令集合 $A \subset \mathbb{R}^n$，则点 $p \in A \subset \mathbb{R}^n$ 的邻域可用集合 $B_r(p)$ 定义

$$B_r(p)=\{x \in \mathbb{R}^n \mid \|x-p\|<r\} \tag{A-62}$$

通常称之为球心在 $p$ 点、半径为 $r$ 的开球。如果对于集合 $A \subset \mathbb{R}^n$ 中的任意点 $p \in A$，均有邻域 $B_r(p) \subset A$，则称 $A$ 为开集。

如果集合 $A \subset \mathbb{R}^n$ 中任意 $x_1$，$x_2 \in A$ 满足

$$\theta x_1+(1-\theta) x_2 \in A, \quad 0 \leqslant \theta \leqslant 1 \tag{A-63}$$

则称集合 $A$ 为凸集。

设 $A$ 为给定的集合，$A$ 的结构拓扑或拓扑是 $A$ 的子集的集合，如果满足以下条件：

- 任意开集的并为开集；
- 有限开集的交为开集；
- 集合 $A$ 和空集 $\varnothing$ 为开集；

则称其为开集。

因此，一个具有拓扑结构的集合 $A$ 被称为拓扑空间。

### A.8.2　度量空间

进行实数或复数分析时，许多情况下需要计算数 $x$ 和 $y$ 之间的距离，度量空间即是距离概念的推广。

集合 $X$ 为非空集，距离映射 $d: X \times X \rightarrow \mathbb{R}$，若对于任意 $x$，$y$，$z \in X$，有：

1) $d(x, y)=0$，当且仅当 $x=y$

2) $d(x, y)=d(y, x)$

3) $d(x, z) \leqslant d(x, y)+d(y, z)$

则称对偶对 $(X, d)$ 为度量空间。

性质 3) 即三角不等式，令 $x=z$，同时考虑等式 1) 和 2)

$$d(x, x)=0 \leqslant d(x, y)+d(y, x)=2 d(x, y)$$

即 $\forall x, y \in X, d(x, y) \geqslant 0$

### A.8.3　线性无关

对于 $\mathbb{R}^n$ 空间内的一组向量 $\boldsymbol{x}_i \in \mathbb{R}^n (i=1, 2, \cdots, n)$，如果存在不全为零的数 $\alpha_i \in$

$\mathbb{R}(i=1, 2, \cdots, n)$，使得

$$\sum_{i=1}^{n}\alpha_i \boldsymbol{x}_i = 0 \tag{A-64}$$

则称向量组 $\boldsymbol{x}_i$ 线性相关，否则为线性无关。

### A.8.4 序列收敛

将定义在空间 $\mathbb{R}^n$ 上的向量序列 $\boldsymbol{x}_0, \boldsymbol{x}_1, \cdots, \boldsymbol{x}_k, \cdots$ 记为 $\{\boldsymbol{x}_k\}$，如果

$$\|\boldsymbol{x}_k - \boldsymbol{x}\| \to 0, k \to \infty \tag{A-65}$$

则称其收敛到极限向量。这与下面说法等价：对于任意 $\varepsilon > 0$，存在数 $N$，使得

$$\|\boldsymbol{x}_k - \boldsymbol{x}\| \to \varepsilon, \quad \forall k \geqslant N \tag{A-66}$$

如果向量序列 $\{\boldsymbol{x}_k\}$ 存在一个子序列收敛到 $\boldsymbol{x}$，也就是说，存在一个非负整数的无限子集 $K$，使得 $\{\boldsymbol{x}_k\}_{k\in K}$ 收敛到 $\boldsymbol{x}$，则称 $\boldsymbol{x}$ 为序列 $\{\boldsymbol{x}_k\}$ 的聚点。$\mathbb{R}^n$ 上的有界序列 $\{\boldsymbol{x}_k\}$ 至少有一个 $\mathbb{R}^n$ 上的聚点。

对于实数序列 $\{r_k\}$，如果对于任意 $k$ 均有 $r_k \leqslant r_{k+1}$，则该序列为递增序列，如果对于任意 $k$ 均有 $r_k < r_{k+1}$，则为严格递增序列。对于递减序列，定义类似。

有界递增实数序列必向上收敛于一个实数，同样，一个有界递减实数序列也向下收敛到一个实数。

对于度量空间 $(X, d)$ 上的序列 $x_n$，如果对于任意实数 $\chi > 0$，均存在整数 $N$，使得当 $n, m > N$ 时，$d(x_m, x_n) < (X, d) < \chi$，则称该序列为柯西序列。因此，每个收敛序列均为柯西序列，反之则不一定为真。

## A.9 函数

### A.9.1 连续函数

将从集合 $S_1$ 映射到集合 $S_2$ 的函数 $f$ 表示为：$f: S_1 \to S_2$。对于函数 $f: \mathbb{R}^n \to \mathbb{R}^m$，如果当 $x_k \to x$ 时 $f(x_k) \to f(x)$，则称函数 $f$ 在点 $x$ 处连续。也就是说，如果函数 $f$ 连续，则对于任意给定的 $\varepsilon > 0$，存在 $\delta > 0$，使得

$$\|x - y\| < \delta \quad \Rightarrow \quad \|f(x) - f(y)\| < \varepsilon \tag{A-67}$$

如果函数 $f$ 对于集合 $S$ 内每个点均连续，则函数 $f$ 在集合 $S$ 上连续。如果对于给定的 $\varepsilon > 0$，存在 $\delta > 0$（仅取决于 $\varepsilon$），使得式（A-67）对于所有 $x, y \in S$ 均成立，则称函数 $f$ 在集合 $S$ 上一致连续。

需要注意的是，“一致连续”是定义在集合上的，而“连续”是定义在点上的。对于一致连续，$\delta$ 适用于集合内的所有点，函数 $f$ 在集合 $S$ 上一致连续，则也在 $S$ 上连续，但反之并不完全成立。但如果集合 $S$ 为紧集，则定义在 $S$ 上的连续和一致连续等价。

如果一个函数 $f$ 无限可微且导数连续，则称其为软函数（或 $C^\infty$ 类）。

函数 $f: X \to Y$，如果对于 $y \in Y$，最多存在一个 $x \in X$，使得 $y=f(x)$，则称映

射 $f$ 为单射。另一方面，如果对于任一 $y \in Y$，至少存在一个 $x \in X$，使得 $y = f(x)$，则称映射 $f$ 为满射。因此，如果一个映射既为单射又为满射，则称其为双射，也就是一一映射，即定义在集合 $S$ 上的函数 $f$，对于任意 $x$，$y \in S$ 且 $x \neq y$

$$f(x) \neq f(y) \tag{A-68}$$

对于任意标量 $a_1$、$a_2$ 以及任意连续函数 $f_1(\cdot)$、$f_2(\cdot)$，函数

$$(a_1 f_1 + a_2 f_2)(\cdot) = a_1 f_1(\cdot) + a_2 f_2(\cdot) \tag{A-69}$$

连续。定义在集合 $S_1$，$S_2$ 和 $S_3$ 上的函数 $f_1$：$S_1 \to S_2$ 和 $f_2$：$S_2 \to S_3$，定义函数 $f_2 \circ f_1$：$S_1 \to S_3$

$$(f_2 \circ f_1)(\cdot) = f_2(f_1(\cdot)) \tag{A-70}$$

为函数 $f_1$ 和 $f_2$ 的复合函数，两个连续函数的复合函数为连续函数。

定义 $S \subset \mathbb{R}^n$，$f$：$S \to \mathbb{R}^m$，则称 $f(x)$（$x \in S$）为集合 $S$ 在函数 $f$ 作用下的像，用 $f(S)$ 表示。

如果函数 $f$ 为定义在紧集 $S$ 上的连续函数，则 $f(S)$ 也为紧集。定义在紧集上的连续函数有界。如果 $f$ 为标量函数，即 $f$：$S \to \mathbb{R}$，则对任意 $x \in S$，紧集内存在点 $p$ 和 $q$，使得

$$f(x) \leqslant f(p) \tag{A-71}$$

$$f(x) \geqslant f(q) \tag{A-72}$$

如果函数 $f$ 为定义在连通集 $S$ 上的连续函数，则 $f(S)$ 也为连通集。如果函数 $f$：$S \to \mathbb{R}^m$ 为定义在紧集 $S \subset \mathbb{R}^n$ 上的连续函数，且为一一映射，则函数 $f$ 存在定义在 $f(S)$ 上的连续逆函数 $f^{-1}$，且 $f^{-1}(f(x)) = x$。

函数 $f$：$\mathbb{R} \to \mathbb{R}^n$，对于区间 $J \subset \mathbb{R}$，函数在有界子区间 $J_0 \subset J$ 内均连续，在可数的点处不连续，则称函数 $f$ 在 $J$ 上分段连续。在每个不连续点 $x_0$ 处，右极限

$$\lim_{h \to 0} f(x_0 + h) \tag{A-73}$$

与左极限

$$\lim_{h \to 0} f(x_0 - h) \tag{A-74}$$

均存在，即函数在 $x_0$ 处存在有限间断。对于两个拓扑空间 $X$ 和 $Y$，如果存在一个映射 $f$ 在这两个空间之间进行一一映射，则称 $X$ 和 $Y$ 是同胚的，反之亦然。映射 $f$：$X \to Y$ 为同胚映射当且仅当：

- $f$ 为双射；
- $f$ 连续；
- $f^{-1}$ 连续。

映射 $f$：$X \to Y$ 为线性算子（线性映射或线性变换）当且仅当对任意 $x_1$，$x_2 \in X$ 以及任意 $\lambda$，$\mu \in \mathbb{R}$，有

$$f(\lambda x_1 + \mu x_2) = \lambda f(x_1) + \mu f(x_2) \tag{A-75}$$

对于函数 $f$，如果存在一个常数 $M$，使得

$$\| f(x) \| \leqslant M \| x \|, \quad \forall x \in X \tag{A-76}$$

则称 $f$ 为有界线性算子。

### A.9.2　可微函数

如果极限

$$f'(x)=\lim_{h\to 0}\frac{f(x+h)-f(x)}{h} \tag{A-77}$$

存在，则称函数 $f: \mathbb{R}\to\mathbb{R}$ 在 $x$ 处可微，称极限 $f'(x)$ 为 $x$ 处的导数。如果导数存在，则

$$f(x+h)-f(x)=f'(x)h+r(h) \tag{A-78}$$

其中余项 $r(h)$ 为高阶小量

$$\lim_{h\to 0}\frac{r(h)}{h}=0 \tag{A-79}$$

$f: \mathbb{R}^n\to\mathbb{R}^m$ 为定义在开集 $D\subset\mathbb{R}^n$ 上的函数，如果极限

$$\lim_{h\to 0}\frac{\|f(x+h)-f(x)-f'(x)h\|}{\|h\|}=0 \tag{A-80}$$

成立，则称函数 $f$ 在 $x$ 处可微。注意 $h\in\mathbb{R}^n$，由于 $D$ 为开集，$\|h\|$ 足够小的情况下，$x+h\in D$，$f(x+h)\in\mathbb{R}^m$。

如果函数 $f: \mathbb{R}^n\to\mathbb{R}^m$ 在 $x_0$ 处的偏导数 $\dfrac{\partial f_i}{\partial x_j}$（$1\leqslant i\leqslant m$，$1\leqslant j\leqslant n$）存在且连续，则称函数 $f$ 在 $x_0$ 处连续可微。如果函数 $f$ 在集合 $S$ 中的每个点均连续可微，则称函数 $f$ 在集合 $S$ 上连续可微。

对于连续可微函数 $f: \mathbb{R}^n\to\mathbb{R}$，定义行向量 $\dfrac{\partial f}{\partial x}$ 为

$$\frac{\partial f}{\partial x}=\begin{bmatrix}\dfrac{\partial f}{\partial x_1} & \cdots & \dfrac{\partial f}{\partial x_n}\end{bmatrix} \tag{A-81}$$

梯度向量 $\nabla f(x)$ 表示为

$$\nabla f(x)=\left[\frac{\partial f}{\partial x}\right]^{\mathrm{T}} \tag{A-82}$$

对于连续可微函数 $f: \mathbb{R}^n\to\mathbb{R}$，Jacobian 矩阵 $\left[\dfrac{\partial f}{\partial x}\right]$ 为 $m\times n$ 矩阵，第 $i$ 行第 $j$ 列元素为

$$\frac{\partial f_i}{\partial x_j} \tag{A-83}$$

假设 $S$ 为 $\mathbb{R}^n$ 上的开集，$f: \mathbb{R}^n\to\mathbb{R}^m$ 是在 $S$ 上的连续可微函数，$g: \mathbb{R}^m\to\mathbb{R}^k$ 在 $f(S)$ 上连续可微，则可定义 $h(x)=g(f(x))$ 将 $S$ 映射到 $\mathbb{R}^k$，其连续可微，且 Jacobian 矩阵服从链式法则

$$\left.\frac{\partial h}{\partial x}\right|_{x=x_0}=\left.\frac{\partial g}{\partial f}\right|_{f=f(x_0)}\cdot\left.\frac{\partial f}{\partial x}\right|_{x=x_0} \tag{A-84}$$

### A.9.3　中值定理

$x$，$y$ 为 $\mathbb{R}^n$ 空间内两个不同点，则两点连线 $L(x,\ y)$ 方程为

$$L(x,y)=\{z \mid z=\theta x+(1-\theta)y,0<\theta<1\} \tag{A-85}$$

**定理 2**　函数 $f$：$\mathbb{R}^n \rightarrow \mathbb{R}$ 在开集 $S \subset \mathbb{R}^n$ 上连续可微，点 $x$，$y \in S$ 且两点连线 $L(x,\ y) \subset S$，则线段 $L(x,\ y)$ 上存在一点 $z$，使得

$$f(y)-f(x)=\left.\frac{\partial f}{\partial x}\right|_{x=z}(y-x) \tag{A-86}$$

### A.9.4　隐函数定理

函数 $f$：$\mathbb{R}^n \times \mathbb{R}^m \rightarrow \mathbb{R}^n$ 在开集 $S \subset \mathbb{R}^n \times \mathbb{R}^m$ 上的每一点连续可微，$(x_0,\ y_0) \in S$，$f(x_0,\ y_0)=0$，且 Jacobian 矩阵 $\left[\frac{\partial f}{\partial x}\right](x_0,\ y_0)$ 非奇异，则对于 $x_0$，$y_0$，分别存在邻域 $U \subset \mathbb{R}^n$、$V \subset \mathbb{R}^m$，使得对于任意 $y \in V$，方程 $f(x,\ y)=0$ 存在唯一解 $x$，且 $x \in US$，此外，该解可表示为 $x=g(y)$，$g$ 在 $y=y_0$ 处连续可微。

### A.9.5　Gronwall－Bellman 不等式

**引理**　假设 $\lambda$：$[a,\ b] \rightarrow \mathbb{R}$ 为连续函数，$\mu$：$[a,\ b] \rightarrow \mathbb{R}$ 为非连续复函数，对于 $a \leqslant t \leqslant b$，如果连续函数 $y$：$[a,\ b] \rightarrow \mathbb{R}$ 满足

$$y(t) \leqslant \lambda(t)+\int_a^t \mu(s) y(s) \mathrm{d}s \tag{A-87}$$

则

$$y(t) \leqslant \lambda(t)+\int_a^t \lambda(s) \mu(s) \mathrm{e}^{\int_s^t \mu(\tau) \mathrm{d}\tau} \mathrm{d}s \tag{A-88}$$

如果 $\lambda(t) \equiv \lambda$ 为常数，则

$$y(t) \leqslant \lambda \mathrm{e}^{\int_a^t \mu(\tau) \mathrm{d}\tau} \tag{A-89}$$

如果 $\mu(t) \equiv \mu$ 为常数，则

$$y(t) \leqslant \lambda \mathrm{e}^{\mu(t-a)} \tag{A-90}$$

**证明**：令 $z(t)=\int_a^t \mu(s) y(s) \mathrm{d}s$，$v(t)=z(t)+\lambda(t)-y(t) \geqslant 0$，则 $z$ 可微，且

$$\dot{z}=\mu(t) y(t)=\mu(t) z(t)+\mu(t) \lambda(t)-\mu(t) v(t) \tag{A-91}$$

在如下状态转换方程作用下

$$\varphi(t,s)=\mathrm{e}^{\int_s^t \mu(\tau) \mathrm{d}\tau} \tag{A-92}$$

其为线性标量状态方程。

由于 $z(a)=0$，有

$$z(t)=\int_a^t \varphi(t,s)[\mu(s) \lambda(s)-\mu(s) v(s)] \mathrm{d}s \tag{A-93}$$

其中

$$\int_a^t \varphi(t,s)\mu(s)v(s)\mathrm{d}s \tag{A-94}$$

非负，因此

$$z(t) \leqslant \int_a^t \mathrm{e}^{\int_s^t \mu(\tau)\mathrm{d}\tau}\mu(s)\lambda(s)\mathrm{d}s \tag{A-95}$$

由于 $y(t) \leqslant \lambda(t) + z(t)$，因此不等式成立。特别地，当 $\lambda(t) \equiv \lambda$，有

$$\int_a^t \mu(s)\mathrm{e}^{\int_s^t \mu(\tau)\mathrm{d}\tau}\mathrm{d}s = -\int_a^t \frac{\mathrm{d}}{\mathrm{d}s}[\mathrm{e}^{\int_s^t \mu(\tau)\mathrm{d}\tau}]\mathrm{d}s \tag{A-96}$$

$$= -[\mathrm{e}^{\int_s^t \mu(\tau)\mathrm{d}\tau}]\Big|_{s=a}^{s=t} \tag{A-97}$$

$$= -1 + \mathrm{e}^{\int_a^t \mu(\tau)\mathrm{d}\tau} \tag{A-98}$$

当 $\lambda$ 为常数时，引理成立，因此，当 $\lambda$ 和 $\mu$ 为常数时，式（A-95）成立。

## A.10 压缩映射

考虑形如下式的方程

$$\boldsymbol{y} = T(\boldsymbol{x}), \quad \boldsymbol{x} \in \mathbb{R}^n \tag{A-99}$$

其解 $\boldsymbol{x}^*$ 称为映射 $T$ 的不动点，因为映射 $T$ 使得 $\boldsymbol{x}^*$ 不变，即 $T(\boldsymbol{x}^*) = \boldsymbol{x}^*$。

求解不动点的一个经典方法为逐次逼近法。令 $\boldsymbol{x}_1$ 为初始向量，计算 $\boldsymbol{x}_2 = T(\boldsymbol{x}_1)$，通过不断迭代，即 $\boldsymbol{x}_{k+1} = T(\boldsymbol{x}_k)$，得到一个序列 $\{\boldsymbol{x}_k\}$，最后检查序列 $\{\boldsymbol{x}_k\}$ 是否收敛到不动点 $\boldsymbol{x}^*$。

空间 $\mathbb{R}^n$ 上的线性矢量空间 $\chi$ 为矢量 $\boldsymbol{x}$，$\boldsymbol{y}$，… 的集合，对于任意 $\boldsymbol{x}$，$\boldsymbol{y}$，$\boldsymbol{z} \in \chi$

$$\boldsymbol{x} + \boldsymbol{y} \in \chi \tag{A-100}$$

$$\boldsymbol{x} + \boldsymbol{y} = \boldsymbol{y} + \boldsymbol{x} \tag{A-101}$$

$$(\boldsymbol{x} + \boldsymbol{y}) + \boldsymbol{z} = \boldsymbol{x} + (\boldsymbol{y} + \boldsymbol{z}) \tag{A-102}$$

并且存在零向量 $\boldsymbol{0} \in \chi$ 使得对于任意 $\boldsymbol{x} \in \chi$，$\boldsymbol{x} + \boldsymbol{0} = \boldsymbol{x}$。对于任意实数 $\alpha$，$\beta \in \mathbb{R}$ 及 $\boldsymbol{x}$，$\boldsymbol{y} \in \chi$ 有

$$\alpha\boldsymbol{x} \in \chi \tag{A-103}$$

$$1 \cdot \boldsymbol{x} = \boldsymbol{x} \tag{A-104}$$

$$0 \cdot \boldsymbol{x} = 0 \tag{A-105}$$

$$(\alpha\beta)\boldsymbol{x} = \alpha(\beta\boldsymbol{x}) \tag{A-106}$$

$$\alpha(\boldsymbol{x} + \boldsymbol{y}) = \alpha\boldsymbol{x} + \alpha\boldsymbol{y} \tag{A-107}$$

$$(\alpha + \beta)\boldsymbol{x} = \alpha\boldsymbol{x} + \beta\boldsymbol{x} \tag{A-108}$$

对于线性空间 $\chi$，如果对于 $\boldsymbol{x} \in \chi$，存在一个称为范数 $|\boldsymbol{x}|$ 的标量函数满足以下条件：

- 对于所有 $\boldsymbol{x} \in \chi$，$|\boldsymbol{x}| \geqslant 0$；
- $|\boldsymbol{x}| = 0$，当且仅当 $\boldsymbol{x} = 0$；
- 对于所有 $\boldsymbol{x}$，$\boldsymbol{y} \in \chi$，$|\boldsymbol{x} + \boldsymbol{y}| \leqslant |\boldsymbol{x}| + |\boldsymbol{y}|$；

• 对于 $\alpha \in \mathbb{R}$，$\boldsymbol{x} \in \chi$，$|\alpha \boldsymbol{x}| = |\alpha| |\boldsymbol{x}|$。

则称线性空间 $\chi$ 为赋范线性空间。

下文中，如果上下文没有明确 $\|\cdot\|$ 是定义在空间 $\chi$ 还是空间 $\mathbb{R}^n$ 上，则用 $\|\cdot\|_\chi$ 代表空间 $\chi$ 上的范数。

对于赋范线性空间 $\chi$ 上的序列 $\{\boldsymbol{x}_k\} \in \chi$，如果

$$\|\boldsymbol{x}_k - \boldsymbol{x}\| \to 0, \quad 当 k \to \infty \tag{A-109}$$

则序列 $\{\boldsymbol{x}_k\}$ 收敛于 $\boldsymbol{x}$。

赋范线性空间上的集合 $S \subset \chi$ 为闭集，当且仅当 $S$ 上的每个收敛序列的极限都属于集合 $S$。

赋范线性空间 $\chi$ 上的序列 $\{\boldsymbol{x}_k\} \in \chi$，如果

$$\|\boldsymbol{x}_k - \boldsymbol{x}_m\| \to 0, \quad 当 k, m \to \infty \tag{A-110}$$

则称其为柯西序列。

每个收敛序列均为柯西序列，但柯西序列不一定是收敛序列。

如果赋范线性空间 $\chi$ 内的每个柯西序列均收敛于 $\chi$ 内的向量，则称空间 $\chi$ 是完备的，一个完备的赋范线性空间称为 Banach 空间。

压缩映射定理：集合 $S$ 为 Banach 空间 $\chi$ 的闭子集，$T$ 为从 $S$ 到 $S$ 的映射，如果

$$\|T(\boldsymbol{x}) - T(\boldsymbol{y})\| \leqslant \rho \|\boldsymbol{x} - \boldsymbol{y}\|, \forall \boldsymbol{x}, \boldsymbol{y} \in S, 0 \leqslant \rho < 1 \tag{A-111}$$

则：

1）存在唯一的向量 $\boldsymbol{x}^* \in S$，使得 $\boldsymbol{x}^* = T(\boldsymbol{x}^*)$，

2）以 $S$ 中的任意点作为初始向量，均可通过逐次逼近法求得 $\boldsymbol{x}^*$。

**证明**：选择任意向量 $\boldsymbol{x}_1 \in S$，定义序列 $\{\boldsymbol{x}_k\}$ 为 $\boldsymbol{x}_{k+1} = T(\boldsymbol{x}_k)$，$T$ 为从 $S$ 到 $S$ 的映射，则

$$\boldsymbol{x}_k \in S, \quad \forall k \geqslant 1 \tag{A-112}$$

下面证明 $\{\boldsymbol{x}_k\}$ 为柯西序列。

$$\begin{aligned}\|\boldsymbol{x}_{k+1} - \boldsymbol{x}_k\| &= \|T(\boldsymbol{x}_k) - T(\boldsymbol{x}_{k+1})\| \\ &\leqslant \rho \|\boldsymbol{x}_k - \boldsymbol{x}_{k-1}\| \leqslant \rho^2 \|\boldsymbol{x}_{k-1} - \boldsymbol{x}_{k-2}\| \leqslant \cdots \leqslant \rho^{k-1} \|\boldsymbol{x}_2 - \boldsymbol{x}_1\|\end{aligned} \tag{A-113}$$

因此可写为

$$\begin{aligned}\|\boldsymbol{x}_{k+1} - \boldsymbol{x}_k\| &\leqslant \|\boldsymbol{x}_{k+r} - \boldsymbol{x}_{k+r-1}\| + \|\boldsymbol{x}_{k+r-1} - \boldsymbol{x}_{k+r-2}\| + \cdots + \|\boldsymbol{x}_{k+1} - \boldsymbol{x}_k\| \\ &\leqslant (\rho^{k+r-2} + \rho^{k+r-3} + \cdots + \rho^{k-1}) \|\boldsymbol{x}_2 - \boldsymbol{x}_1\| \\ &\leqslant \rho^{k-1} \sum_{i=0}^{\infty} \rho^i \|\boldsymbol{x}_2 - \boldsymbol{x}_1\| = \frac{\rho^{k-1}}{1-\rho} \|\boldsymbol{x}_2 - \boldsymbol{x}_1\|\end{aligned} \tag{A-114}$$

当 $k \to \infty$ 时，右侧项趋近于零，因此序列为柯西序列，又由于 $\chi$ 为 Banach 空间，因此

$$\boldsymbol{x}_k \to \boldsymbol{x}^* \in \chi, 当 k \to \infty \tag{A-115}$$

又由于 $S$ 为闭集，$\boldsymbol{x}^* \in S$，已经证明 $\boldsymbol{x}^* = T(\boldsymbol{x}^*)$，因此对于任意 $\boldsymbol{x}_k = T(\boldsymbol{x}_{k-1})$，有

$$\|\boldsymbol{x}^* - T(\boldsymbol{x}^*)\| \leqslant \|\boldsymbol{x}^* - \boldsymbol{x}_k\| + \|\boldsymbol{x}_k - T(\boldsymbol{x}^*)\| \leqslant \|\boldsymbol{x}^* - \boldsymbol{x}_k\| + \rho\|\boldsymbol{x}_{k-1} - \boldsymbol{x}^*\| \tag{A-116}$$

选择足够大的 $k$ 可以使得不等式的右侧任意小，因此 $\|\boldsymbol{x}^* - T(\boldsymbol{x}^*)\| = 0$，即 $\boldsymbol{x}^* = T(\boldsymbol{x}^*)$。还需要证明 $\boldsymbol{x}^*$ 为映射 $T$ 在 $S$ 上的唯一不动点。假设 $\boldsymbol{x}^*$ 和 $\boldsymbol{y}^*$ 均为不动点，则

$$\|\boldsymbol{x}^* - \boldsymbol{y}^*\| = \|T(\boldsymbol{x}^*) - T(\boldsymbol{y}^*)\| \leqslant \rho\|\boldsymbol{x}^* - \boldsymbol{y}^*\| \tag{A-117}$$

由于 $\rho < 1$，因此

$$\boldsymbol{x}^* = \boldsymbol{y}^* \tag{A-118}$$

# 附录 B　运动学和动力学基础

本部分主要介绍了无人机运动学和动力学建模相关知识。

## B.1　运动学建模

本节介绍了如何描述运动的位置和方向。先后阐述了坐标系、位置、速度、加速度等概念及坐标系之间的旋转变换矩阵，最后介绍了旋转变换矩阵的性质。

假设世界坐标系 $\Sigma_E$ 为正交惯性坐标系，无人机体坐标系 $\Sigma_B$ 为正交坐标系，用向量 $\boldsymbol{p} \in \mathbb{R}^3$ 描述机器人的位置，即机器人坐标系 $\Sigma_B$ 原点在坐标系 $\Sigma_E$ 中的坐标，见图B-1。

$$\boldsymbol{p} \triangleq \begin{bmatrix} x \\ y \\ z \end{bmatrix} \tag{B-1}$$

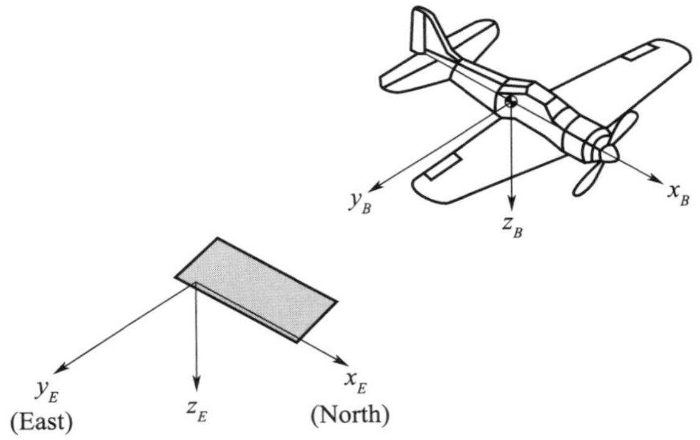


图 B-1　体坐标系和世界坐标系

位置对时间的一阶导数 $\dot{\boldsymbol{p}}$ 和二阶导数 $\ddot{\boldsymbol{p}}$ 分别代表速度和加速度

$$\dot{\boldsymbol{p}} = \frac{\mathrm{d}\boldsymbol{p}}{\mathrm{d}t} = \begin{bmatrix} \dot{x} \\ \dot{y} \\ \dot{z} \end{bmatrix}, \ddot{\boldsymbol{p}} = \frac{\mathrm{d}^2\boldsymbol{p}}{\mathrm{d}t^2} = \begin{bmatrix} \ddot{x} \\ \ddot{y} \\ \ddot{z} \end{bmatrix} \tag{B-2}$$

用矩阵 $\boldsymbol{R}_B^E \in \mathbb{R}^{3\times3}$ 表示从坐标系 $\Sigma_E$ 到坐标系 $\Sigma_B$ 的旋转变换矩阵，令 $\varphi$，$\theta$，$\psi$ 分别表示滚转、俯仰和偏航角，即无人机的旋转角度，旋转变换矩阵 $\boldsymbol{R}_B^E$ 为

$$\boldsymbol{R}_B^E(\varphi,\theta,\psi) = \begin{bmatrix} \cos\theta\cos\psi & -\cos\theta\sin\psi & \sin\theta \\ \sin\varphi\sin\theta\cos\psi + \cos\varphi\sin\psi & -\sin\varphi\sin\theta\sin\psi + \cos\varphi\cos\psi & -\sin\varphi\cos\theta \\ -\cos\varphi\sin\theta\cos\psi + \sin\varphi\sin\psi & \cos\varphi\sin\theta\sin\psi + \sin\varphi\cos\psi & \cos\varphi\cos\theta \end{bmatrix} \tag{B-3}$$

旋转矩阵具有如下性质：

**性质 1** 该旋转矩阵行列式为 1

$$\det(\boldsymbol{R}_B^E(\varphi,\theta,\psi))=1,\quad \forall\varphi,\theta,\psi\in\mathbb{R} \tag{B-4}$$

该旋转矩阵的每个元素均为正弦和余弦函数的多项式形式，因此行列式的结果为正弦和余弦函数的多项式，计算化简之后可将其行列式写成如下形式

$$\cos^2(\cdot)+\sin^2(\cdot)=1 \tag{B-5}$$

**性质 2** 向量乘以旋转矩阵后其欧几里得范数保持不变

$$\boldsymbol{p}_1=\boldsymbol{R}_B^E(\varphi,\theta,\psi)\boldsymbol{p}_0 \tag{B-6}$$

旋转矩阵也称方向余弦矩阵，其每一行和每一列均为酉向量，因此，一个向量与旋转矩阵相乘不会改变其欧几里得范数。

**性质 3** 旋转矩阵的逆矩阵等于其转置矩阵，即相当于交换旋转次序

$$\mathrm{inv}(\boldsymbol{R}_B^E(\varphi,\theta,\psi))=(\boldsymbol{R}_B^E(\varphi,\theta,\psi))^{-1}=(\boldsymbol{R}_B^E(\varphi,\theta,\psi))^{\mathrm{T}}=\boldsymbol{R}_E^B(\varphi,\theta,\psi) \tag{B-7}$$

逆矩阵亦可通过下式求得

$$\mathrm{inv}(\boldsymbol{R}_B^E(\varphi,\theta,\psi))=\frac{\mathrm{cof}\,(\boldsymbol{R}_B^E(\varphi,\theta,\psi))^{\mathrm{T}}}{\det(\boldsymbol{R}_B^E(\varphi,\theta,\psi))} \tag{B-8}$$

其中，$\mathrm{cof}(\boldsymbol{R}_B^E(\varphi,\ \theta,\ \psi))$ 为旋转矩阵的余子式矩阵，由性质 1 可得

$$\mathrm{inv}(\boldsymbol{R}_B^E(\varphi,\theta,\psi))=\mathrm{cof}\,(\boldsymbol{R}_B^E(\varphi,\theta,\psi))^{\mathrm{T}} \tag{B-9}$$

基于式（B-5），可以证明余子式矩阵和旋转矩阵相等，从而可得

$$\mathrm{inv}(\boldsymbol{R}_B^E(\varphi,\theta,\psi))=(\boldsymbol{R}_B^E(\varphi,\theta,\psi))^{\mathrm{T}} \tag{B-10}$$

## B.2 动力学建模

本节介绍了欧拉一拉格朗日运动方程。首先引入势能和动能的概念，基于势能和动能方程来推导拉格朗日量，利用拉格朗日量的偏导数和时间导数得到运动方程。

势能取决于物体质量、重力以及相对于参考坐标系的高度，势能表达式为

$$U=mgh \tag{B-11}$$

式中，需要注意 $g$ 的符号，通常建立的坐标系中重力 $g$ 和对应的轴平行，如重力方向和轴相同，则为正，否则为负。

动能取决于物体质量、速度、惯性矩和角速度，动能表达式为

$$K=\frac{1}{2}m\dot{\boldsymbol{p}}^{\mathrm{T}}\dot{\boldsymbol{p}}+\frac{1}{2}\boldsymbol{\omega}^{\mathrm{T}}\boldsymbol{R}_B^E(\varphi,\theta,\psi)\boldsymbol{I}\boldsymbol{R}_E^B(\varphi,\theta,\psi)\boldsymbol{\omega} \tag{B-12}$$

其中，$\boldsymbol{\omega}\in\mathbb{R}^3$ 为角速度，$\boldsymbol{I}\in\mathbb{R}^3$ 为相对于质心的转动惯量矩阵，转动惯量矩阵为二阶对称张量，元素取决于无人机的形状和质量分布。

基于动能和势能表达式可以定义系统的拉格朗日量

$$L=K-U \tag{B-13}$$

拉格朗日量是一个标量函数，单位为焦耳，基于欧拉一拉格朗日运动方程可以定义无人机运动中涉及的平动和转动的力，运动方程为

$$\boldsymbol{\tau}=\frac{\mathrm{d}}{\mathrm{d}t}\left(\frac{\partial L}{\partial \dot{\boldsymbol{q}}}\right)-\frac{\partial L}{\partial \boldsymbol{q}} \tag{B-14}$$

其中，$\boldsymbol{\tau}$ 为由线性力和角度力组成的矢量力，$\boldsymbol{q}$ 和 $\dot{\boldsymbol{q}}$ 为包含自由度的位置和速度矢量，对于无人机而言，自由度为 $\boldsymbol{p}$，$\varphi$，$\theta$ 和 $\psi$，即 $\boldsymbol{q}$ 和 $\dot{\boldsymbol{q}}$ 定义如下

$$\boldsymbol{q}=[x\quad y\quad z\quad \varphi\quad \theta\quad \psi]^{\mathrm{T}},\quad \dot{\boldsymbol{q}}=[\dot{x}\quad \dot{y}\quad \dot{z}\quad \dot{\varphi}\quad \dot{\theta}\quad \dot{\psi}]^{\mathrm{T}} \tag{B-15}$$

对式（B-14）中的导数展开后，其形式如下

$$\boldsymbol{\tau}=\boldsymbol{M}(\boldsymbol{q})\ddot{\boldsymbol{q}}+\boldsymbol{C}(\boldsymbol{q},\dot{\boldsymbol{q}})\dot{\boldsymbol{q}}+\boldsymbol{g}(\boldsymbol{q}) \tag{B-16}$$

其中，$\boldsymbol{M}(\boldsymbol{q})$ 为对称正定阵，$\boldsymbol{C}(\boldsymbol{q},\dot{\boldsymbol{q}})$ 为由科里奥利力、离心力和陀螺效应力组成的方阵，$\boldsymbol{g}(\boldsymbol{q})$ 为重力矢量，矩阵 $\boldsymbol{M}(\boldsymbol{q})$ 和 $\boldsymbol{C}(\boldsymbol{q},\dot{\boldsymbol{q}})$ 可分解为

$$\boldsymbol{M}(\boldsymbol{q})=\boldsymbol{M}_1(\boldsymbol{q})+\boldsymbol{M}_2 \tag{B-17}$$

$$\boldsymbol{C}(\boldsymbol{q})=\boldsymbol{C}_1(\boldsymbol{q},\dot{\boldsymbol{q}})+\boldsymbol{C}_2(\dot{\boldsymbol{q}}) \tag{B-18}$$

$\boldsymbol{M}_1(\boldsymbol{q})$ 为对称正定矩阵，各项依赖于 $\boldsymbol{q}$，$\boldsymbol{M}_2$ 也为对称正定矩阵，但并非常数。$\boldsymbol{C}_1(\boldsymbol{q},\dot{\boldsymbol{q}})$ 由科里奥利力、离心力组成，$\boldsymbol{C}_2(\boldsymbol{q})$ 为由陀螺效应力组成的斜对称矩阵，四个矩阵不一定同时存在，但相互之间存在某些关系，如 $\boldsymbol{M}_1(\boldsymbol{q})$ 和 $\boldsymbol{C}_1(\boldsymbol{q},\dot{\boldsymbol{q}})$ 同时存在，$\boldsymbol{M}_2$ 和 $\boldsymbol{C}_2(\boldsymbol{q})$ 同时存在。下式也同时满足

$$\boldsymbol{q}^{\mathrm{T}}\left[\frac{1}{2}\frac{\mathrm{d}}{\mathrm{d}t}\boldsymbol{M}(\boldsymbol{q})-\frac{1}{2}\boldsymbol{C}(\boldsymbol{q},\dot{\boldsymbol{q}})\right]\boldsymbol{q}=0 \tag{B-19}$$

# 附录 C　Lyapunov 稳定性

动力系统的稳定性具有二值属性：一个动力系统只能是稳定的或不稳定的。不同的文献对稳定性提出了不同的定义，如拉格朗日稳定性、有界输入/有界输出、Routh 和 Hurwitz 等。本节简要介绍了 Lyapunov 稳定性定义的相关概念，对于更深入的研究可查阅参考文献［38］。

在文献中可以找到 Lyapunov 关于稳定性提出的两种方法。第一种方法需要了解动态系统响应的概念，第二种方法被称为 Lyapunov 直接法，它不需要时间响应。在下文中，仅介绍 Lyapunov 直接法。

假设状态向量 $\boldsymbol{x}(t) \in \mathbb{R}^n$，考虑如下动力学系统

$$\dot{\boldsymbol{x}}(t)=\boldsymbol{f}(\boldsymbol{x}(t))(t>t_0) \tag{C-1}$$

函数 $\boldsymbol{f}$：$\mathbb{R}^n \rightarrow \mathbb{R}^n$ 为非线性自治向量函数。判断一个动力学系统是否稳定，第一步是找到系统的平衡点。平衡点即方程 $\boldsymbol{f}(\boldsymbol{x})=\boldsymbol{0}$ 的解，线性系统稳定性理论定义如下。

**定义 C.1**（自由系统）　形如（C-1）的动力学系统称为自由系统，其具有如下形式

$$\dot{\boldsymbol{x}}(t)=A(t)\boldsymbol{x}(t)+B(t)\boldsymbol{u}(\boldsymbol{x}(t)) \tag{C-2}$$

**定义 C.2**（自由系统的时间响应）　系统（C-2）的时间响应可以用过渡矩阵 $\boldsymbol{\Phi}(t, t_0)$ 表示，$t_0$ 为初始时间

$$\boldsymbol{x}(t)=\boldsymbol{\Phi}(t,t_0)+\int_{t_0}^{t}\boldsymbol{\Phi}(\tau,t_0)B(\tau)\boldsymbol{u}(\boldsymbol{x}(\tau))\mathrm{d}\tau \tag{C-3}$$

**定义 C.3**（Lyapunov 稳定）　假设 $\boldsymbol{x}=\boldsymbol{0}$ 为系统（C-2）的平衡点，如果对于任意给定的正实数 $\varepsilon>0$，都存在 $\delta(\varepsilon)>0$，使得当 $\|\boldsymbol{x}_0\|<\delta(\varepsilon)$ 时，$\|\boldsymbol{x}(t)\|<\varepsilon$，则称系统（C-2）为 L 稳定（Lyapunov 意义上的稳定）。

**定义 C.4**（渐进稳定）　称系统的平衡点 $\boldsymbol{x}=\boldsymbol{0}$ 为渐进稳定的，如果：

- 系统为 L 稳定；
- 对于任意接近平衡点 $\boldsymbol{x}=\boldsymbol{0}$ 的初始值 $\boldsymbol{x}_0$，均有 $\lim\limits_{t\to\infty}\|\boldsymbol{x}(t)\|=0$。

**定义 C.5**（一致 Lyapunov 稳定）　如果 $\delta$ 取值与初始时刻 $t_0$ 无关，则称系统（C-2）为一致 Lyapunov 稳定。

**定义 C.6**（一致渐进稳定）　如果存在常数 $k_1$，$k_2>0$，使得 $\|\boldsymbol{\Phi}(t, t_0)\|\leqslant k_1\mathrm{e}^{-k_2(t-t_0)}$，则称系统（C-2）为一致渐进稳定。

**定义 C.7**（Lyapunov 候选函数（LCF））　设 $V$：$\mathbb{R}\rightarrow\mathbb{R}_+$ 为连续可微标量函数，如果其满足以下条件，则称其为平衡点 $\boldsymbol{x}=\boldsymbol{0}$ 的 Lyapunov 候选函数：

- $V(\boldsymbol{x}(t))$ 局部或全局正定；
- $\dfrac{\partial V(\boldsymbol{x}(t))}{\partial \boldsymbol{x}}$ 为 $\boldsymbol{x}$ 的连续函数。

**定义 C.8**（LCF 时间导数）　$V(\boldsymbol{x}(t))$ 沿轨迹（C-1）的时间导数 $\dot{V}(\boldsymbol{x}(t))$ 为

$$\frac{\mathrm{d}V(\boldsymbol{x}(t))}{\mathrm{d}t}=\dot{V}(\boldsymbol{x}(t))=\frac{\partial V(\boldsymbol{x}(t))}{\partial \boldsymbol{x}}\boldsymbol{f}(\boldsymbol{x}) \tag{C-4}$$

**定义 C.9**（Lyapunov 函数）　如果 $V(\boldsymbol{x}(t))$ 的时间导数满足

$$\dot{V}(\boldsymbol{x}(t))\leqslant 0, \quad \forall t\geqslant 0 \tag{C-5}$$

则称 LCF　$V(\boldsymbol{x}(t))$ 为系统（C-1）的 Lyapunov 函数。

## C.1　Lyapunov 直接法

设 $d(\boldsymbol{x}(t), 0)$ 为用于计算状态 $\boldsymbol{x}(t)$ 和原点 $\boldsymbol{x}=0$ 之间距离的任何范数，其为标量函数，如果原点为平衡点，且 $\lim\limits_{t\to\infty}d(\boldsymbol{x}(t), 0)=0$，则称原点为渐进稳定平衡点。通常，Lyapunov 直接法不需要利用计算距离的方式来判断系统是否渐进稳定，相反，利用称为 Lyapunov 函数的能量函数来判断。

**定理 1**（稳定性）　如果动力学系统（C-1）存在 Lyapunov 函数，则平衡点 $\boldsymbol{x}=\boldsymbol{0}$ 为稳定的。

**定理 2**（一致稳定性）　如果平衡点 $\boldsymbol{x}=\boldsymbol{0}$ 满足方程（C-1），且对于 $\|\boldsymbol{x}\|$ 较小时，$V(\boldsymbol{x}(t))$ 为减函数，则平衡点是一致稳定的。

基于定理 1 和定理 2，可以推导出，如果使用的 LCF 为局部正定，则稳定性也是局部的。

**定理 3**（全局渐近稳定）　如果 $\boldsymbol{x}=\boldsymbol{0}$ 为系统（C-1）的唯一平衡点，LCF 为全局正定且径向无界，如果 $V(\boldsymbol{x}(t))$ 满足

$$\dot{V}(\boldsymbol{x}(t))<0, \quad \forall \quad \boldsymbol{x}(t)\neq \boldsymbol{0} \tag{C-6}$$

则称平衡是全局渐进稳定的。

**定理 4**（La Salle）　假设 LCF 为全局正定且径向无界，其时间导数为半负定的

$$\dot{V}(\boldsymbol{x}(t))\leqslant 0, \quad \forall \quad \boldsymbol{x}\in \mathbb{R}^n \tag{C-7}$$

定义集合 $\Omega=\{\boldsymbol{x}\in \mathbb{R}^n: \dot{V}(\boldsymbol{x})=0\}$，如果原点为系统唯一平衡点，且包含在 $\Omega$ 中，则原点为全局渐近稳定的。

# 附录 D　线性/非线性控制器基础

本部分简要介绍了书中涉及的关于线性和非线性控制器基本理论，读者也可参考相关文献。

## D.1　线性控制器基础

### D.1.1　PID 和 PD 控制器理论

PID 控制器由比例（P）、积分（I）和微分（D）控制组合而成，首先产生一个与误差信号成比例的控制信号作为控制器的输入，控制信号为控制状态变量与期望状态之间的差值。

通常认为 PID 控制器是最直接的控制器，针对不同的应用，其控制效果也不一样。其比例控制器本质上是一个增益放大器，在积分单元（I）中，控制信号与误差的积分成比例，因此它也可以被视为随着误差持续增加，增益也增加的比例型控制器（P），通常利用该特性来实现零稳态输出误差。微分单元（D）产生与误差变化速率成比例的控制信号，微分控制包括系统中的阻尼，并且通常与其他控制元件一起应用。

由于微分控制项不能单独将误差调节至零，即不能消除系统的稳态误差，需要增加比例控制项，一般 PID 控制方程为[65]：

$$u(t)=K_{p}e(t)+K_{i}\int_{0}^{t}e(t)\mathrm{d}t+K_{v}\frac{\mathrm{d}e(t)}{\mathrm{d}t} \tag{D-1}$$

式中，$e(t)$ 为误差信号，$K_p$ 为比例系数，$K_i$ 为积分系数，$K_v$ 为微分系数，$u(t)$ 为系统的控制信号。

PD 控制器是 PID 控制器的一种特殊情况：积分项系数为零，即不包含积分项。PD 控制器形式为

$$u(t)=K_{p}e(t)+K_{v}\frac{\mathrm{d}e(t)}{\mathrm{d}t} \tag{D-2}$$

图 D－1 为典型的 PID 控制器结构。在控制对象的数学模型已知的情况下，可以使用参数整定技术来调节各控制项的系数，获得满足瞬态和稳态响应的闭环控制系统。如果控制对象太复杂，数学模型难以获得时，相应的参数整定方法也很复杂。此时，可使用试验方法来调节 PID 控制器。

### D.1.2　线性二次型调节器（LQR）

设计 LQR 控制器时，定义线性系统为

$$\dot{\boldsymbol{x}}=\boldsymbol{A}\boldsymbol{x}+\boldsymbol{B}\boldsymbol{u} \tag{D-3}$$

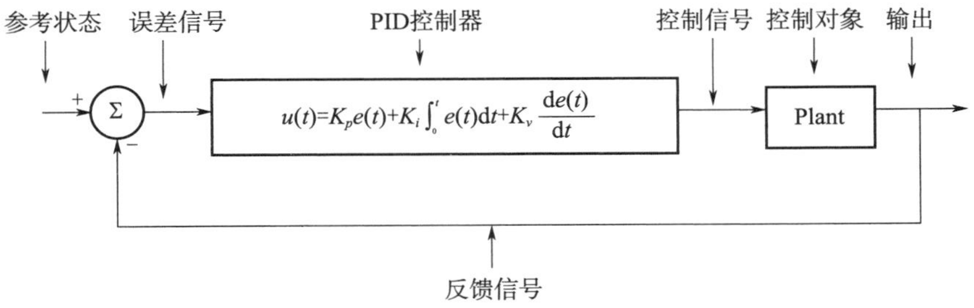


图 D-1　PID 控制器框图

定义设计的控制器为

$$\boldsymbol{u}(t)=-\boldsymbol{K}\boldsymbol{x}(t) \tag{D-4}$$

且该控制器使得性能函数

$$J=\int_0^{\infty}(\boldsymbol{x}^*\boldsymbol{Q}\boldsymbol{x}+\boldsymbol{u}^*\boldsymbol{R}\boldsymbol{u})\mathrm{d}t \tag{D-5}$$

取最小值。

$\boldsymbol{Q}$ 和 $\boldsymbol{R}$ 为权重矩阵，分别代表了控制误差和控制能量的重要性，$\boldsymbol{Q}$ 为正定（或半正定）Hermitian 矩阵，$\boldsymbol{R}$ 为正定 Hermitian 矩阵，Hermitian 矩阵即为自共轭矩阵。如控制向量 $\boldsymbol{u}(t)$ 无约束，则式（D-4）为获得的最优控制律。因此，通过最小化性能函数确定矩阵 $\boldsymbol{K}$ 中未知元素，则 $\boldsymbol{u}(t)=-\boldsymbol{K}\boldsymbol{x}(t)$ 对于任何初始状态 $\boldsymbol{x}(0)$ 均为最优。将式（D-4）代入式（D-3），可得

$$\dot{\boldsymbol{x}}=\boldsymbol{A}\boldsymbol{x}-\boldsymbol{B}\boldsymbol{K}\boldsymbol{x}=(\boldsymbol{A}-\boldsymbol{B}\boldsymbol{K})\boldsymbol{x} \tag{D-6}$$

假设矩阵 $\boldsymbol{A}-\boldsymbol{B}\boldsymbol{K}$ 稳定（或 $\boldsymbol{A}-\boldsymbol{B}\boldsymbol{K}$ 特征值实部为负），将式（D-4）代入式（D-5）

$$\begin{aligned}J&=\int_0^{\infty}(\boldsymbol{x}^*\boldsymbol{Q}\boldsymbol{x}+\boldsymbol{x}^*\boldsymbol{K}^*\boldsymbol{R}\boldsymbol{K}\boldsymbol{x})\mathrm{d}t\\&=\int_0^{\infty}\boldsymbol{x}^*(\boldsymbol{Q}+\boldsymbol{K}^*\boldsymbol{P}\boldsymbol{K})\boldsymbol{x}\,\mathrm{d}t\end{aligned} \tag{D-7}$$

则

$$\boldsymbol{x}^*(\boldsymbol{Q}+\boldsymbol{K}^*\boldsymbol{R}\boldsymbol{K})\boldsymbol{x}=-\dot{\boldsymbol{x}}^*\boldsymbol{P}\boldsymbol{x}-\boldsymbol{x}^*\boldsymbol{P}\boldsymbol{x}-\boldsymbol{x}^*\boldsymbol{P}\dot{\boldsymbol{x}}=\boldsymbol{x}^*\left[(\boldsymbol{A}-\boldsymbol{B}\boldsymbol{K})^*\boldsymbol{P}+\boldsymbol{P}(\boldsymbol{A}-\boldsymbol{B}\boldsymbol{K})\right]\boldsymbol{x} \tag{D-8}$$

比较式（D-8）两侧，对于任何状态 $\boldsymbol{x}$，等式均成立，因此

$$(\boldsymbol{A}-\boldsymbol{B}\boldsymbol{K})^*\boldsymbol{P}+\boldsymbol{P}(\boldsymbol{A}-\boldsymbol{B}\boldsymbol{K})=-(\boldsymbol{Q}+\boldsymbol{K}^*\boldsymbol{R}\boldsymbol{K}) \tag{D-9}$$

可以证明，如果矩阵 $\boldsymbol{A}-\boldsymbol{B}\boldsymbol{K}$ 稳定，则存在正定矩阵 $\boldsymbol{P}$ 满足式（D-9）。因此，基于式（D-9）确定矩阵 $\boldsymbol{P}$，并判断其是否正定。需要注意的是，满足条件的矩阵 $\boldsymbol{P}$ 并不唯一。如果系统稳定，则总存在一个正定矩阵 $\boldsymbol{P}$ 满足这个等式。这意味着如果求解该式并找到正定矩阵 $\boldsymbol{P}$，则系统是稳定的。满足等式的矩阵 $\boldsymbol{P}$ 如果不是正定矩阵，则需舍弃。性能函数 $J$ 为

$$J=\int_0^{\infty}\boldsymbol{x}^*(\boldsymbol{Q}+\boldsymbol{K}^*\boldsymbol{R}\boldsymbol{K})\boldsymbol{x}\,\mathrm{d}t=-\boldsymbol{x}^*\boldsymbol{P}\boldsymbol{x}\,\Big|_0^{\infty}=-\boldsymbol{x}^*(\infty)\boldsymbol{P}\boldsymbol{x}(\infty)+x^*(0)\boldsymbol{P}\boldsymbol{x}(0) \tag{D-10}$$

由于 $\boldsymbol{A}-\boldsymbol{BK}$ 特征值实部为负，因此 $\boldsymbol{x}(\infty)\rightarrow 0$，可得

$$J=\boldsymbol{x}^{*}(0)\boldsymbol{P}\boldsymbol{x}(0) \tag{D-11}$$

因此，可根据初始条件 $\boldsymbol{x}(0)$ 和矩阵 $\boldsymbol{P}$ 获得性能函数 $J$。为了获得二次型最优控制问题的解，推导如下。由于已经假设 $\boldsymbol{R}$ 是实对称或正定 Hermitian 矩阵，因此

$$\boldsymbol{R}=\boldsymbol{T}^{*}\boldsymbol{T} \tag{D-12}$$

式中，$\boldsymbol{T}$ 为非奇异矩阵，式（D-9）可以写成

$$(\boldsymbol{A}^{*}-\boldsymbol{K}^{*}\boldsymbol{B}^{*})\boldsymbol{P}+\boldsymbol{P}(\boldsymbol{A}-\boldsymbol{BK})+\boldsymbol{Q}+\boldsymbol{K}^{*}\boldsymbol{T}^{*}\boldsymbol{TK}=0 \tag{D-13}$$

即

$$\boldsymbol{A}^{*}\boldsymbol{P}+\boldsymbol{PA}+[\boldsymbol{TK}-(\boldsymbol{T}^{*})^{-1}\boldsymbol{B}^{*}\boldsymbol{P}]^{*}[\boldsymbol{TK}-(\boldsymbol{T}^{*})^{-1}\boldsymbol{B}^{*}\boldsymbol{P}]-\boldsymbol{PBR}^{-1}\boldsymbol{B}^{*}\boldsymbol{P}+\boldsymbol{Q}=0 \tag{D-14}$$

基于矩阵 $\boldsymbol{K}$ 最小化 $J$，即最小化

$$\boldsymbol{x}^{*}[\boldsymbol{TK}-(\boldsymbol{T}^{*})^{-1}\boldsymbol{B}^{*}\boldsymbol{P}]^{*}[\boldsymbol{TK}-(\boldsymbol{T}^{*})^{-1}\boldsymbol{B}^{*}\boldsymbol{P}]\boldsymbol{x} \tag{D-15}$$

由于上式非负，因此其最小值为零，或

$$\boldsymbol{TK}=(\boldsymbol{T}^{*})^{-1}\boldsymbol{B}^{*}\boldsymbol{P} \tag{D-16}$$

因此

$$\boldsymbol{K}=\boldsymbol{T}^{-1}(\boldsymbol{T}^{*})^{-1}\boldsymbol{B}^{*}\boldsymbol{P}=\boldsymbol{R}^{-1}\boldsymbol{B}^{*}\boldsymbol{P} \tag{D-17}$$

上式即为最优矩阵 $\boldsymbol{K}$。因此当性能函数由式（D-5）定义时，二次型最优控制问题的最优控制律为线性的，其形式为

$$\boldsymbol{u}(t)=-\boldsymbol{Kx}(t)=-\boldsymbol{R}^{-1}\boldsymbol{B}^{*}\boldsymbol{Px}(t) \tag{D-18}$$

式（D-17）中矩阵 $\boldsymbol{P}$ 需满足式（D-9）或下式

$$\boldsymbol{A}^{*}\boldsymbol{P}+\boldsymbol{PA}-\boldsymbol{PBR}^{-1}\boldsymbol{B}^{*}\boldsymbol{P}+\boldsymbol{Q}=0 \tag{D-19}$$

方程（D-19）为简化 Riccati 方程。图 D-2 显示了一个最优正则系统。设计步骤为：

1）求解简化 Riccati 方程（D-19），获得正定矩阵。

2）将矩阵 $\boldsymbol{P}$ 代入方程（D-17）求解 $\boldsymbol{K}$，矩阵 $\boldsymbol{K}$ 即为最优的控制律系数矩阵。

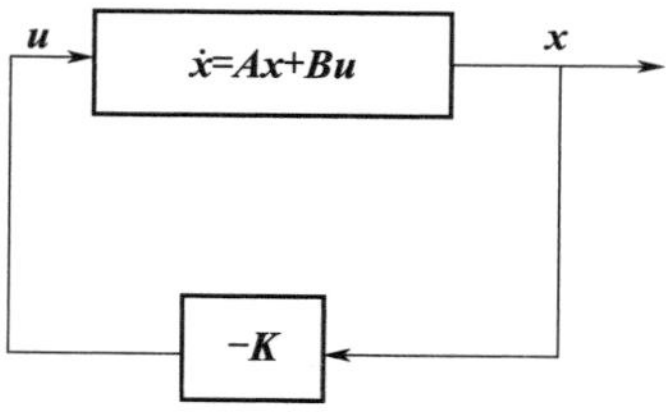


图 D-2 最优正则系统

## D.2 非线性控制器基础

### D.2.1 嵌套饱和

嵌套饱和控制器的设计涉及积分器链的稳定性[63]

$$
\begin{aligned}
\dot{x}_1 &= x_2 \\
\dot{x}_2 &= x_3 \\
&\vdots \\
\dot{x}_{n-1} &= x_n \\
\dot{x}_n &= u
\end{aligned} \tag{D-20}
$$

该积分器链可用状态空间表示：$\dot{\boldsymbol{x}} = \boldsymbol{A}_x \boldsymbol{x} + \boldsymbol{B}_x u$，$\boldsymbol{x} \in \mathbb{R}^n$，$u \in \mathbb{R}$，矩阵 $\boldsymbol{A}_x$，$\boldsymbol{B}_x$ 定义为

$$
\boldsymbol{A}_x = \begin{bmatrix} 0 & 1 & 0 & \cdots & 0 \\ \vdots & & & & \vdots \\ 0 & \cdots & \cdots & \cdots & 1 \\ 0 & \cdots & \cdots & \cdots & 0 \end{bmatrix} \tag{D-21}
$$

$$
\boldsymbol{B}_x = \begin{bmatrix} 0 \\ \vdots \\ \vdots \\ 1 \end{bmatrix} \tag{D-22}
$$

基于该方程，寻求形如 $\boldsymbol{z} = \boldsymbol{T}_{zx} \boldsymbol{x}$ 的线性变换，可将 $\dot{\boldsymbol{x}}_1 = \boldsymbol{x}_2$ 变换成 $\dot{\boldsymbol{z}} = \boldsymbol{A}_z \boldsymbol{z} + \boldsymbol{B}_z u$，矩阵 $\boldsymbol{A}_z$，$\boldsymbol{B}_z$ 为

$$
\boldsymbol{A}_z = \begin{bmatrix} 0 & k_2 & k_3 & \cdots & k_{n-1} & k_n \\ 0 & 0 & k_3 & \cdots & k_{n-1} & k_n \\ \vdots & \ddots & \ddots & \ddots & \vdots & \vdots \\ 0 & \cdots & \cdots & \cdots & 0 & k_n \\ 0 & \cdots & \cdots & \cdots & 0 & 0 \end{bmatrix} \tag{D-23}
$$

$$
\boldsymbol{B}_z = \begin{bmatrix} 1 \\ 1 \\ \vdots \\ \vdots \\ 1 \end{bmatrix} \tag{D-24}
$$

其中 $k_1$，$k_2$，…，$k_{n-1}$，$k_n \in \mathbb{R}$ 为变换系数，考虑系数集合 $K = k_n$，$k_{n-1}$，…，$k_2$，$k_1$，设 $A_l \subseteq A$ 为包含集合 $A$ 的前 $l$ 个元素的子集，定义作用于集合 $A_l$ 的函数 $F_k^m(A_l)$：$F_k^m$ 为每次从 $A_l$ 中选取 $m$ 个元素组合的乘积。二项式系数 $C_m^l = \begin{pmatrix} l \\ m \end{pmatrix}$ 用于表示此类组合的数量。为了生成变换 $\boldsymbol{T}_{zx}$，定义基于集合 $A$ 的系数集 $K = k_n$，$k_{n-1}$，…，$k_2$，$k_1$ 上的函数 $C(m, l)$，$l \in [0, \cdots, n]$，$m \in [0, \cdots, l]$，$m \leqslant l$。有

$$
C(l, m) = \sum_{h=1}^{C_m^l} F_h^m(K_l) \tag{D-25}
$$

$$
C(l, 0) = 1 \tag{D-26}
$$

在新坐标系中，系统方程为

$$z_{n-i}=\sum_{j=0}^{i}C(i,j)x_{n-j} \tag{D-27}$$

$i\in[0,\cdots,n-1]$，转换矩阵 $\boldsymbol{T}_{zx}$ 定义为

$$T_{zx(n-i)(n-j)}=C(i,j),\quad i\geqslant j \tag{D-28}$$

$$T_{zx(n-i)(n-j)}=0,\quad i<j \tag{D-29}$$

基于上述变换，可得由两个积分器组成的系统变换为

$$K=k_2,k_1,\quad k_1=k_2 \tag{D-30}$$

$$F_1^1=k_2,\quad F_1^0=1 \tag{D-31}$$

$$\begin{aligned}&C(0,0)=1\\&C(1,0)=F_1^0(k_1)=1\\&C(1,1)=F_1^1(k_1)=k_2\end{aligned} \tag{D-32}$$

因此，含两个积分器的转换矩阵为

$$\begin{pmatrix}z_1\\z_2\end{pmatrix}=\begin{pmatrix}T_{zx1,1}&T_{zx1,2}\\0&T_{zx2,2}\end{pmatrix}\begin{pmatrix}x_1\\x_2\end{pmatrix} \tag{D-33}$$

其中

$$\begin{aligned}&T_{zx2,2}=C(0,0)=1\\&T_{zx1,2}=C(1,0)=F_1^0(k_1)=1\\&T_{zx2,1}=C(0,1)=0\\&T_{zx1,1}=C(1,1)=F_1^1(k_1)=k_2\end{aligned} \tag{D-34}$$

最后，使得由两个积分器构成的系统为渐近稳定系统的有界控制器为 $u=-\sigma_n(z_n+\sigma_{n-1}(z_{n-1}))$，其中 $n=2$。

### D.2.2　积分器反步法

积分器反步法属于非线性控制理论。定义如下形式的系统

$$\dot{\varphi}=f(\varphi)+g(\varphi)\upsilon \tag{D-35}$$

$$\dot{\upsilon}=u \tag{D-36}$$

式中，$\varphi$，$\upsilon\in\mathbb{R}^n$ 为状态变量，$u\in\mathbb{R}$ 为控制输入，$f$，$g$ 为已知光滑函数，目标是设计原点稳定的状态反馈控制器，即 $\varphi=0$，$\upsilon=0$。假设式（D-35）可通过状态反馈控制器 $\upsilon=\rho(\varphi)$ 稳定，$\rho(0)=0$，这表明 $\dot{\varphi}=f(\varphi)+g(\varphi)\rho(\varphi)$ 渐进稳定。假设正定光滑的 Lyapunov 函数 $V(\varphi)$ 已知，且该函数满足 $\dfrac{\partial V}{\partial\varphi}[f(\varphi)+g(\varphi)\rho(\varphi)]\leqslant -W(\varphi)$，$W(\varphi)>0$。将式（D-35）右边项 $g(\varphi)\upsilon$ 进行替换

$$\dot{\varphi}=[f(\varphi)+g(\varphi)\rho(\varphi)]+g(\varphi)[\upsilon-\rho(\varphi)] \tag{D-37}$$

$$\dot{\upsilon}=u \tag{D-38}$$

定义变量变化为

$$\chi=\upsilon-\rho(\varphi) \tag{D-39}$$

则

$$\dot{\varphi}=[f(\varphi)+g(\varphi)\rho(\varphi)]+g(\varphi)\chi \tag{D-40}$$

$$\dot{\chi}=u-\dot{\rho}(\varphi) \tag{D-41}$$

导数项 $\dot{\rho}(\varphi)$ 可通过 $\dot{\rho}(\varphi)=\frac{\partial\rho}{\partial\varphi}[f(\varphi)+g(\varphi)\upsilon]$ 求得。利用变换 $v=u-\dot{\rho}(\varphi)$ 可将系统转换为

$$\dot{\varphi}=[f(\varphi)+g(\varphi)\rho(\varphi)]+g(\varphi)\chi \tag{D-42}$$

$$\dot{\chi}=v \tag{D-43}$$

可以看出，系统（D-42）～（D-43）和系统（D-35）～（D-36）相似，如果输入为零，则系统具有渐进稳定的原点。定义 LCF 为

$$V_c(\varphi,\upsilon)=V(\varphi)+\frac{1}{2}\chi^2 \tag{D-44}$$

上式导数为

$$\begin{aligned}\dot{V}_c&=\frac{\partial V}{\partial\varphi}[f(\varphi)+g(\varphi)\rho(\varphi)]+\frac{\partial V}{\partial\varphi}(\varphi)\chi+\chi\nu\\&\leqslant-W(\varphi)+\frac{\partial V}{\partial\varphi}g(\varphi)\chi+\chi\nu\end{aligned} \tag{D-45}$$

如果选择 $\nu=\frac{\partial V}{\partial\varphi}g(\varphi)-k\chi$ ，$k$ 为正定增益，则上式的导数为

$$\dot{V}_c\leqslant-W(\varphi)-k\chi^2 \tag{D-46}$$

因此原点 $\varphi=0$，$\chi=0$ 渐进稳定。由于 $\rho(0)=0$，可以得出结论：原点 $\varphi=0$，$\upsilon=0$ 渐进稳定。利用 $\nu$，$\chi$ 和 $\dot{\rho}$ 进行替换，状态反馈控制器为

$$u=\frac{\partial\rho}{\partial\varphi}[f(\varphi)+g(\varphi)\upsilon]-\frac{\partial V}{\partial\varphi}g(\varphi)-k(\upsilon-\rho(\varphi)) \tag{D-47}$$

可以得到如下结论：当且仅当所有假设均全局成立，且 $V(\varphi)$ 径向无界时，原点为全局渐进稳定[41,42]。

### D.2.3 滑模控制

考虑二阶系统

$$\begin{aligned}\dot{x}_1&=x_2\\\dot{x}_2&=f(x)+g(x)u\end{aligned} \tag{D-48}$$

式中，$f(x)$ 和 $g(x)$ 为未知非线性函数，并且对于所有的 $x$， $g(x)>0$。目标是设计状态反馈控制器，使得系统在原点稳定。假设存在一个控制律，可使得系统的运动约束在滑动表面 $\sigma_x=k_1x_1+x_2=0$ 上[59,41,60]。对于该滑动面，运动由 $\dot{x}_1=-k_1x_1$ 控制。$k_1$ 为正增益，可以使得 $\lim_{t\to\infty}x(t)\to 0$，且收敛速率由 $k_1$ 控制。滑动面上的运动 $\sigma_x=0$ 与 $f(x)$ 和 $g(x)$ 无关。变量 $\sigma_x$ 满足方程

$$\dot{\sigma}_x=k_1\dot{x}_1+\dot{x}_2=k_1x_2+f(x)+g(x)u \tag{D-49}$$

假设 $f(x)$ 和 $g(x)$ 满足不等式

$$\left|\frac{v}{g(x)}\right| \leqslant \upsilon(x) \tag{D-50}$$

其中 $v=k_1x_2+f(x)$，$\forall x \in \mathbb{R}^2$，$\upsilon(x)$ 为已知函数。定义 $V=\frac{1}{2}\sigma_x^2$ 为 LCF，$\dot{\sigma}_x=k_1x_2+f(x)+g(x)u$，其导数为

$$\dot{V}=\sigma_x\dot{\sigma}_x=\sigma_x[k_1x_2-f(x)]+g(x)\sigma_xu \leqslant g(x)|\sigma_x|\upsilon(x)+g(x)\sigma_xu \tag{D-51}$$

定义滑模控制器为

$$u=-\beta(x)\mathrm{sgn}(\sigma_x) \tag{D-52}$$

理想滑模控制 $u$ 是定义在滑动面 $\sigma_x=0$ 上的，因此仅当 $\sigma_x\neq 0$ 时，控制 $u=-\beta_x\mathrm{sgn}(\sigma_x)$ 才有效。对 $\mathrm{sgn}(\sigma_x)$ 定义为

$$\mathrm{sgn}(\sigma_x)=\begin{cases}1, & \sigma_x>0\\ 0, & \sigma_x=0\\ -1, & \sigma_x<0\end{cases} \tag{D-53}$$

当 $v=k_1x_2+f(x)$，$k_1$ 为已知非负常数且 $g(x)$ 满足下式时

$$\left|\frac{v}{g(x)}\right| \leqslant k_1 \tag{D-54}$$

滑模控制器可以适当简化

$$u=-\beta_x\mathrm{sgn}(\sigma_x) \tag{D-55}$$

其中 $\beta_x>k_1$，$u$ 采用简单的 relay 形式，但是如果滑模控制产生抖振效应会使得控制性能较差：抖振效应会引起机械振动，产生热量，此时需要引入电子控制模块，产生高速控制信号以获得期望的控制效果。在不适用高阶滑模的情况下，避免或减少抖振效应的一个解决方案是使用饱和函数 $\mathrm{sat}(\sigma_x)$ 或者双曲正切函数 $\tanh(\sigma_x)$。

### D.2.4 模型参考自适应控制（MRAC）

模型参考自适应控制 MRAC 由 Whitacker 于 1958 年引入，图 D-3 为其框图，其中有一个自适应控制器模块，为获得理想闭环性能的主要控制器，调整模块用于估计自适应增益，控制对象即为待控制系统，参考模型即为期望的系统的模型方程，基于该图，定义参考模型为

$$\dot{y}_p=A_mx+B_mu \tag{D-56}$$

式中，$x$ 为状态变量，$u$ 为控制输入。上述模型为稳定可控，控制模型可表示为

$$\dot{y}=A_s(e,t)x+B_s(e,t)u \tag{D-57}$$

其中误差定义为 $e=y_p-y$。设计目标是找到一种自适应控制律，使得对于任何输入 $u$，误差均趋于零。通过方程相减可得误差导数

$$\dot{e}=A_mx+B_mu-A_s(e,t)x-B_s(e,t)u+A_my-A_my \tag{D-58}$$

上式可改写为

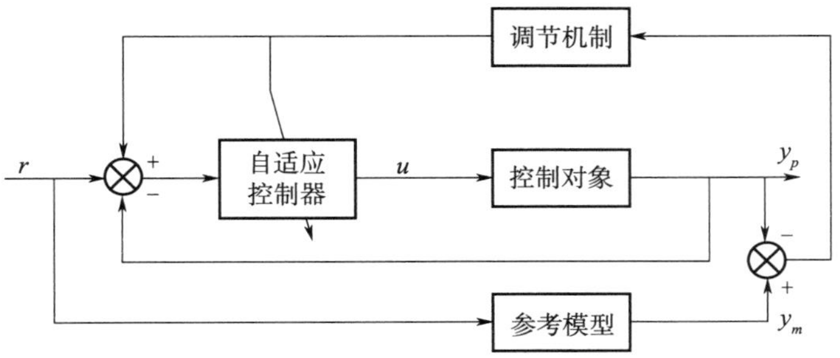


图 D-3　MRAC 控制器框图

$$\dot{e} = A_m e + [A_m - A_s(e,t)]y + [B_m - B_s(e,t)]u \tag{D-59}$$

考虑到控制误差，设计控制目标为损失函数最小，损失函数为

$$J(\theta) = \frac{1}{2}e^2 \tag{D-60}$$

为了减小 $J$ ，需在其负梯度方向改变参数

$$\frac{\mathrm{d}\theta}{\mathrm{d}t} = -\gamma \frac{\partial J}{\partial \theta} = -\gamma e \frac{\partial e}{\partial \theta} \tag{D-61}$$

上式即为 MIT 规则。偏导数 $\frac{\partial e}{\partial \theta}$ 为系统的灵敏度导数，$\gamma$ 为自适应增益。

# 附录 E　离散卡尔曼滤波器

本部分简要介绍了书中使用的离散卡尔曼滤波器的定义，用该滤波器进行状态变量估计，估计的状态变量用于开发的 LQR 控制器的反馈输入。

离散卡尔曼滤波器作为状态的最优估计器，使用时间更新方程（预测）和状态更新方程（校正）。预测方程为

$$\hat{\boldsymbol{x}}_k^- = \boldsymbol{A}\hat{\boldsymbol{x}}_{k-1} + \boldsymbol{B}\boldsymbol{u}_k \tag{E-1}$$

$$\boldsymbol{P}_k^- = \boldsymbol{A}\boldsymbol{P}_{k-1}\boldsymbol{A}^{\mathrm{T}} + \boldsymbol{Q} \tag{E-2}$$

式中，$\hat{\boldsymbol{x}}_k^-$ 是先验估计，$\boldsymbol{A}_k$ 为系统的转移矩阵，$\boldsymbol{B}_k$ 为分布矩阵，$\boldsymbol{u}_k$ 是输入向量，$\boldsymbol{P}_k^-$ 是先验协方差误差，$\boldsymbol{Q}$ 是过程协方差噪声。校正方程式定义为

$$\boldsymbol{K}_k = \boldsymbol{P}_k^-\boldsymbol{H}^{\mathrm{T}}(\boldsymbol{H}\boldsymbol{P}_k^-\boldsymbol{H}^{\mathrm{T}} + \boldsymbol{R})^{-1} \tag{E-3}$$

$$\hat{\boldsymbol{x}}_k = \hat{\boldsymbol{x}}_k^- + \boldsymbol{K}_k(\boldsymbol{z}_k - \boldsymbol{H}\boldsymbol{x}_k^-) \tag{E-4}$$

$$\boldsymbol{P}_k = (1 - \boldsymbol{K}_k\boldsymbol{H})\boldsymbol{P}_k^- \tag{E-5}$$

式中，$\boldsymbol{K}_k$ 是离散卡尔曼增益，$\boldsymbol{H}$ 为测量矩阵，$\boldsymbol{R}_k$ 为测量的协方差噪声。$\hat{\boldsymbol{x}}_k$ 中包含当前估计值，$\boldsymbol{z}_k$ 为测量值，$\boldsymbol{P}_k$ 为协方差误差[27]。此外

$$\begin{aligned}\hat{\boldsymbol{x}}_k^- &= \boldsymbol{A}_k\hat{\boldsymbol{x}}_{k-1} + \boldsymbol{B}_k\boldsymbol{u}_k + \boldsymbol{w}_k \\ &= \boldsymbol{x}_{k-1} + \boldsymbol{w}_k\end{aligned} \tag{E-6}$$

测量值/估计值 $\boldsymbol{z}_k$ 为

$$\begin{aligned}\hat{\boldsymbol{x}}_k &= \boldsymbol{H}\hat{\boldsymbol{x}}_k + \boldsymbol{v}_k \\ &= \boldsymbol{x}_k + \boldsymbol{v}_k\end{aligned} \tag{E-7}$$

当估计参数为标量或常数而非矩阵时，式（E-6）和式（E-7）可以降阶。如没有控制输入 $\boldsymbol{u}_k$，因为处理的是标量，所以矩阵 $\boldsymbol{A}$ 等于 1，并且它和前一状态的值将是相同的。如果已知测量噪声的组成，则 $\boldsymbol{H}=1$。很少或没有噪声信号的情况并不常见；如果发生这种情况，则 $\boldsymbol{H}\neq 1$。图 E-1 给出了包含本书所定义方程的离散卡尔曼滤波器框图。

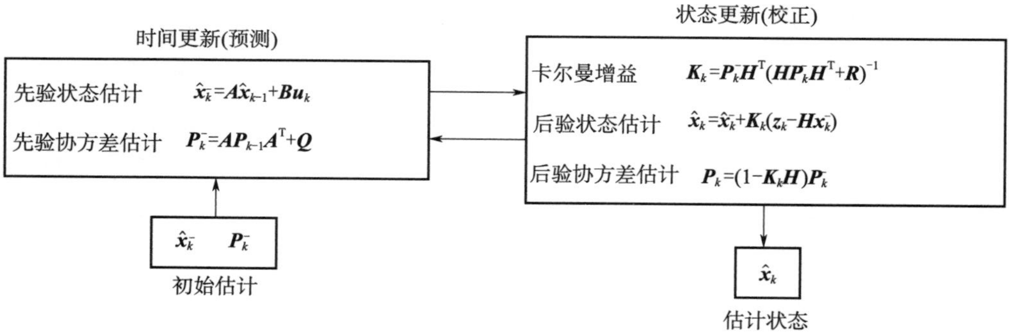


图 E-1　离散卡尔曼滤波器框图

# 附录 F　线性/非线性控制器（嵌入式系统程序）

F. 1 节介绍了用于高度控制的 PD 控制器，程序用 C 语言编写，可运行于 Rabbit 微处理器。F. 2 节介绍了实际飞行试验中使用的程序，高度控制采用的是非线性反步控制律。

## F. 1　高度通道 PD 控制器

```
///IMU libraries///
#class auto
#use "CI3DMGVA4.lib"
///Declaration servo motors outputs///

#define FAST_INTERRUPT 0
#define Servo_Estabilizador 1  //2 -3
#define Servo_Elevador 2  //3 -1
#define Servo_Alabeo  3  //0 -0

///Declaration radio signals ///
#define GAS    3
#define YAW    4
#define PITCH  2
#define ROLL   1

///IMU buffer size///
#define BINBUFSIZE  31
#define BOUTBUFSIZE 31

///Xbee buffer size///
#define DINBUFSIZE  255
#define DOUTBUFSIZE 255

/// Altimeter buffer size///
#define CINBUFSIZE  7
#define COUTBUFSIZE 7
```

```
///MATLAB communication buffer size///
char buff_out[56];

/// Structure to read the data from IMU///
typedef struct {
        int i_Roll_rate;
        int i_Pitch_rate;
        int i_Yaw_rate;
        unsigned int u_Roll_rate;
        unsigned int u_Pitch_rate;
        unsigned int u_Yaw_rate;
   float f_Roll_rate;
   float f_Pitch_rate;
   float f_Yaw_rate;
   float Acc_X;
   float Acc_Y;
   float Acc_Z;
   int Mag_X;
   int Mag_Y;
   int Mag_Z;
}Sensores_CI;

/// Structure to read the data from IMU///
typedef struct {
        float pitch;
        float roll;
        float yaw;
        } Attitude;

   float PitchRateGrad,RollRateGrad,YawRateGrad;
   double z;
   double z_des;
   float Pitch_Control,td;

/// Instructions to read IMU///
int obtiene_angulo(Attitude *new_attitude,
Sensores_CI *new_sensor, char *ci_sentence);

///Manual Control///
void input_cap_isr();
int sgn (float x);

///Cursor position///
nodebug void gotoxy (int x, int y)
```

```
{
        x += 0x20;
        y += 0x20;
        printf ("\x1B=%c%c",x,y );
}

///IMU variables///
Attitude  Actual_central;
Attitude Actual_Attitude;
Sensores_CI Actual_sensor;
char Buffer_Central[23];
int CI_state;

///Manual control variables//////
int  PW_Temp , P_Width[8];
char capture_status;
int  x, i, manual;

/// Altimeter functions///
double strtonum(char*);
double z;

///MATLAB functions to send data///
__nodebug
void float2char(float var,int pos)
{

buff_out[pos]  = *((char*)&var);
buff_out[pos+1]= *((char*)&var+1);
buff_out[pos+2]= *((char*)&var+2);
buff_out[pos+3]= *((char*)&var+3);

}
__nodebug
void enviar_datos()
{
int i,checksum;

checksum=0;
buff_out[0]=0xFF;
buff_out[1]=0x02;
float2char(Actual_Attitude.roll,2);
float2char(Actual_Attitude.pitch,6);
float2char(Actual_Attitude.yaw,10);
float2char(RollRateGrad,14);
```

```
float2char(PitchRateGrad ,18);
float2char(YawRateGrad ,22);
float2char(z_des ,26);
float2char(Pitch_Control ,30);
float2char(z,34);
float2char(td ,38);
float2char(0.00 ,42);
float2char(0.00 ,46);
float2char(0.00 ,50);

for(i=2;i<54;i++)
checksum += buff_out[i];

buff_out[54]=*((char*)&checksum);
buff_out[55]=*((char*)&checksum+1);

serDwrite(buff_out , sizeof(buff_out));
}

///Main start///
void main()
{
///Variables declaration///
   int  roll , pitch , yaw;
   int   pwm_options;
   float YawRecta, PitchRecta , RollRecta;
   double T;
   unsigned long T1,t1;
   unsigned long  frecuencia;
   char data[7];
   int Num;
   float e_pitch;
   float pitch_des;
   float kp_p,kv_p;
   float Pitch_Final;
   float Control_PitchRecta;
   int Alt_deseado;
   float e_alt;
   float derivada;
   float e_pitch_anterior;

///Constants declarations///

   roll = 0;
   pitch = 0;
```

```
  yaw = 0;

  Actual_central.roll = 0.0;
  Actual_central.pitch = 0.0;
  Actual_central.yaw = 0.0;

  Actual_sensor.f_Roll_rate = 0.0;
  Actual_sensor.f_Pitch_rate = 0.0;
  Actual_sensor.f_Yaw_rate = 0.0;

  YawRecta = 0.0;
  PitchRecta = 0.0;
  RollRecta = 0.0;

  RollRateGrad=0.0;
  YawRateGrad=0.0;
  PitchRateGrad=0.0;

  T = 0;
  T1 = 0;
  td=0;
  t1=0;

  Alt_deseado=1;
  Pitch_Control=0.0;
  z_des=0.0;

  kp_p = 10;
  kv_p = 0.1;

///Input capture for radio control///

#if __SEPARATE_INST_DATA__ && FAST_INTERRUPT
   interrupt_vector inputcap_intvec input_cap_isr;
#else
   SetVectIntern(0x1A, input_cap_isr);
   SetVectIntern(0x1A, GetVectIntern(0x1A));
#endif

   WrPortI(ICS1R, NULL, 0x44);
   WrPortI(TAT8R, NULL, freq_divider/4-1);
   WrPortI(ICCSR, NULL, 0x1C);
   WrPortI(ICCR, NULL, 0x01);
   WrPortI(ICT1R, NULL, 0x59);
```

```
///PWM configuration///

 frecuencia = pwm_init(495);
 pwm_options = PWM_USEPORTE;
 pwm_options |= PWM_OUTEIGHTH;

///IMU serial port configuration///

   serBopen(115200);
   serBputc(0x06);
   serBread(Buffer_Central,5,5);
   serBrdFlush();
   CI_state = 0;

///Xbee serial port configuration///

    serDopen(115200);
         serDwrFlush();
         serDrdFlush();

///Altimeter serial port configuration///

    serCopen(38400);
         serCwrFlush();
         serCrdFlush();

///Central reading cycle start and manual mode///
 while(1)
         {
            costate
      {
wfd  cof_serBputc(0x31);
wfd  CI_state = cof_serBread(Buffer_Central,23,5);
yield;
if (CI_state == 23 && Buffer_Central[0]== 0x31)
{
obtiene_angulo(&Actual_Attitude,&Actual_sensor,
                  Buffer_Central);
CI_state = 0;
Buffer_Central[0]=0x00;
}
wfd cof_serDputs(central_datos);
waitfor(DelayMs(90));
}
```

```
  costate {
              serCrdFlush();
               wfd  Num = cof_serCread(data,7,100);
               if(data[6]==0x0B)
              {
                 z=strtonum(data);
               }
                  }

  costate{
           RollRateGrad=Actual_sensor.f_Roll_rate
                       *57.2958;
           YawRateGrad=Actual_sensor.f_Yaw_rate*57.2958;
           PitchRateGrad=Actual_sensor.f_Pitch_rate
                        *57.2958;
        }

///Servo motors control///
costate{
        YawRecta = 0.4000 * P_Width[YAW] + 180;
          if (YawRecta < 546 )
             {
               YawRecta = 546;
             }
          if (YawRecta > 946)
             {
               YawRecta = 946;
             }
  pwm_set(Servo_Estabilizador, (int)(YawRecta),
          pwm_options);
       }

 costate{
  if (P_Width[5] < 1000)
       {
          PitchRecta = 0.4000 * P_Width[PITCH] + 180;
          if (PitchRecta < 546)
             {
               PitchRecta = 546;
             }
          if (PitchRecta > 946)
             {
               PitchRecta = 946;
             }
```

```
        pwm_set(Servo_Elevador, (int)(PitchRecta),
                pwm_options);
            Alt_deseado = 1;
            Pitch_Control = 0.0;
        }
      }

///PD control in altitude definition
costate{
if (P_Width[5]>1000&&CI_state==23&&Buffer_Central[0]
                                    ==0x31)
      {
      if(Alt_deseado==1)
        {
        z_des = z;
        Alt_deseado=0;
        }
         e_alt=z_des-z;
         pitch_des= atan2(z_des-z,14);
        e_pitch= - Actual_Attitude.pitch
                 + deg(pitch_des);

        td = ((double) (MS_TIMER - t1))/1000.0;
        t1 = MS_TIMER;
        derivada = (e_pitch - e_pitch_anterior)/td;
        e_pitch_anterior = e_pitch;

        Pitch_Control = -kp_p*e_pitch - kv_p*derivada;

        Control_PitchRecta = 1 *  Pitch_Control + 746;
         if (Control_PitchRecta < 546)
            {
              Control_PitchRecta = 546;
            }
         if (Control_PitchRecta > 946)
            {
              Control_PitchRecta = 946;
            }

        pwm_set(Servo_Elevador,
                (int)(Control_PitchRecta), pwm_options);
      }
    }

costate{
```

```
        RollRecta = 0.4000 * P_Width[ROLL] + 180;
        if (RollRecta < 546)
            {
              RollRecta = 546;
            }
        if (RollRecta > 946)
            {
              RollRecta = 946;
            }

      pwm_set(Servo_Alabeo, (int)(RollRecta),
              pwm_options);

            }

 costate{
              serDwrFlush();
                        serDrdFlush();
              enviar_datos();
              waitfor(DelayMs(25));
 }
        }
}

///Cofunction definitions///

nodebug int obtiene_angulo(Attitude *new_attitude,
                           Sensores_CI *new_sensor,
                           char *ci_sentence)
{
    int checkSum;
        int i;
    float convertFactor;

    convertFactor = (360.0/65536.0);
        checkSum = convert2int(&ci_sentence[21]);
        if (checkSum != calcChecksum(ci_sentence, 23))
     {
      return 0;
     }
    else
    {
 new_attitude->roll= (float)convert2short(&ci_sentence[1])
                    *convertFactor;
 new_attitude->pitch= (float)convert2short(&ci_sentence[3])
```

```
                    *convertFactor;
new_attitude->yaw= (float)convert2short(&ci_sentence[5])
                  *convertFactor;
new_sensor->i_Roll_rate= convert2int(&ci_sentence[13]);
new_sensor->f_Roll_rate= new_sensor->i_Roll_rate/3855.06;
new_sensor->i_Pitch_rate= convert2int(&ci_sentence[15]);
new_sensor->f_Pitch_rate = new_sensor
         ->i_Pitch_rate/3855.06;
        return 1;
    }
}

nodebug root interrupt void input_cap_isr()
{
 capture_status = RdPortI(ICCSR);
  if(capture_status & 0x10)
      {
    //read capture value, LSB first
    PW_Temp = RdPortI(ICL1R)+ RdPortI(ICM1R)*256;
    x++;
    if ((PW_Temp > 4000) || (x>8)) x = 0;
    P_Width[x] = PW_Temp;
    WrPortI(ICCSR, NULL, 0x1C);
      }
}

double strtonum(char* cadena)
{
 double out;
 if(cadena[0]==32)
 cadena[0]=48;

 if(cadena[1]==32)
 cadena[1]=48;

 out= (cadena[0]-48)*100 + (cadena[1]-48)*10 +
      (cadena[2]-48)*1 + (cadena[4]-48)*0.1 +
      (cadena[5]-48)*0.01;

 return out;

}

int sgn (float x)
{
```

```
  if (x>0)
    x=1;
  else
  if (x==0)
    x=0;
  else
    x=-1;
  return x;
}
```

## F.2 反步高度控制器

```
    ///IMU libraries///
    #class auto
    #use ''CI3DMGVA4.lib''
    ///Declaration servo motors outputs///
    #define FAST_INTERRUPT 0
    #define Servo_Estabilizador 1
    #define Servo_Elevador 2
    #define Servo_Alabeo  3

    ///Declaration radio signals///
    #define GAS    3
    #define YAW    4
    #define PITCH 2
    #define ROLL   1

    ///IMU buffer size///
    #define BINBUFSIZE  255
    #define BOUTBUFSIZE 255

    ///Xbee buffer size///
    #define DINBUFSIZE  255
    #define DOUTBUFSIZE 255

    ///Altimeter buffer size///
    #define CINBUFSIZE  7
    #define COUTBUFSIZE 7

    ///MATLAB communication buffer size///
    char buff_out[56];

    ///Cursor position///
    nodebug
    void gotoxy (int x, int y)
```

```
{
        x += 0x20;
        y += 0x20;
        printf ("\x1B=%c%c",x,y );
}


///Altimeter function declaration///
double strtonum(char*);

///Radio control function declaration///
void input_cap_isr();

///MATLAB functions to send data///
__nodebug
void float2char(float var,int pos)
{
buff_out[pos]  = *((char*)&var);
buff_out[pos+1]= *((char*)&var+1);
buff_out[pos+2]= *((char*)&var+2);
buff_out[pos+3]= *((char*)&var+3);
}

   float yaw,pitch,roll;
   float yaw_rate,pitch_rate,roll_rate;
   double z;
   float Pitch_Control;
   float z_des;
   //float superficie;
   float derivada,derivada2;
   double pitch_des;
__nodebug
void enviar_datos()
{
int i,checksum;

checksum=0;
buff_out[0]=0xFF;
buff_out[1]=0x02;
float2char(yaw,2);
float2char(pitch,6);
float2char(roll,10);//3
float2char(yaw_rate,14);
float2char(pitch_rate,18);
float2char(roll_rate,22);//6
```

```
float2char(z_des,26);//7
float2char(z,30);//8
float2char(Pitch_Control,34);//9
float2char(pitch_des,38);//10
float2char(derivada,42);//11
float2char(derivada2,46);//12
float2char(0.00,50);

for(i=2;i<54;i++)
checksum += buff_out[i];

buff_out[54]=*((char*)&checksum);
buff_out[55]=*((char*)&checksum+1);

serDwrite(buff_out,sizeof(buff_out));
}

///Variables radio control definitions///
   int PW_Temp , P_Width[8];
   char capture_status;
   int x, manual;

///Main start///
void main()
{
///Variables declaration///
   int i, CI_state, pet, lon;
   unsigned char ID;
   int pwm_options;
   float YawRecta, PitchRecta, RollRecta;
   float Mq,Md;
   unsigned long frecuencia;
   unsigned long t1;
   float td;
   char data[7];
   int Num;
   float e_pitch;
   float k1_p,k2_p,k3_p;
   float Pitch_Final;
   float Control_PitchRecta;
   int Alt_deseado;
   float e_alt;
   //float derivada,derivada2;
   float derivada_anterior,pitch_des_anterior;
```

```
///Constants declarations///

    yaw = 0.0;
    pitch = 0.0;
    roll = 0.0;

    yaw_rate = 0.0;
    pitch_rate = 0.0;
    roll_rate = 0.0;

    CI_state = 45;
    pet = 10;
    lon = 45;

    z=0.0;
    pitch_des = 0.0;
        for (i=0; i<45; i++)
        {
                buffer[i] = 0;
        }

    td=0;
    t1=0;

    Alt_deseado=1;//bandera para amarre de altura deseada
    Pitch_Control=0.0;
    z_des=0.0;
    derivada=0.0;
    derivada2=0.0;
    derivada_anterior=0.0;
    pitch_des_anterior=0.0;

    k1_p = 0.1;
    k2_p = 0.5;
    k3_p = 4;

    Mq = -2.27;
    Md = -2.702;

///Input capture for radio control///
#if __SEPARATE_INST_DATA__ && FAST_INTERRUPT
    interrupt_vector inputcap_intvec input_cap_isr;
#else
    SetVectIntern(0x1A, input_cap_isr);
    SetVectIntern(0x1A, GetVectIntern(0x1A));
```

```
#endif
   WrPortI(ICS1R, NULL, 0x44);    // PD1 0x44
   WrPortI(TAT8R, NULL, freq_divider/4-1);
   WrPortI(ICCSR, NULL, 0x1C);
   WrPortI(ICCR, NULL, 0x01);
   WrPortI(ICT1R, NULL, 0x59);

///PWM configuration///
 frecuencia = pwm_init(495);
 pwm_options = PWM_USEPORTE;
 pwm_options |= PWM_OUTEIGHTH;

///Xbee serial port configuration///
   serDopen(115200);
   serDwrFlush();
   serDrdFlush();

///IMU serial port configuration///
        serBopen(115200);
        creaDivision(division, 10, 0);
        serBwrite(division, 9);
        creaPeticion(peticion, pet);

/// Altimeter serial port configuration///
    serCopen(38400);
        serCwrFlush();
        serCrdFlush();

/// Central reading cycle start and manual mode///
 while(1)
        {
   costate
            {
                 if (CI_state == lon)
                    {
                        wfd  cof_serBwrite(peticion, 6);
                        CI_state = 0;
                    }
                     CI_state = serBread(buffer, lon, 5);
                     yield;
             }

  costate
  {
 if (buffer[0]== 0x81 &&  buffer[1]== 0xA1
```

```
                    && buffer[2]== 0x0A){
                     StoreNAV_SENSOR(&cent_ins, buffer);
            yaw = 0.01*(cent_ins.ypr[0]);
            pitch = 0.01*(cent_ins.ypr[1]);
            roll = 0.01*(cent_ins.ypr[2]);
            yaw_rate = 0.01*(cent_ins.pqr[2]);
            pitch_rate = 0.01*(cent_ins.pqr[1]);
            roll_rate = 0.01*(cent_ins.pqr[0]);
      }
     }

  costate {
            serCrdFlush();
             wfd Num = cof_serCread(data,7,100);
             if(data[6]==0x0B)
            {
              z=strtonum(data);

            }
               }

///Servo motors control///
costate{
          YawRecta = 0.4039 * P_Width[YAW] + 210.9634;
          if (YawRecta < 566 )
             {
               YawRecta = 566;
             }
          if (YawRecta > 982)
             {
               YawRecta = 982;
             }
   pwm_set(Servo_Estabilizador, (int)(YawRecta),
          pwm_options);
      }

costate{
  if (P_Width[5] < 1000)
      {
         PitchRecta = 0.4039 * P_Width[PITCH] + 210.9634;
          if (PitchRecta < 566)
             {
               PitchRecta = 566;
             }
          if (PitchRecta > 982)
```

```
            {
              PitchRecta = 982;
            }
pwm_set(Servo_Elevador, (int)(PitchRecta), pwm_options);
          Alt_deseado = 1;
          Pitch_Control = 0.0;
          derivada = 0.0;
          derivada2 = 0.0;
        }
      }

///Backstepping control in altitude definition///
costate{
if(P_Width[5]>1000&&buffer[0]==0x81&&buffer[1]
                   ==0xA1&&buffer[2]== 0x0A)
        {
        waitfor(DelayMs(1));
        if(Alt_deseado==1)
          {
          z_des = z;
          Alt_deseado=0;
          }
          pitch_des= deg(atan2(z_des-z,14));
          e_pitch = pitch_des - pitch;
          td = (MS_TIMER - t1)/1000.0;
          t1 = MS_TIMER;

  derivada=sat((pitch_des - pitch_des_anterior)/td,
          -5.0, 5.0);
          pitch_des_anterior = pitch_des;

  derivada2 = sat((derivada - derivada_anterior)/td,
            -5.0, 5.0);
          derivada_anterior = derivada;

 Pitch_Control = ((Mq*pitch_rate - k1_p
                *(derivada-pitch_rate)
                - derivada2 - k3_p*e_pitch
                - k2_p*(derivada + k1_p*e_pitch
                - pitch_rate))
                /(-Md))-15.696;

          Control_PitchRecta = 0.4039 *  Pitch_Control
                                + 774;
           if (Control_PitchRecta < 566)
```

```
              {
                Control_PitchRecta = 566;
              }
           if (Control_PitchRecta > 982)
              {
                Control_PitchRecta = 982;
              }

pwm_set(Servo_Elevador, (int)(Control_PitchRecta),
        pwm_options);
       }
     }

costate{
           RollRecta = 0.4000 * P_Width[ROLL] + 180;
           if (RollRecta < 566)
              {
                RollRecta = 566;
              }
           if (RollRecta > 982)
              {
                RollRecta = 982;
              }
           pwm_set(Servo_Alabeo, (int)(RollRecta),
                   pwm_options);
              }

 costate{
                serDwrFlush();
                            serDrdFlush();
                enviar_datos();
                waitfor(DelayMs(25));
 }
        }
}

///Cofunction definitions///

unsigned short creaPeticion(unsigned char *buffer,
                            unsigned char ID)
{
        unsigned char *p, *p_end;
        unsigned char pay_len;
        unsigned char ck0;
        unsigned char ck1;
```

```
        ck0 = 0;
        ck1 = 0;
        buffer[0] = 0x81;
        buffer[1] = 0xA1;
        buffer[2] = ID;
        buffer[3] = 0x00;
        p_end = &buffer[4];
        pay_len = p_end - buffer - 4;
        buffer[3] = pay_len;
        p=buffer+2;
        while(p < p_end)
        {
                ck0 += *p++;
                ck1 += ck0;
        }
        *p++ = ck0;
        *p++ = ck1;

        return(p-buffer);
}

unsigned short creaDivision(unsigned char *buffer,
                            unsigned char mens,
                            unsigned char div)
{
        unsigned char *p, *p_end;
        unsigned char pay_len;
        unsigned char ck0;
        unsigned char ck1;
        ck0 = 0;
        ck1 = 0;
        buffer[0] = 0x81;
        buffer[1] = 0xA1;
        buffer[2] = 0x23;
        buffer[3] = 0x03;
        buffer[4] = 0x05;
        buffer[5] = mens;
        buffer[6] = div;
        p_end = &buffer[7];
        pay_len = p_end - buffer - 4;
        buffer[3] = pay_len;
        p=buffer+2;
        while(p < p_end)
        {
                ck0 += *p++;
```

```
                ck1 += ck0;
        }

        *p++ = ck0;
        *p++ = ck1;
        return(p-buffer);
}

nodebug static void StoreNAV_SENSOR(mtMIDG2_NAV_SENSOR *p
                                    , unsigned char *buf)
  {
  int i;
        ++buf;
        ++buf;
        ++buf;
    ++buf;

  p->Time=mBinGetULong(&buf);
  for(i=0;i<3;++i)
    p->pqr[i]=mBinGetShort(&buf);
  for(i=0;i<3;++i)
    p->axyz[i]=mBinGetShort(&buf);
  for(i=0;i<3;++i)
    p->ypr[i]=mBinGetShort(&buf);
  for(i=0;i<4;++i)
    p->Q[i]=mBinGetLong(&buf);
    p->Flags=*buf++;
    p->updated=1;
  }

nodebug root interrupt void input_cap_isr()
{
 capture_status = RdPortI(ICCSR);
 if(capture_status & 0x10)
      {
         PW_Temp = RdPortI(ICL1R)+ RdPortI(ICM1R)*256;
         x++;
         if ((PW_Temp > 4000) || (x>8)) x = 0;
         //cambio 6-->8
         P_Width[x] = PW_Temp;
         WrPortI(ICCSR, NULL, 0x1C); //zero out counter1
      }
}

double strtonum(char* cadena)
```

```
{
 double out;
 if(cadena[0]==32)
 cadena[0]=48;

 if(cadena[1]==32)
 cadena[1]=48;

 out= (cadena[0]-48)*100 + (cadena[1]-48)*10
       + (cadena[2]-48)*1
       + (cadena[4]-48)*0.1 + (cadena[5]-48)*0.01;

 return out;
}
```

# 附录G　线性/非线性状态观测器（嵌入式系统程序）

G.1节介绍了使用Luenberger观测器和PD控制器进行偏航控制的飞行试验程序，G.2节为采用SMO观测器和PD控制器进行高度控制的相关程序。

## G.1　含Luenberger观测器的偏航通道PD控制器

```
///IMU libraries///
#class auto
#use "CI3DMGVA4.lib"

///Declaration servo motors outputs///
#class auto
#define FAST_INTERRUPT 0
#define Servo_Estabilizador 1
#define Servo_Elevador 2
#define Servo_Alabeo  3

///Declarations radio signals///
#define GAS   3
#define YAW   4
#define PITCH 2
#define ROLL  1

///IMU buffer size///
#define BINBUFSIZE  31
#define BOUTBUFSIZE 31

///Xbee buffer size///
#define DINBUFSIZE  255
#define DOUTBUFSIZE 255

///Altimeter buffer size///
#define CINBUFSIZE  7
#define COUTBUFSIZE 7
```

```
///MATLAB communication buffer size///
char buff_out[56];

/// Structure to read the data from IMU///
typedef struct {
   int i_Roll_rate;
   int i_Pitch_rate;
   int i_Yaw_rate;
   unsigned int u_Roll_rate;
   unsigned int u_Pitch_rate;
   unsigned int u_Yaw_rate;
   float f_Roll_rate;
   float f_Pitch_rate;
   float f_Yaw_rate;
   float Acc_X;
   float Acc_Y;
   float Acc_Z;
   int Mag_X;
   int Mag_Y;
   int Mag_Z;
}Sensores_CI;

/// Structure to read the data from IMU///
typedef struct {
   float pitch;
   float roll;
   float yaw;
   } Attitude;

/// Variables declaration ///
float PitchRateGrad, RollRateGrad, YawRateGrad;
double z;
float yaw_des;
float Yaw_Control;
float Psi_ei, Psi2_ei;
float T_obs;
float Psi_ep, Psi2_ep;
float K1,K2;
float Nr,Nd;



///IMU function///
int obtiene_angulo(Attitude *new_attitude,
```

```
                    Sensores_CI *new_sensor,
                    char *ci_sentence);

///Function to read radio control signals///
void input_cap_isr();

///Sign function///
float sgn (float x);

///Cursor position///
nodebug void gotoxy (int x, int y)
{
   x += 0x20;
   y += 0x20;
   printf ("\x1B=%c%c",x,y );
}

///IMU variables///
Attitude  Actual_central;
Attitude Actual_Attitude;
Sensores_CI Actual_sensor;
char Buffer_Central[73];
int CI_state;

///Manual control variables///
int  PW_Temp , P_Width[8];
char capture_status;
int  x, i, manual;

/// Altimeter function///
double strtonum(char*);
double z;

///MATLAB functions to send data///
__nodebug
void float2char(float var,int pos)
{
buff_out[pos]   = *((char*)&var);
buff_out[pos+1]= *((char*)&var+1);
buff_out[pos+2]= *((char*)&var+2);
buff_out[pos+3]= *((char*)&var+3);
}
__nodebug
void enviar_datos()
{
```

```
int i,checksum;

checksum=0;
buff_out[0]=0xFF;
buff_out[1]=0x02;
float2char(Actual_Attitude.roll,2);
float2char(Actual_Attitude.pitch,6);
float2char(Actual_Attitude.yaw,10);
float2char(RollRateGrad,14);
float2char(PitchRateGrad,18);
float2char(YawRateGrad,22);//6
float2char(yaw_des,26);
float2char(Yaw_Control,30);
float2char(Psi_ei,34);
float2char(Psi2_ei,38);
float2char(T_obs,42);
float2char(Psi2_ep,46);
float2char(0.00,50);

for(i=2;i<54;i++)
checksum += buff_out[i];

buff_out[54]=*((char*)&checksum);
buff_out[55]=*((char*)&checksum+1);

serDwrite(buff_out,sizeof(buff_out));
}

///Main start///
void main()
{
///Variables declaration///

    int    roll, pitch, yaw;
    int    pwm_options;
    float YawRecta, PitchRecta, RollRecta;
    double T;
    unsigned long T1,T1_obs;
    unsigned long  frecuencia;
    char data[7];
    int Num;
    float ep;
    float kp_y,kv_y;
    float Yaw_Final;
    float Control_YawRecta;
```

```
   int Yaw_deseado;

///Constants declarations///

   roll = 0;
   pitch = 0;
   yaw = 0;

   Actual_central.roll = 0.0;
   Actual_central.pitch = 0.0;
   Actual_Attitude.yaw = 0.0;

   Actual_sensor.f_Roll_rate = 0.0;
   Actual_sensor.f_Pitch_rate = 0.0;
   Actual_sensor.f_Yaw_rate = 0.0;

   YawRecta = 0.0;
   PitchRecta = 0.0;
   RollRecta = 0.0;

   RollRateGrad=0.0;
   YawRateGrad=0.0;
   PitchRateGrad=0.0;

   T = 0;
   T1 = 0;
   T_obs=0.0;
   T1_obs=0;

   Yaw_deseado=1;
   Yaw_Control=0.0;
   yaw_des=0.0;

   kp_y = 5.0;//0.8
   kv_y = 1.0;//8.0

   Psi_ep=0.0;
   Psi2_ep=0.0;
   Psi_ei=0.0;
   Psi2_ei=0.0;

   Nr = -16.4469*0.01;
   Nd = -599.8125*0.002;

   K1 = 10.0;
```

```
   K2 = 180.0;

///Input capture for radio control///
#if __SEPARATE_INST_DATA__ && FAST_INTERRUPT
   interrupt_vector inputcap_intvec input_cap_isr;
#else
   SetVectIntern(0x1A, input_cap_isr);
   SetVectIntern(0x1A, GetVectIntern(0x1A));
#endif

   P_Width[0] = 0;

   WrPortI(ICS1R, NULL, 0x44);
   WrPortI(TAT8R, NULL, freq_divider/4-1);
   WrPortI(ICCSR, NULL, 0x1C);
   WrPortI(ICCR, NULL, 0x01);
   WrPortI(ICT1R, NULL, 0x59);

///PWM configuration///
 frecuencia = pwm_init(495);
 pwm_options = PWM_USEPORTE;
 pwm_options |= PWM_OUTEIGHTH;

///IMU serial configuration///
   serBopen(115200);
   serBputc(0x06);
   serBread(Buffer_Central,5,5);
   serBrdFlush();
   CI_state = 0;

///Xbee serial port configuration///
   serDopen(115200);
   serDwrFlush();
   serDrdFlush();
   T1=MS_TIMER;

/// Altimeter serial port configuration///
   serCopen(38400);
   serCwrFlush();
   serCrdFlush();

/// Central reading cycle start and manual mode///
 while(1)
   {
 costate
```

```
{
 wfd   cof_serBputc(0x31);
 wfd   CI_state = cof_serBread(Buffer_Central,23,5);
 yield;
 if (CI_state == 23 && Buffer_Central[0]== 0x31)
{
obtiene_angulo(&Actual_Attitude,&Actual_sensor,
               Buffer_Central);
CI_state = 0;
Buffer_Central[0]=0x00;

///Luenberger observer definition///
Psi_ep = Psi2_ei + K1*(Actual_Attitude.yaw - Psi_ei);
Psi2_ep = Nr*Psi2_ei + Nd*Yaw_Control
         + K2*(Actual_Attitude.yaw - Psi_ei) ;

   T_obs = ((double) (MS_TIMER - T1_obs))/1000.0;
   T1_obs = MS_TIMER;
   Psi_ei = Psi_ei+Psi_ep*T_obs;
   Psi2_ei = Psi2_ei+Psi2_ep*T_obs;
                  }
           }

  costate {
               serCrdFlush();
                wfd  Num = cof_serCread(data,7,100);
                if(data[6]==0x0B)
               {
                  z=strtonum(data);
                }
               }

  costate{
               RollRateGrad=Actual_sensor.f_Roll_rate
                             *57.2958;
               YawRateGrad=Actual_sensor.f_Yaw_rate
                            *57.2958;
               PitchRateGrad=Actual_sensor.f_Pitch_rate
                              *57.2958;
         }

///Servo motors control///
costate{
if (P_Width[5]<1000&&CI_state == 23
                  && Buffer_Central[0]== 0x31)
```

```
        {
           YawRecta = 0.4000 * P_Width[YAW] + 180;
           if (YawRecta < 546 )
              {
                YawRecta = 546;
              }
           if (YawRecta > 946)
              {
                YawRecta = 946;
              }

pwm_set(Servo_Estabilizador , (int)(YawRecta), pwm_options);
          Yaw_deseado=1;
          Yaw_Control = 0.0;
        }
       }

costate{

if(P_Width[5]>1000&&CI_state == 23
                  && Buffer_Central[0]== 0x31)
        {

          if(Yaw_deseado==1)
          {
          yaw_des= Actual_Attitude.yaw;
          Yaw_deseado=0;
          }
          ep = Psi_ei - yaw_des;
          Yaw_Control = -kp_y*ep - kv_y*Psi2_ei;
          Control_YawRecta = 1 * Yaw_Control + 746;
           if (Control_YawRecta < 546 )
              {
                Control_YawRecta = 546;
              }
           if (Control_YawRecta > 946)
              {
                Control_YawRecta = 946;
              }
pwm_set(Servo_Estabilizador ,(int)(Control_YawRecta),
         pwm_options);

         }
        }
```

```
costate{
  PitchRecta = 0.4000 * P_Width[PITCH] + 180;
          if (PitchRecta < 546)
             {
               PitchRecta = 546;
             }
          if (PitchRecta > 946)
             {
               PitchRecta = 946;
             }
pwm_set(Servo_Elevador, (int)(PitchRecta), pwm_options);
         }

costate{
          RollRecta = 0.4000 * P_Width[ROLL] + 180;
          if (RollRecta < 546)
             {
               RollRecta = 546;
             }
          if (RollRecta > 946)
             {
               RollRecta = 946;
             }

pwm_set(Servo_Alabeo, (int)(RollRecta), pwm_options);
        }
costate{
               serDwrFlush();
                              serDrdFlush();
               enviar_datos();
               waitfor(DelayMs(100));
       }
   }
}


///Cofunctions definition///

nodebug int obtiene_angulo(Attitude *new_attitude,
      Sensores_CI *new_sensor, char *ci_sentence)
{
    int checkSum;
    int i;
    float convertFactor;
```

```
    convertFactor = (360.0/65536.0);
    checkSum = convert2int(&ci_sentence[21]);
    if (checkSum != calcChecksum(ci_sentence, 23))
     {
      return 0;
     }
    else
    {
new_attitude->roll= (float)convert2short(&ci_sentence[1])
                    *convertFactor;
new_attitude->pitch= (float)convert2short(&ci_sentence[3])
                     *convertFactor;
new_attitude->yaw= (float)convert2short(&ci_sentence[5])
                   *convertFactor;
new_sensor->i_Roll_rate= convert2int(&ci_sentence[13]);
new_sensor->f_Roll_rate= new_sensor->i_Roll_rate/3855.06;
new_sensor->i_Pitch_rate= convert2int(&ci_sentence[15]);
new_sensor->f_Pitch_rate = new_sensor
         ->i_Pitch_rate/3855.06;
new_sensor->i_Yaw_rate = convert2int(&ci_sentence[17]);
new_sensor->f_Yaw_rate = new_sensor->i_Yaw_rate/3855.06;

        return 1;
    }

}

nodebug root interrupt void input_cap_isr()
{
 capture_status = RdPortI(ICCSR);
 if(capture_status & 0x10)
       {
          PW_Temp = RdPortI(ICL1R)+ RdPortI(ICM1R)*256;
          x++;
          if ((PW_Temp > 4000) || (x>8)) x = 0;
          P_Width[x] = PW_Temp;
          WrPortI(ICCSR, NULL, 0x1C);
       }
}

double strtonum(char* cadena)
{
 double out;
 if(cadena[0]==32)
 cadena[0]=48;
```

```
 if(cadena[1]==32)
 cadena[1]=48;

 out= (cadena[0]-48)*100 + (cadena[1]-48)*10
     + (cadena[2]-48)*1 + (cadena[4]-48)*0.1
     + (cadena[5]-48)*0.01;

 return out;
}

float sgn (float x)
{
float s;
  if (x>0)
    s = 1.0;
  else
  if (x==0)
    s = 0.0;
  else
    s = -1.0;
  return s;

  //if (x<0)
}
```

## G.2 含 SMO 观测器的高度 PD 控制器

```
///IMU libraries///
#class auto
#use "CI3DMGVA4.lib"

///Declaration servo motors outputs///
#class auto
#define FAST_INTERRUPT 0
#define Servo_Estabilizador 1
#define Servo_Elevador 2
#define Servo_Alabeo   3

///Declaration radio signals///
#define GAS    3
#define YAW    4
#define PITCH  2
#define ROLL   1
```

```
///IMU buffer size///
#define BINBUFSIZE  31
#define BOUTBUFSIZE 31

///Xbee bugger size///
#define DINBUFSIZE  255//63
#define DOUTBUFSIZE 255//63

/// Altimeter buffer size///
#define CINBUFSIZE  7
#define COUTBUFSIZE 7

///MATLAB communication buffer size///
char buff_out[56];


/// Structure to read the data from IMU///
typedef struct {
        int i_Roll_rate;
        int i_Pitch_rate;
        int i_Yaw_rate;
        unsigned int u_Roll_rate;
        unsigned int u_Pitch_rate;
        unsigned int u_Yaw_rate;
   float f_Roll_rate;
   float f_Pitch_rate;
   float f_Yaw_rate;
   float Acc_X;
   float Acc_Y;
   float Acc_Z;
   int Mag_X;
   int Mag_Y;
   int Mag_Z;
}Sensores_CI;

/// Structure to read the data from IMU///
typedef struct {
        float pitch;
        float roll;
        float yaw;
        } Attitude;

   float PitchRateGrad, RollRateGrad, YawRateGrad;
   double z;
   double z_des;
```

```
   float Pitch_Control;
   float Psi_ei,Psi2_ei;

///Instruction to read IMU///
int obtiene_angulo(Attitude *new_attitude,
 Sensores_CI *new_sensor,  char *ci_sentence);

///Manual control///
void input_cap_isr();

///Sign function///
float sgn (float x);

///Cursor position///
nodebug void gotoxy (int x, int y)
{
        x += 0x20;
        y += 0x20;
        printf ("\x1B=%c%c",x,y );
}

///IMU Variables///
Attitude  Actual_central;
Attitude Actual_Attitude;
Sensores_CI Actual_sensor;
char Buffer_Central[23];
int CI_state;

///Manual control variables///
int  PW_Temp , P_Width[8];
char capture_status;
int  x, i, manual;

///Altimeter functions///
double strtonum(char*);
double z;

///MATLAB functions to send data///
__nodebug
void float2char(float var,int pos)
{
buff_out[pos]  = *((char*)&var);
buff_out[pos+1]= *((char*)&var+1);
buff_out[pos+2]= *((char*)&var+2);
buff_out[pos+3]= *((char*)&var+3);
```

```
}

__nodebug
void enviar_datos()
{
int i,checksum;

checksum=0;
buff_out[0]=0xFF;
buff_out[1]=0x02;
float2char(Actual_Attitude.roll ,2);//1
float2char(Actual_Attitude.pitch ,6);//2
float2char(Actual_Attitude.yaw,10);//3
float2char(RollRateGrad ,14);//4
float2char(PitchRateGrad ,18);//5
float2char(YawRateGrad,22);//6
float2char(z_des ,26);//7
float2char(Pitch_Control ,30);//8
float2char(z,34);//9
float2char(Psi_ei ,38);//10
float2char(Psi2_ei ,42);//11
float2char(0.00,46);
float2char(0.00,50);

for(i=2;i<54;i++)
checksum += buff_out[i];

buff_out[54]=*((char*)&checksum);
buff_out[55]=*((char*)&checksum+1);

serDputc(buff_out[i]);
}

///Main start///
void main()
{
///Variables declaration///
   int  roll , pitch , yaw;
   int   pwm_options;
   float YawRecta, PitchRecta , RollRecta;
   double T,T_obs,t;
   unsigned long T1,T1_obs,t1;
   unsigned long  frecuencia;
   char data[7];
   int Num;
```

```
  float e_pitch;
  float pitch_des;
  float kp_p,kv_p;
  float Pitch_Final;
  float Control_PitchRecta;
  int Alt_deseado;
  float e_alt;
  float derivada;
  float e_pitch_anterior;
  float Psi_ep,Psi2_ep;
  float alfa1,alfa2,gama1,gama2;

///Constants declarations///

  roll = 0;
  pitch = 0;
  yaw = 0;

  Actual_central.roll = 0.0;
  Actual_central.pitch = 0.0;
  Actual_central.yaw = 0.0;

  Actual_sensor.f_Roll_rate = 0.0;
  Actual_sensor.f_Pitch_rate = 0.0;
  Actual_sensor.f_Yaw_rate = 0.0;

  YawRecta = 0.0;
  PitchRecta = 0.0;
  RollRecta = 0.0;

  RollRateGrad=0.0;
  YawRateGrad=0.0;
  PitchRateGrad=0.0;

  T = 0;
  T1 = 0;
  t=0;
  t1=0;


  Alt_deseado=1;//bandera para amarre de altura deseada
  Pitch_Control=0.0;
  z_des=0.0;

  kp_p = 10;//0.8 ,sim=2 ,6.0,10
```

```
  kv_p = 0.05;//8.0 ,sim=4 ,8.0,0.1

  Psi_ep=0.0;
  Psi2_ep=0.0;
  Psi_ei=0.0;
  Psi2_ei=0.0;

  alfa1=55;
  alfa2=570;
  gama1=0.1;
  gama2=0.85;

///Input capture for radio control///

#if __SEPARATE_INST_DATA__ && FAST_INTERRUPT
  interrupt_vector inputcap_intvec input_cap_isr;
#else
  SetVectIntern(0x1A, input_cap_isr);
  SetVectIntern(0x1A, GetVectIntern(0x1A));
#endif

  P_Width[0] = 0;

  WrPortI(ICS1R, NULL, 0x44);
  WrPortI(TAT8R, NULL, freq_divider/4-1);
  WrPortI(ICCSR, NULL, 0x1C);
  WrPortI(ICCR, NULL, 0x01);
  WrPortI(ICT1R, NULL, 0x59);

///PWM configuration///
 frecuencia = pwm_init(495);
 pwm_options = PWM_USEPORTE;
 pwm_options |= PWM_OUTEIGHTH;

///IMU serial port configuration///
  serBopen(115200);
  serBputc(0x06);
  serBread(Buffer_Central,5,5);// valor2=0
  serBrdFlush();
  CI_state = 0;

///Xbee serial port configuration///
  serDopen(115200);
  serDwrFlush();
  serDrdFlush();
```

```
   T1=MS_TIMER;

///Altimeter serial port configuration///
   serCopen(38400);
   serCwrFlush();
   serCrdFlush();

///Central reading cycle start and manual mode///
 while(1)
{
costate
{
wfd  cof_serBputc(0x31);
wfd  CI_state = cof_serBread(Buffer_Central,23,5);
yield;
if (CI_state == 23 && Buffer_Central[0]== 0x31)
{
obtiene_angulo(&Actual_Attitude,&Actual_sensor,
               Buffer_Central);
CI_state = 0;
Buffer_Central[0]=0x00;

///SMO observer definition///
Psi_ep = -alfa1*(Psi_ei-Actual_Attitude.pitch)
+ Psi2_ei - gama1*sgn(Psi_ei-Actual_Attitude.pitch);
Psi2_ep = -alfa2*(Psi_ei-Actual_Attitude.pitch)
- gama2*sgn(Psi_ei-Actual_Attitude.pitch) - 0.0128*Psi2_ei
- 2.3625*0.01*Pitch_Control ;

                  T_obs = ((double) (MS_TIMER - T1_obs))
                        /1000.0;
                  T1_obs = MS_TIMER;
                  Psi_ei = Psi_ei+Psi_ep*T_obs;
                  Psi2_ei = Psi2_ei+Psi2_ep*T_obs;
                               }
                        }

  costate {
                 serCrdFlush();
                 wfd  Num = cof_serCread(data,7,100);
                 if(data[6]==0x0B)
                {
                   z=strtonum(data);
                 }
                    }
```

```
  costate{
           RollRateGrad=Actual_sensor.f_Roll_rate
                    *57.2958;
           YawRateGrad=Actual_sensor.f_Yaw_rate
                    *57.2958;
           PitchRateGrad=Actual_sensor.f_Pitch_rate
                    *57.2958;
      }


///Servo motors control///
costate{
        YawRecta = 0.4000 * P_Width[YAW] + 180;
        if (YawRecta < 546 )
           {
             YawRecta = 546;
           }
        if (YawRecta > 946)
           {
             YawRecta = 946;
           }

pwm_set(Servo_Estabilizador, (int)(YawRecta),
       pwm_options);
     }

costate{
if(P_Width[5]<1000&& CI_state == 23
                  && Buffer_Central[0]== 0x31)
     {
        PitchRecta = 0.4000 * P_Width[PITCH] + 180;
        if (PitchRecta < 546)
           {
             PitchRecta = 546;
           }
        if (PitchRecta > 946)
           {
             PitchRecta = 946;
           }

pwm_set(Servo_Elevador, (int)(PitchRecta), pwm_options);
        Alt_deseado = 1;
        Pitch_Control = 0.0;
     }
```

```
      }
costate{
if(P_Width[5]>1000&& CI_state == 23
                  && Buffer_Central[0]== 0x31)
      {
      if(Alt_deseado==1)
        {
        z_des = z;
        Alt_deseado=0;
        }
         e_alt=z_des-z;
         pitch_des= atan2(z_des-z,14);
         e_pitch= - Psi_ei + deg(pitch_des);

        t = ((double) (MS_TIMER - t1))/1000.0;
        t1 = MS_TIMER;
        derivada = (e_pitch - e_pitch_anterior)/(float)t;
        e_pitch_anterior = e_pitch;

        Pitch_Control = -kp_p*e_pitch - kv_p*derivada;

        Control_PitchRecta = 1 *  Pitch_Control + 746;
         if (Control_PitchRecta < 546)
            {
              Control_PitchRecta = 546;
            }
         if (Control_PitchRecta > 946)
            {
              Control_PitchRecta = 946;
            }

        pwm_set(Servo_Elevador, (int)(Control_PitchRecta)
                , pwm_options);
        }
      }

costate{
         RollRecta = 0.4000 * P_Width[ROLL] + 180;
         if (RollRecta < 546)
            {
              RollRecta = 546;
            }
         if (RollRecta > 946)
            {
              RollRecta = 946;
```

```
            }

pwm_set(Servo_Alabeo, (int)(RollRecta), pwm_options);
}

costate{
        serDwrFlush();
        serDrdFlush();
        enviar_datos();
        waitfor(DelayMs(50));//antes 25
       }
        }
}

///Cofunctions definition///

nodebug int obtiene_angulo(Attitude *new_attitude,
Sensores_CI *new_sensor,  char *ci_sentence)
{
    int checkSum;
         int i;
    float convertFactor;

    convertFactor = (360.0/65536.0);
         checkSum = convert2int(&ci_sentence[21]);
         if (checkSum != calcChecksum(ci_sentence, 23))
     {
      return 0;
     }
    else
    {
new_attitude->roll= (float)convert2short(&ci_sentence[1])
                    *convertFactor;
new_attitude->pitch= (float)convert2short(&ci_sentence[3])
                    *convertFactor;
new_attitude->yaw= (float)convert2short(&ci_sentence[5])
                    *convertFactor;
new_sensor->i_Roll_rate  = convert2int(&ci_sentence[13]);
new_sensor->f_Roll_rate = new_sensor->i_Roll_rate/3855.06;
new_sensor->i_Pitch_rate = convert2int(&ci_sentence[15]);
new_sensor->f_Pitch_rate = new_sensor
          ->i_Pitch_rate/3855.06;
new_sensor->i_Yaw_rate = convert2int(&ci_sentence[17]);
new_sensor->f_Yaw_rate = new_sensor->i_Yaw_rate/3855.06;
        return 1;
```

```
    }
}

nodebug root interrupt void input_cap_isr()
{
capture_status = RdPortI(ICCSR);
//listen for capture states
if(capture_status & 0x10)
// channel 1 stop condition detected
      {
         //read capture value, LSB first
         PW_Temp = RdPortI(ICL1R)+ RdPortI(ICM1R)*256;
         x++;
         if ((PW_Temp > 4000) || (x>8)) x = 0;
          ,//cambio 6-->8
         P_Width[x] = PW_Temp;
         WrPortI(ICCSR, NULL, 0x1C); //zero out counter1
      }
}

double strtonum(char* cadena)
{
 double out;
 if(cadena[0]==32)
 cadena[0]=48;

 if(cadena[1]==32)
 cadena[1]=48;

 out= (cadena[0]-48)*100 + (cadena[1]-48)*10
     + (cadena[2]-48)*1 + (cadena[4]-48)*0.1
     + (cadena[5]-48)*0.01;

 return out;
}

float sgn (float x)
{
float s;
  if (x>0)
    s = 1.0;
  else
  if (x==0)
    s = 0.0;
  else
```

```
    s = -1.0;
  return s;

  //if (x<0)
}
```

# 附录 H　MATLAB 程序

本节介绍了利用 MATLAB® 程序对实际飞行试验数据进行图标显示的相关 matlab 代码。

```
clear all;
close all;
clc;
tic

e=0;
buffer_in = zeros(1,13);

PS=serial('COM10');
scopy = PS;
clear PS
PS = instrfind;
set(PS,'Baudrate',115200);
set(PS,'StopBits',1);
set(PS,'DataBits',8);
set(PS,'Parity','none');
set(PS,'Timeout',2);
fopen(PS);

count = 0;

fileID = fopen('File.txt','a');
disp('Start...');

while 1
    %pause(2);

    [request,count] = fread(PS,56,'uchar');% uint8
    if (count == 56 && request(1) == 255
                    && request(2) == 2)
    buffer_in = checksum(request);
    for i=1:13
            fprintf('%10.4f\t',buffer_in(i));
    end
        fprintf('\n\r');

        fprintf(fileID,'\t%10.4f\t%10.4f',buffer_in,toc);
```

```
        fprintf(fileID,'\n');
    else
    disp('Bad data!!');
    e=e+1;
    fclose(PS);
    fopen(PS);
    end
end
```

# 附录 I　高度计程序

本节介绍了利用 Parallax 微控制器读取高度传感器数据并发送给 Rabbit 微处理器从的程序。

```
OBJ

  pst    : "parallax serial terminal"
  alt    : "29124_altimeter"

CON

  _clkmode        = xtal1 + pll16x
  _xinfreq        = 5_000_000

'Your starting altitude in feet.
 You can get this from a local airport 1317
  START_ALT       = 10

PUB start | a, p, t

  pst.start(38400)' Start Parallax serial terminal.
  alt.start(alt#QUICKSTART, alt#BACKGROUND)'
                                          Start altimeter.
  alt.set_resolution(alt#HIGHEST) '
                             Set to highest resolution.
  alt.set_altitude(alt.m_from_ft(START_ALT * 100))'
                                        Starting altitude.
    a := alt.altitude(alt.average_press)'
                               Get the current altitude
    HM = home
    pst.str(alt.formatn(a, alt#CECR, 5))'
                               Print altitude in meters

    if (pst.rxcount) '
                     Respond to any key by clearing screen.
      pst.rxflush
      pst.char(pst#CS)
```

# 参 考 文 献


[1] T M Adami, J J Zhu. 6 DOF flight control of fixed - wing aircraft by trajectory linearization, in: American Control Conference (ACC), San Francisco, California, USA, June - July, 2011.

[2] B R Andrievsky, A L Fradkov. Combined adaptive controller for UAV guidance, European Journal of Control 11 (1) (2005) 71 - 79.

[3] K J Åström, B Wittenmark. Adaptive Control, 2nd edition, Prentice Hall, USA, 1994.

[4] N Bouton, R Lenain, B Thuilot, F Martinet. A tire stiffness backstepping observer dedi - cated to all - terrain vehicle rollover prevention, Advanced Robotics 22 (2008) 1267 - 1285.

[5] M Boutayeb, M Darouach. Comments on a robust state observer scheme, IEEE Transactions on Automatic Control 48 (7) (Jul. 2003) 1292 - 1294.

[6] A Brezoescu, T Espinoza, P Castillo, R Lozano. Adaptive trajectory following for a fixed - wing UAV in presence of crosswind, Journal of Intelligent & Robotic Systems, 69 (1 - 4) (2013) 257 - 271.

[7] R Beard, D Kingston, M Quigley, D Snyder, R Christiansen. Autonomous vehicle technologies for small fixed - wing UAVs, Journal of Aerospace Computing, Information, and Communication, 2 (1) (2005) 92 - 108.

[8] D B Barber, J D Redding, T W Mclain, R W Beard, C N Taylor. Vision - based target geo - location using a fixed - wing miniature air vehicle, Journal of Intelligent & Robotic Systems, 47 (4) (2006) 361 - 382.

[9] R Beard, T Mclain. Small Unmanned Aircraft Theory and Practice, Princeton University Press, United Kingdom, 2012.

[10] G Bartolini, L Fridman, A Pisano, E Usai. Modern Sliding Mode Control Theory, Springer, USA, 2008.

[11] Y H Chen. Adaptive robust observers for non - linear uncertain systems, International Journal of Systems Science 21 (1990) 803 - 814.

[12] C T Chen. Linear Systems Theory and Design, Oxford University Press, Inc. , September 1998.

[13] J J Craig. Introduction to Robotics Mechanics and Control, third edition, Pearson Education, USA, 2005.

[14] M V Cook. Flight Dynamics, second edition, Betterworth - Heinemann, USA, 2007.

[15] H Castañeda, O S Peña, J L Morales. Adaptive super twisting flight control - observer for a fixed wing UAV, in: International Conference on Unmanned Aircraft Systems (ICUAS), Atlanta, GA, USA, May, 28 - 31, 2013.

[16] Y H Chen. Adaptive robust observers for non - linear uncertain systems, International Journal of Systems Science, 21 (1990) 803 - 814.

[17] J Deleon, I Souleiman, A Glumineau, G Schireier. On nonlinear equivalence and backstepping observer, Kybernetika, 37 (5) (2001) 521 - 546.

[18] L Dickerson. UAVs on the rise, Aviation Week & Space Technology, Aerospace Source Book, 2007 166 (3) (2007).

[19] D M Dawson, Z Qu, J C Carroll. On the state observation and output feedback problems for nonlinear uncertain dynamic systems, Systems & Control Letters, 18 (1992) 217 - 222.

[20] M Darouach. Linear functional observers for systems with delays in state variables, IEEE Transactions on Automatic Control, 46 (5) (Mar. 2001) 491 - 496.

[21] M Darouach. Linear functional observers for systems with delays in state variables: the discrete - time case, IEEE Transactions on Automatic Control, 50 (2) (Feb. 2005) 228 - 233.

[22] M Darouach. Reduced - order observers for linear neutral delay systems, IEEE Transactions on Automatic Control 50 (9) (Sep. 2005) 1407 - 1413.

[23] T Floquet, C Edwards, S K Spurgeon. On sliding mode observers for systems with unknown inputs,

International Journal of Adaptive Control and Signal Processing, 21 (8 - 9) (October - November 2007) 638 - 656.

[24] Z Gao, S Hu, F Jiang. A novel motion control design approach based on active disturbance rejection, in: Proceedings of the 40th IEEE Conference on Decision and Control, Orlando, Florida, USA, December, 2001, pp. 4877 - 4882.

[25] D W Gu, F W Poon. A robust state observer scheme, IEEE Transactions on Automatic Control, 46 (12) (Dic. 2001) 1958 - 1963.

[26] F Gavilan, A Acosta, R Vazquez. Output - feedback control of the longitudinal flight dynamics using adaptative backstepping, in: Conference on Decision and Control and European Control Conference (CDC - ECC), Orlando, FL, USA, 12 - 15 Dec., 2011.

[27] M S Grewal, A P Andrews. Kalman Filtering: Theory and Practice Using MATLAB, 3rd edition, Wiley, USA, 2008.

[28] M Garcia, T Muskardin. Analysis and development of a reliable fixed wing UAV control system for mission profiles with restricted GPS availability, in: International Conference on Unmanned Aircraft Systems (ICUAS), Atlanta, GA, USA, May 28 - 31, 2013.

[29] M Green, D J N Limebeer. Linear Robust Control, Dover Publications, USA, 2012.

[30] F J J Hermans, M B Zarrop. Sliding - mode observers for robust sensor monitoring, in: Proceedings of 13th IFAC World Congress, San Francisco, USA, 1996, pp. 211 - 216.

[31] J Han. A class of extended state observers for uncertain systems, Control and Decision 10 (1) (1995) 85 - 88 (in Chinese).

[32] Y Hou, Z Gao, F Jiang, B T Boulter. Active disturbance rejection control for web tension regulation, in: Proceedings of the 40th IEEE Conference on Decision and Control, Orlando, Florida, USA, December, 2001, pp. 4974 - 4979.

[33] T Hu, Z Lin. Control Systems with Actuator Saturation: Analysis and Design, Birkhaüser, USA, 2001.

[34] H Wu. Adaptive stabilizing state feedback controllers of uncertain dynamical systems with multiple time delays, IEEE Transactions on Automatic Control 45 (9) (Sep. 2000) 1697 - 1701.

[35] H Wu. Decentralized adaptive robust control for a class of large scale systems including delayed state perturbations in the interconnections, IEEE Transactions on Automatic Control 47 (10) (Oct. 2002) 1745 - 1751.

[36] H. Wu, Adaptive robust state observers for a class of uncertain nonlinear dynamical systems with delayed state perturbations, IEEE Transactions on Automatic Control 54 (6) (Jun. 2009) 1407 - 1412.

[37] J Han. A class of extended state observers for uncertain systems, Control and Decision 10 (1) (1995) 85 - 88.

[38] H Wassim, V Chellaboina. Nonlinear Dynamical Systems and Control, Princeton University Press, Princeton, New Jersey, 2008.

[39] K Jong - Hyuk, W Stuart, S Salah. Real - time navigation, guidance, and control of a UAV using low - cost sensors, in: 5th International Conference of Field and Service Robotics, Port Douglas, Australia, 29th - 31st July, 2005.

[40] E N Johnson, S K Kannan. Nested saturation with guaranteed real poles, in: Proceedings of the American Control Conference, Denver, Colorado, USA, June 4 - 6, 2003.

[41] H K Khalil. Nonlinear Systems, third edition, Prentice Hall, USA, 1995.

[42] R Kelly, V Santibañez. Control de movimiento robots manipuladores, Prentice Hall, México, 2003.

[43] J Kellery, D Thakury, V Dobrokhodov, K Jones. Coordinated commencement of preplanned routes for fixed - wing UAS starting from arbitrary locations a near real - time solution, in: International Conference on Unmanned Aircraft Systems (ICUAS), Orlando, FL, USA, May 27 - 30, 2014.

[44] M Krstic, I Kanellakopoulos, P Kokotovic. Nonlinear and Adaptive Control Design, Wiley and Sons, USA, 1995.

[45] D Luenberger. Observers for multivariable systems, IEEE Transactions on Automatic Control, 11 (1966) 190 - 197.

[46] A Levant. Robust exact differentiation via sliding mode technique, Automatica, 34 (3) (1998) 379 - 384.

[47] A Levant. Construction principles of 2 - sliding mode design, Automatica, 43 (4) (2007) 576 - 586.

[48] A Levant. Higher - order sliding modes, differentiation and output - feedback control, International Journal of Control, 76 (9 - 10) (2003) 924 - 941.

[49] J Leyva, A E Pearson. An asymptotic modal observer for linear autonomous time lag systems, IEEE Transactions on Automatic Control, 40 (7) (Jul. 1995) 1291 - 1294.

[50] D Mclean. Automatic Flight Control Systems, Prentice Hall International, UK, 1990.

[51] D R Nelson. D B Barber, T W Mclain, R W Beard. Vector field path following for miniature air vehicles, IEEE Transactions on Robotics, 23 (3) (2007) 519 - 529.

[52] K Ogata. Modern Control Engineering, fifth edition, Prentice Hall, New Jersey, 2009.

[53] R Sreedhar, B Fernandez, G Y Masada. Robust fault detection in nonlinear systems using sliding - mode observers, in: Proceedings of IEEE Conference on Control Applications, Vancouver, BC, September, 1992, pp. 13 - 16.

[54] H Sura - Ramírez, S K Spurgeon, A S I Zinober. Sliding mode observer - controller design, in: Workshop on Robust Control via Variable Structure and Lyapunov Techniques (VSLT94), Benevento, Italy, September 7 - 9, 1994.

[55] A Robertsson, R Johansson. Observer backstepping and control design linear systems, in: Proceedings of the 37th IEEE Conference on Decision and Control, Tampa, Florida, USA, December, 1998, pp. 4592 - 4593.

[56] B L Stevens, F L Lewis. Aircraft Control and Simulation, John Wiley and Sons, USA, 1995.

[57] S Sundaram, C N Hadjicostis. Delayed observers for linear systems with unknown inputs, IEEE Transactions on Automatic Control, 52 (2) (Feb. 2007) 334 - 339.

[58] A Seuret, T Floquet, J P Richard, S K Spurgeon. A sliding mode observer for linear systems with unknown time varying delay, in: Proc. 2007 American Control Conf. , New York, Jul. , 2007, pp. 4558 - 4563.

[59] J J Slotine, J K Hendick, E A Misawa. On sliding observers for nonlinear systems, Journal of Dynamic Systems, Measurement, and Control, 109 (1987) 245 - 252.

[60] Y Shtessel, C Edwards, L Fridman, A Levant. Sliding Mode Control and Observation, Birkhauser, London, UK, 2010.

[61] R Trabelsi, A Khedher, M Mimouni, M M' Sahli. An adaptive backstepping observer for on - line resistance application, International Journal of Sciences and Techniques of Automatic Control and Computer Engineering, 4 (1) (July 2010) 1246 - 1267.

[62] K Turkoglu, E M Jafarov. Augmented optimal LQR control system design for the longitudinal flight dynamics of an UAV: inner and outer loop concepts, in: Proceedings of the 9th WSEAS International Conference on Automatic Control, Modeling & Simulation, Wisconsin, USA, 27 - 29 May, 2007.

[63] A R Teel. Global stabilization and restricted tracking for multiple integrators with bounded controls, Systems & Control Letters 18 (3) (1992) 165 - 171.

[64] V I Utkin. Sliding - Modes in Control Optimization, Springer - Verlag, Berlin, Heidelberg, 1992.

[65] V Grantham. Modern Control Systems Analysis and Design, John Wiley and Sons, London, 1993.

[66] H Wu. Adaptive stabilizing state feedback controllers of uncertain dynamical systems with multiple time delays, IEEE Transactions on Automatic Control, 45 (9) (Sep. 2000) 1697 - 1701.

[67] H Wu. Decentralized adaptive robust control for a class of large scale systems including delayed state perturbations in the interconnections, IEEE Transactions on Automatic Control, 47 (10) (Oct. 2002) 1745 - 1751.

[68] H Wu. Adaptive robust state observers for a class of uncertain nonlinear dynamical systems with delayed state perturbations, IEEE Transactions on Automatic Control, 54 (6) (Jun. 2009) 1407 - 1412.

[69] W Wang, Z Gao. A comparison study of advanced state observer design techniques, in: American Control Conference, vol. 6, Denver, Colorado, USA, December, 2003, pp. 4590 - 4595.

[70] B L Walcoll, S H Zack. State observation of nonlinear uncertain dynamical systems, IEEE Transactions on Automatic Control, 32 (2) (Feb 1987) 166 - 170.

[71] Y Li, C Chen, W Chen. Research on longitudinal control algorithm for flying UAV based on LQR technology, International Journal on Smart Sensing and Intelligent Systems, 6 (5) (2013) 2155 - 2181.

# 注　意

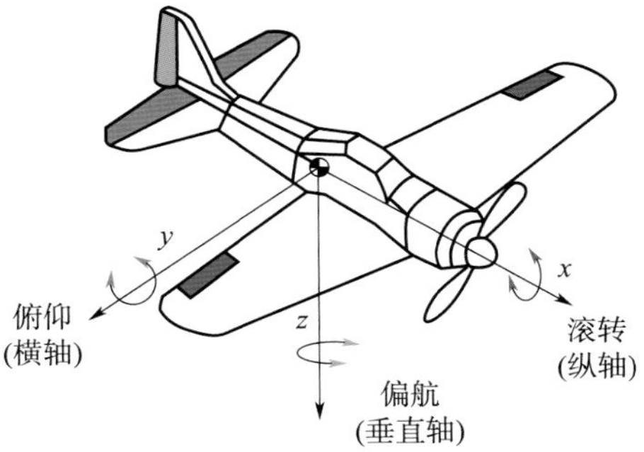


图 2－6　机体坐标系（P11）

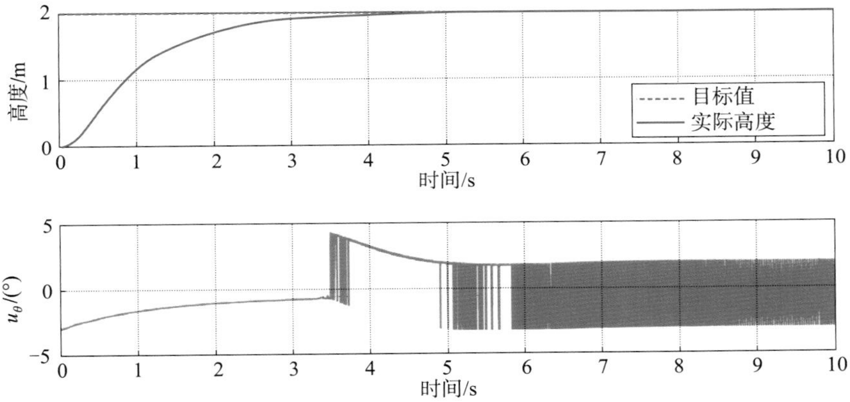


图 5－7　滑模控制器高度通道控制仿真结果（P42）

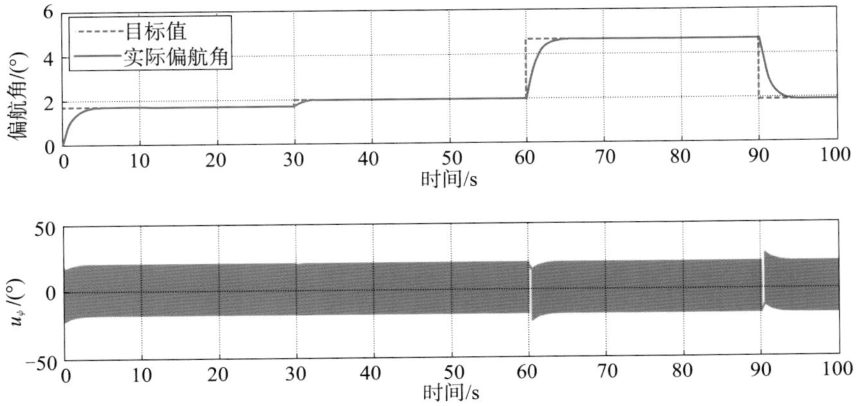


图 5－8　滑模控制器偏航通道控制仿真结果（P42）

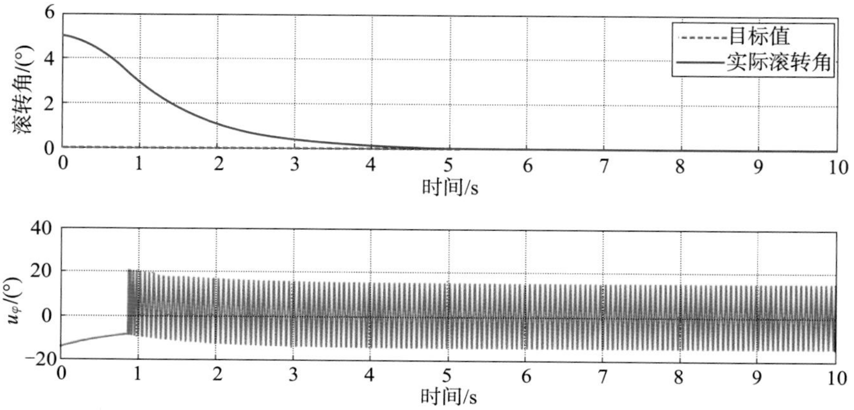


图 5-9　滑模控制器滚转通道控制仿真结果（P42）

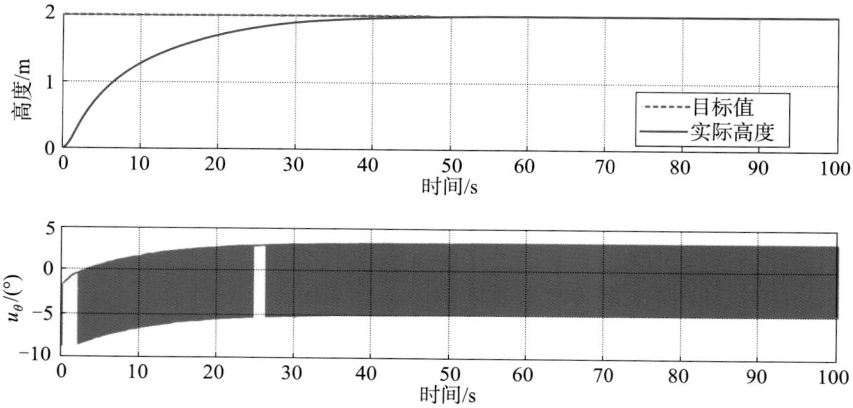


图 5-10　带滑动模态的嵌套饱和控制器高度仿真结果（P43）

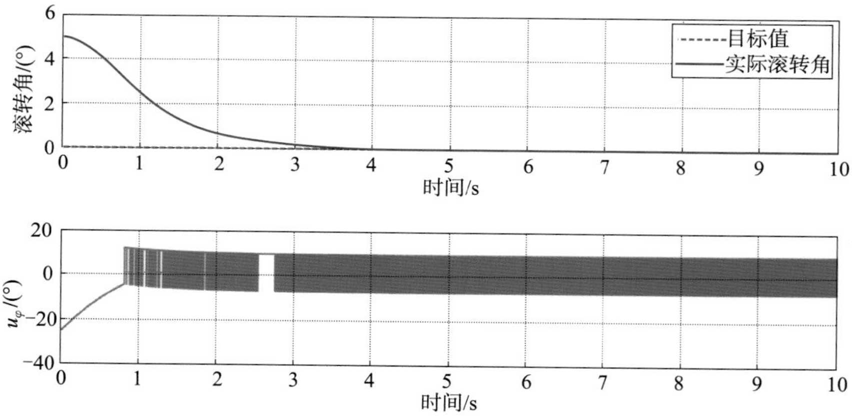


图 5-12　带滑动模态的嵌套饱和控制器滚转仿真结果（P44）

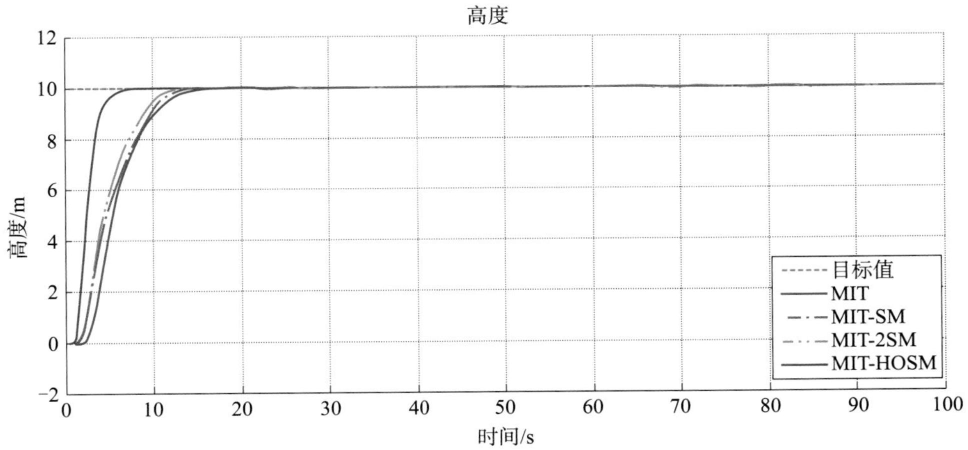


图 5-29　自适应 PD 控制器高度控制仿真结果（有干扰）（P57）

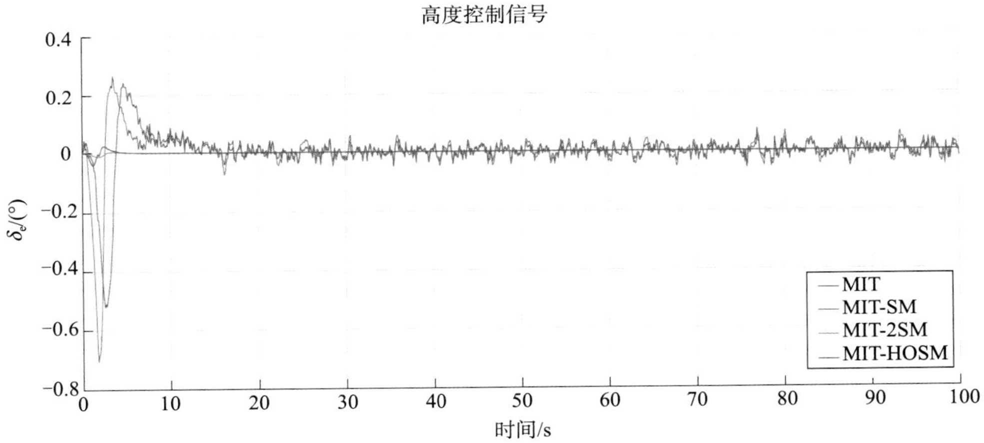


图 5-30　自适应 PD 控制器高度控制仿真控制信号（有干扰）（P57）

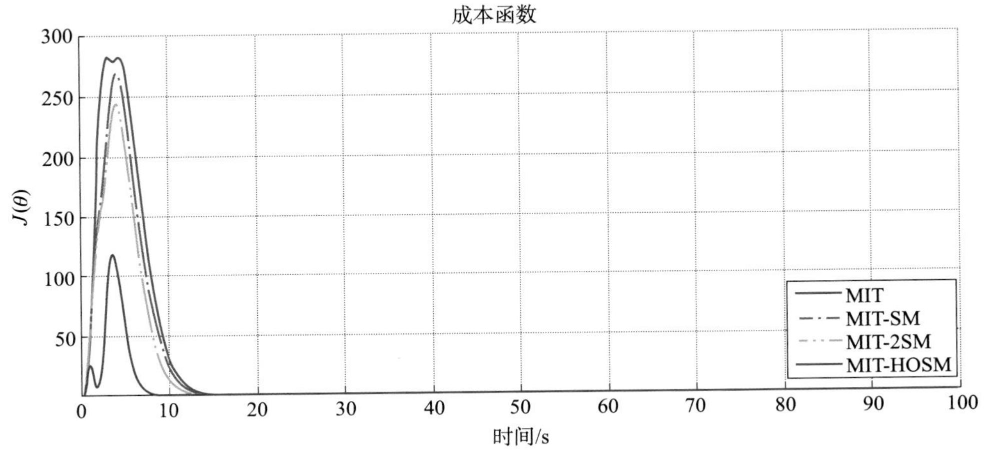


图 5-31　高度控制的最小化成本函数（有干扰）（P58）

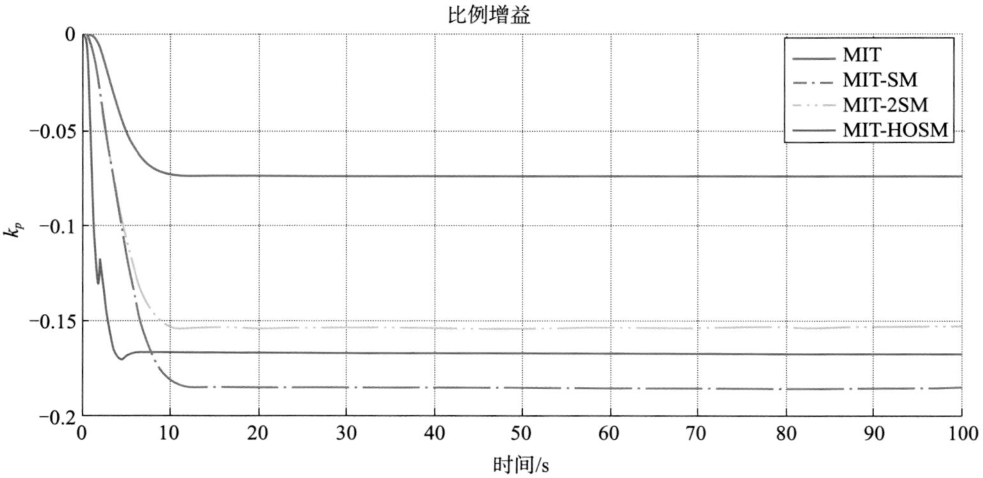


图 5－32　自适应比例项增益对高度控制的响应（有干扰）（P58）

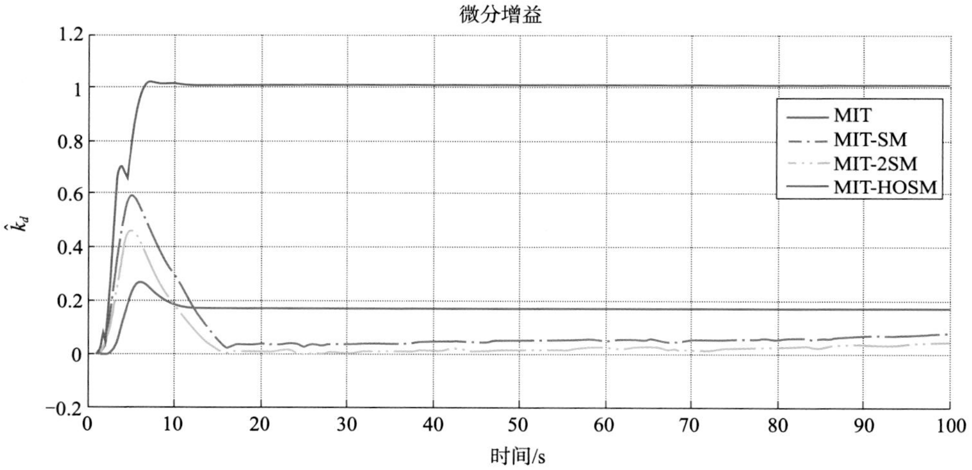


图 5－33　自适应微分项增益对高度控制的响应（有干扰）（P59）

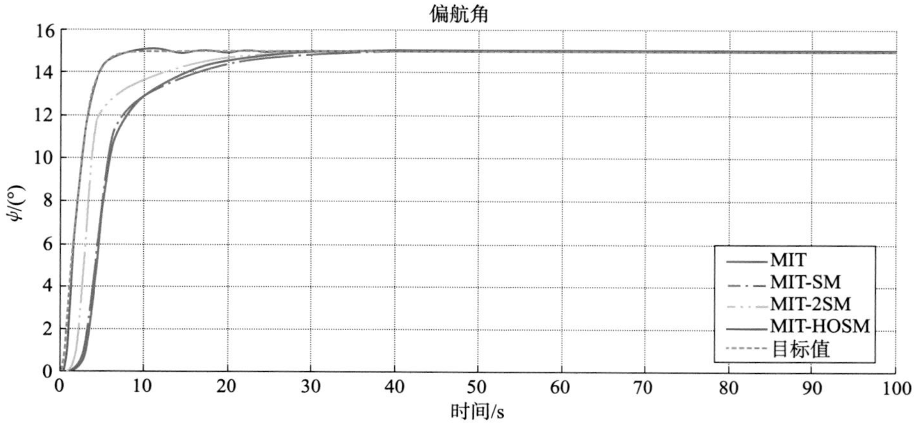


图 5－37　自适应 PD 控制器偏航角控制仿真结果（有干扰）（P60）

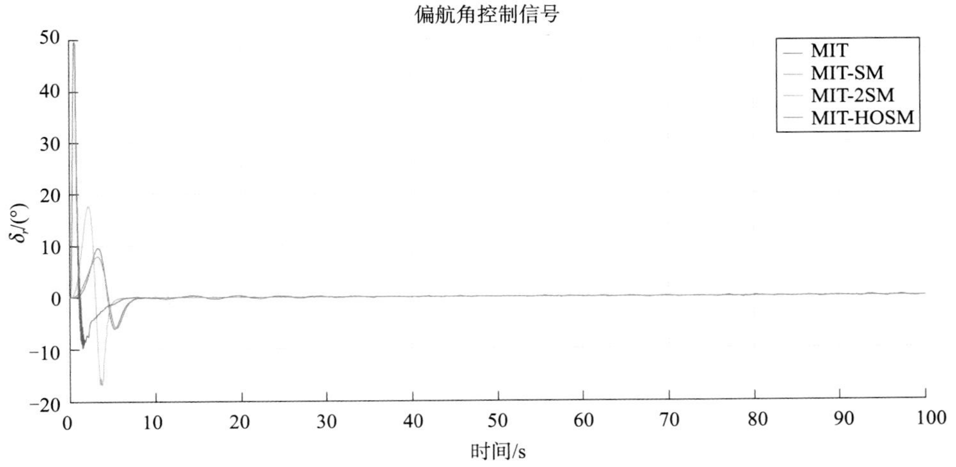


图 5－38　自适应 PD 控制器偏航角仿真控制信号（有干扰）（P61）

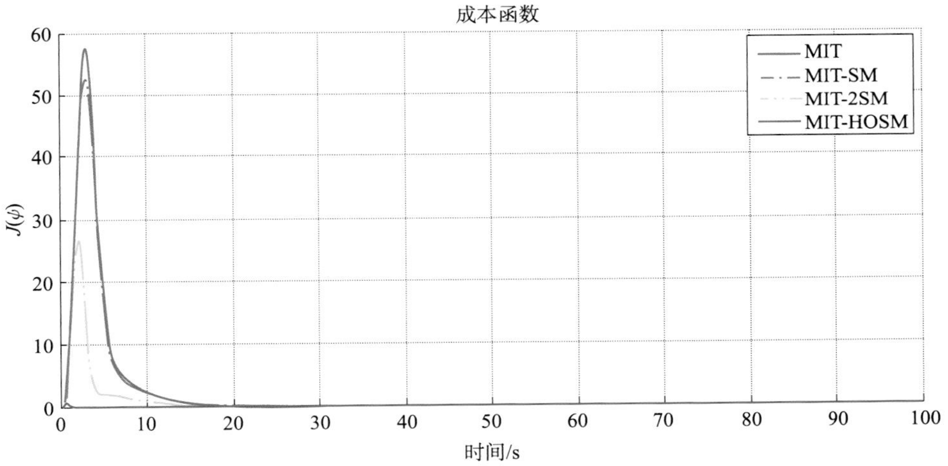


图 5－39　偏航角控制的最小化成本函数（有干扰）（P61）

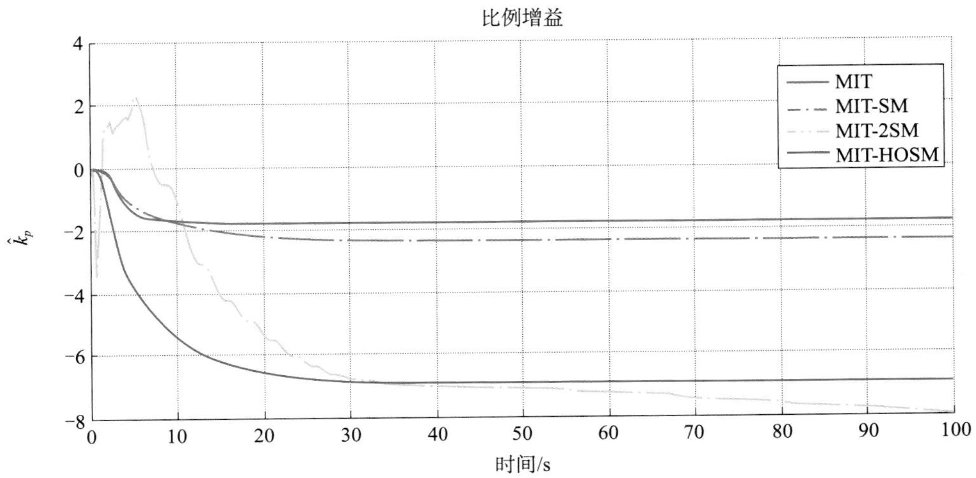


图 5－40　自适应比例项增益对偏航角控制的响应（有干扰）（P61）

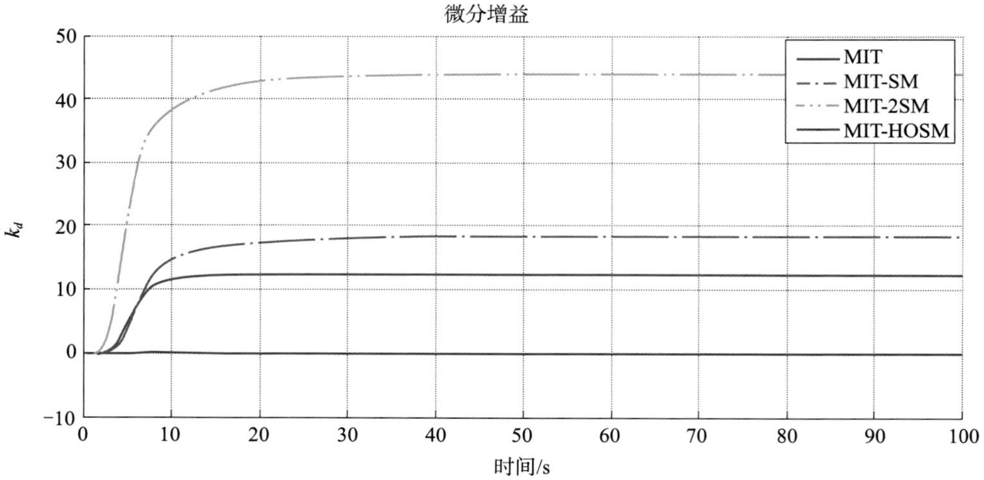


图 5－41　自适应微分项增益对偏航角控制的响应（有干扰）（P62）

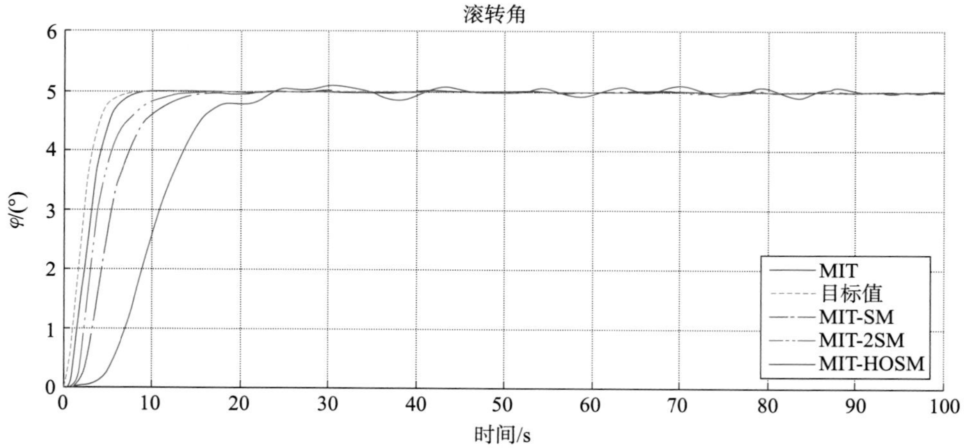


图 5－45　自适应 PD 控制器滚转角控制仿真结果（有干扰）（P64）

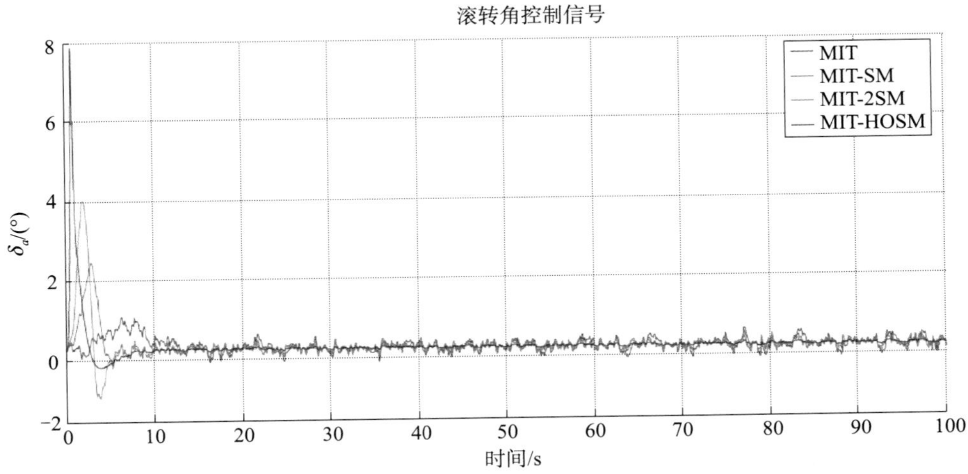


图 5-46　自适应 PD 控制器滚转角仿真控制信号（有干扰）（P64）

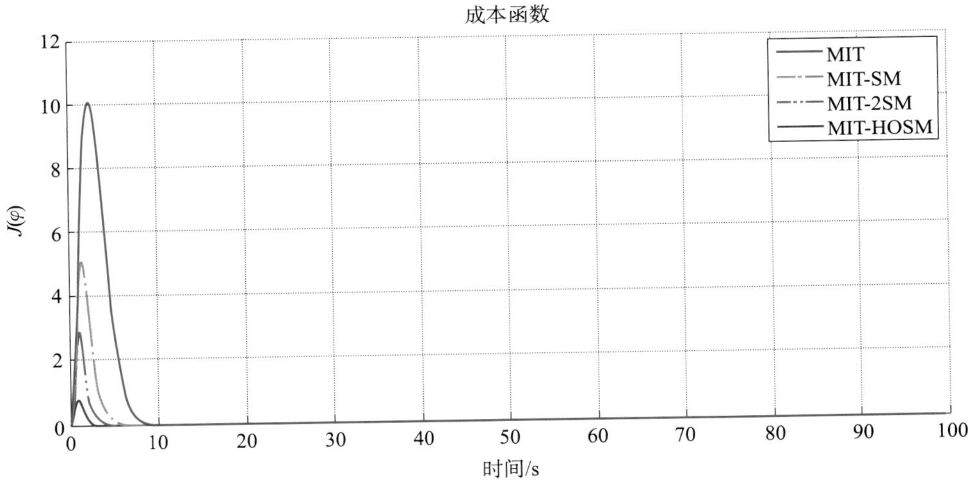


图 5-47　滚转角控制的最小化成本函数（有干扰）（P64）

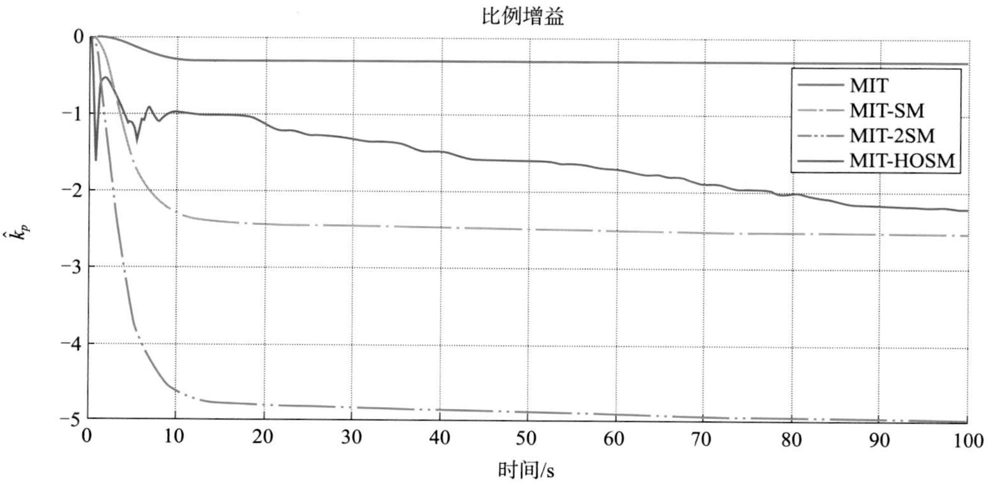


图 5－48　自适应比例项增益对滚转角控制的响应（有干扰）（P65）

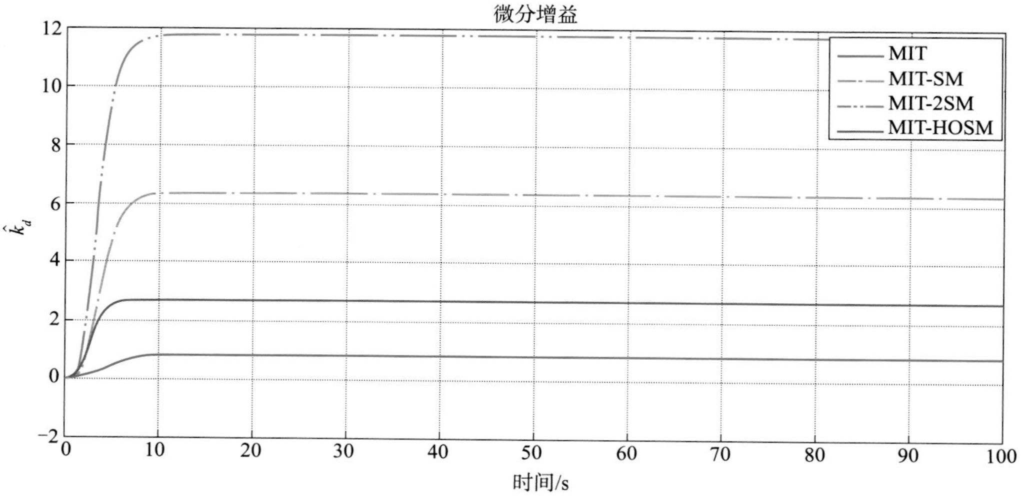


图 5－49　自适应微分项增益对滚转角控制的响应（有干扰）（P65）

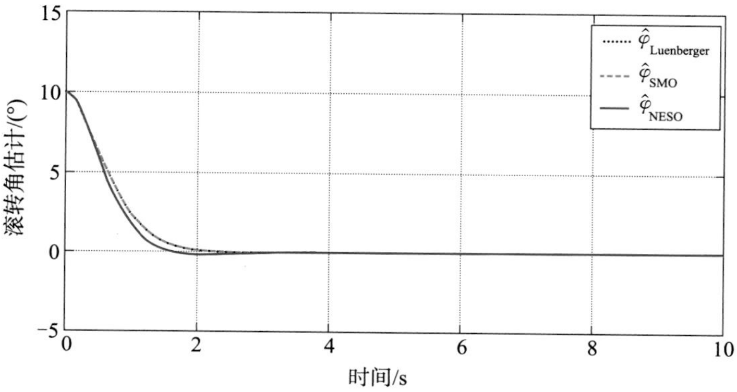


图 6－1　三种状态观测器的滚转角估计（P81）

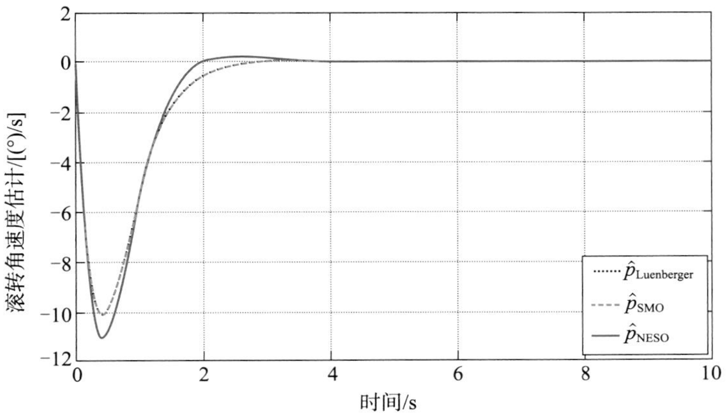


图 6-2　三种状态观测器的滚转角速度估计（P82）

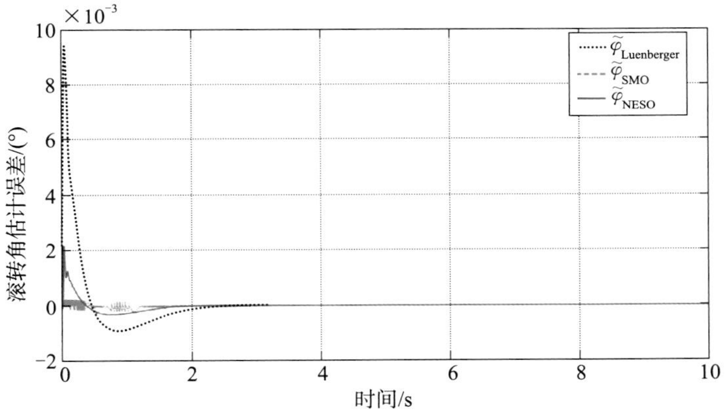


图 6-3　三种状态观测器的滚转角估计误差（P82）

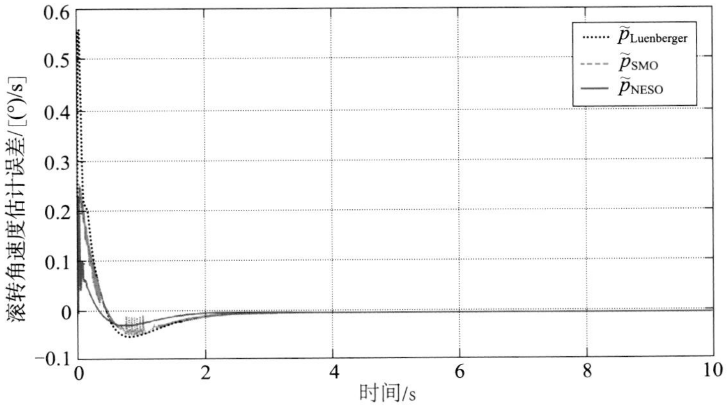


图 6-4　三种状态观测器的滚转角速度估计误差（P82）

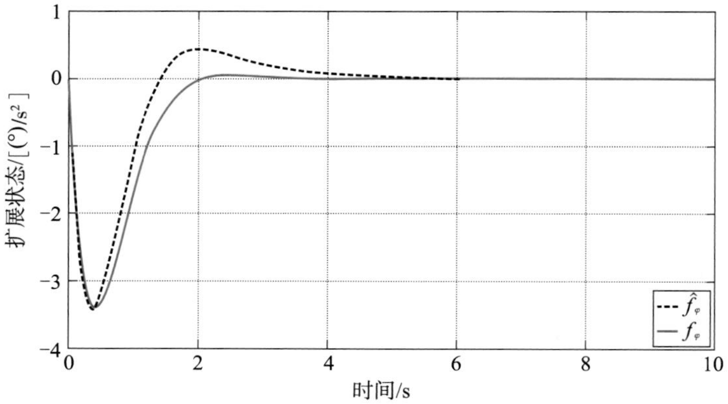


图 6-5　NESO 的扩展状态（P83）

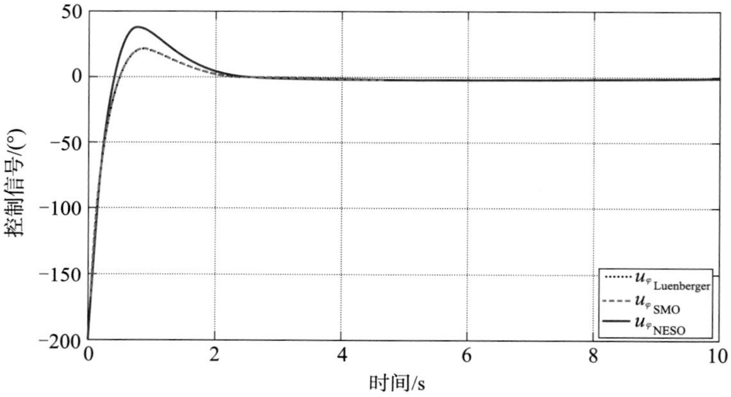


图 6-6　滚转通道 PD 控制信号（P83）

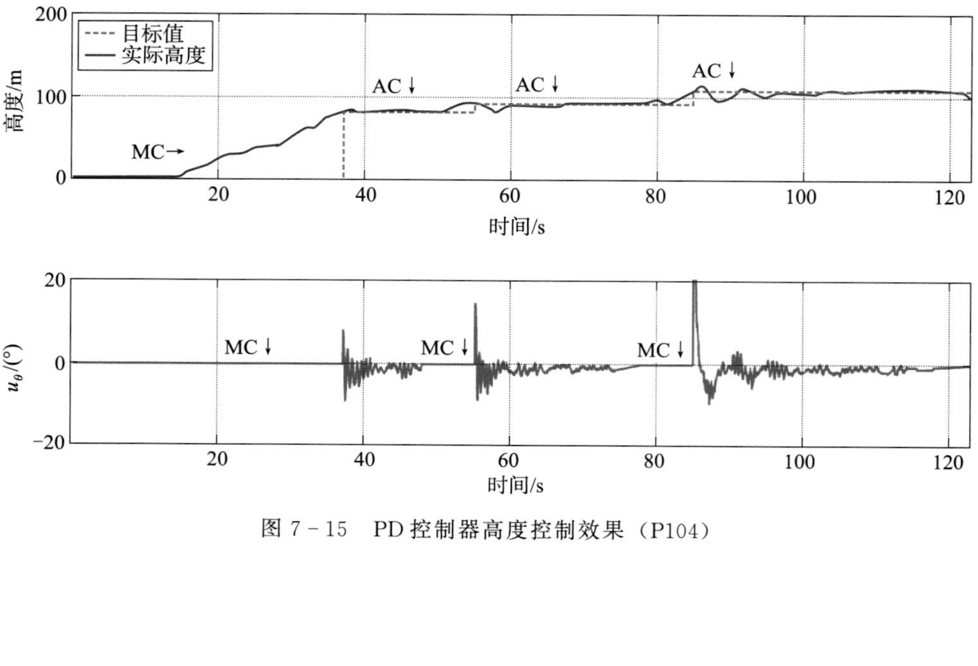


图 7-15　PD 控制器高度控制效果（P104）

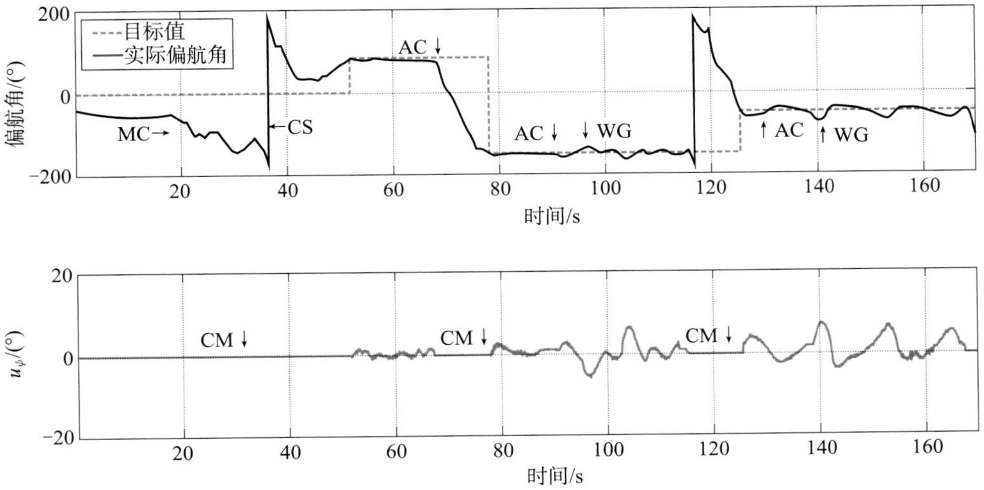


图 7-16　PD控制器偏航控制效果（P104）

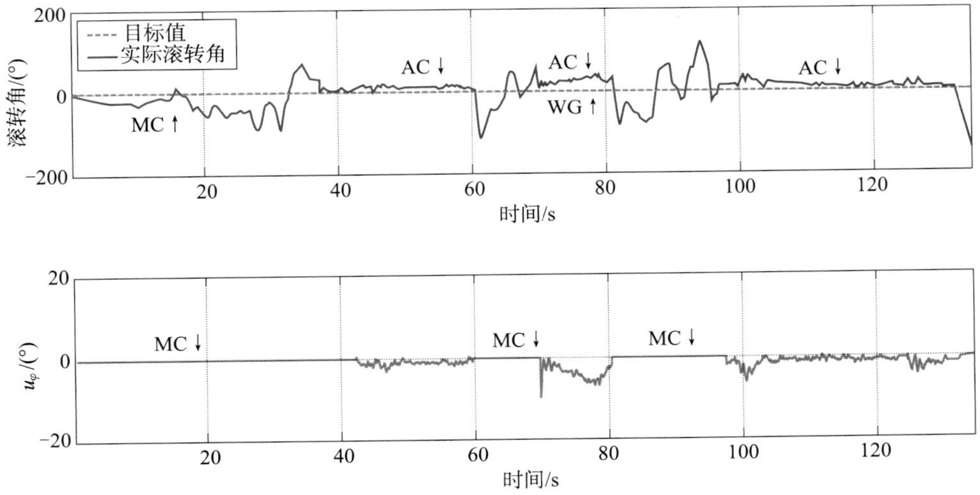


图 7-17　PD控制器滚转控制效果（P105）

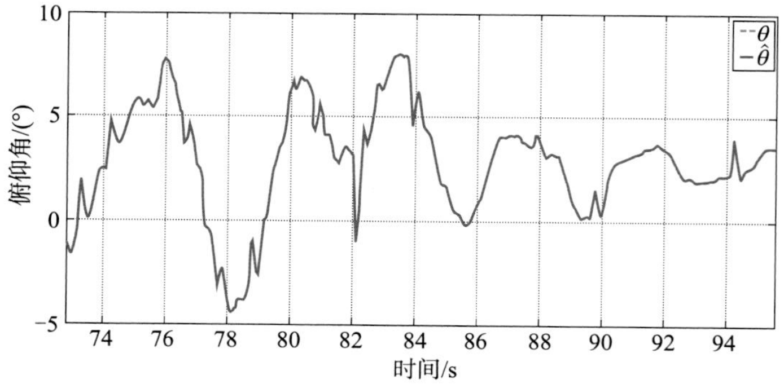


图 7-30　Luenberger 观测器应用于固定翼无人机飞行试验结果（俯仰角）（P113）

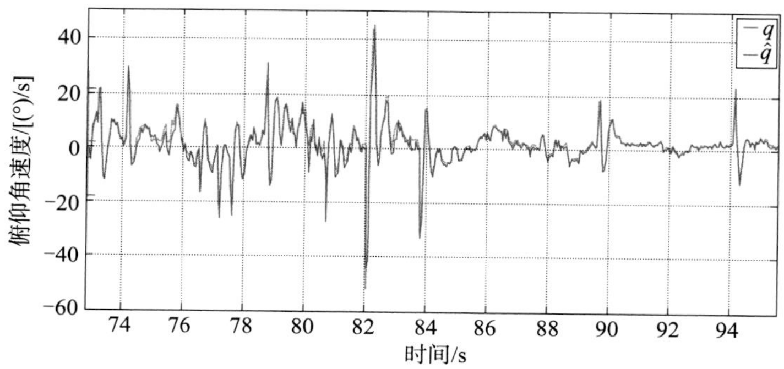


图 7-31　Luenberger 观测器应用于固定翼无人机飞行试验结果（俯仰角速度）（P113）